普通高等教育"十三五"规划教材

物理化学实验

丁益民　张小平　主编

化学工业出版社

·北京·

《物理化学实验》是上海大学化学系在总结多年来物理化学实验教学经验的基础上编写而成的。全书由绪论、实验、物理化学实验技术和常用仪器、附录四章组成。内容包括物理化学实验的基本要求、25个物理化学实验项目、基本测量技术和常用仪器的使用方法，以及15组常用数据表。

《物理化学实验》可作为高等院校化学与化工类、材料类、生命科学和环境科学等专业物理化学实验课程的教材，也可供其他相关专业选用和参考。

图书在版编目（CIP）数据

物理化学实验/丁益民，张小平主编．—北京：化学工业出版社，2018.3（2024.2重印）
普通高等教育"十三五"规划教材
ISBN 978-7-122-31324-9

Ⅰ.①物… Ⅱ.①丁…②张 Ⅲ.①物理化学-化学实验-高等学校-教材 Ⅳ.①O64-33

中国版本图书馆CIP数据核字（2018）第000456号

责任编辑：刘俊之　　　　　　　　　文字编辑：李　玥
责任校对：边　涛　　　　　　　　　装帧设计：韩　飞

出版发行：化学工业出版社（北京市东城区青年湖南街13号　邮政编码100011）
印　　装：北京科印技术咨询服务有限公司数码印刷分部
787mm×1092mm　1/16　印张10　字数251千字　2024年2月北京第1版第3次印刷

购书咨询：010-64518888　　　　　　　售后服务：010-64518899
网　　址：http://www.cip.com.cn
凡购买本书，如有缺损质量问题，本社销售中心负责调换。

定　　价：28.00元　　　　　　　　　　　　　　　　　版权所有　违者必究

前言

化学是一门以实验为基础的学科。物理化学实验是与物理化学学习配套的实验课程，是培养化学、材料、生物、化工等与化学相关专业学生的一门重要学科基础实验课程。

近年来，随着科学技术的发展、仪器设备的更新、计算机的普及应用、实验教学改革的深入和发展，物理化学实验在教学内容、教学方法和教学实验设备等方面均有了较大的改革和发展。本书是在上海大学化学系为本校学生开设物理化学实验课程多年来所使用的《物理化学实验》讲义的基础上，汲取和参考国内外出版的优秀教材、文献，经过十多年来的不断充实、更新、修改编写而成。全书在内容安排上力求结合现代仪器设备、实验技术、实验教学改革成果，充分反映物理化学研究方法的基本实验技术、现代物理化学研究新技术和应用，体现了基础验证性、应用性和综合性等特点。

《物理化学实验》的总体内容编排紧密围绕当前实验教学的需要。全书分为绪论、实验、物理化学实验技术和常用仪器、附录四章。有关物理化学实验的学习要求、实验室的安全与防护、实验数据处理和误差分析、常用数据等内容分别编入绪论和附录中。

本教材实验内容包括化学热力学、化学动力学、电化学、表面与胶体化学等，共编入25个实验。每个实验内容均包括实验目的、实验原理、实验仪器与试剂、实验步骤、实验数据记录与处理、思考题。每个实验力求对所需的物理化学基本理论知识做简单的介绍，但对实验步骤、实验仪器的使用和注意事项、实验数据处理要求等都作了详细叙述，以便学生在阅读每一实验内容进行预习后，在教师的指导下能独立地进行实验。这些实验内容丰富、实验技术先进，并尽可能不使用有毒性的化学试剂，做到实验绿色化。

本教材特别编写了第三章物理化学实验技术和常用仪器，主要包括实验内容部分所涉及的实验仪器的原理和操作方法，其中包含上海大学化学系物化实验室教师结合实验教学所研发和改进的实验设备，希望学生通过预习学习和实验操作，能初步了解和掌握物理化学的研究方法和技术。

全书由丁益民和张小平负责编辑统稿。参加本书编写的有饶薇薇、洪玲、周荣明、袁安保、方建慧、张良苗、刘旭、陆文雄、乐之伟、严惠根等，在本教材的编写过程中，还得到了物理化学教研室其他同事的大力支持和帮助，大家提出了许多宝贵的建议，在此表示由衷的感谢。

由于编者水平所限，书中难免有疏漏之处，敬请读者批评指正。

编者
2017 年 11 月

目录

第一章　绪论　　1

第一节　物理化学实验的目的和要求 ……………………………………………………… 1
　一、物理化学实验的目的 …………………………………………………………………… 1
　二、物理化学实验的要求 …………………………………………………………………… 1
第二节　物理化学实验室的安全与防护 …………………………………………………… 3
　一、安全用电常识 …………………………………………………………………………… 4
　二、高压气体钢瓶的安全使用 ……………………………………………………………… 4
　三、使用化学药品的安全防护 ……………………………………………………………… 6
　四、汞的安全使用 …………………………………………………………………………… 7
第三节　实验的误差及实验数据处理 ……………………………………………………… 7
　一、物理化学实验中的误差问题 …………………………………………………………… 7
　二、物理化学实验数据的表达方法 ………………………………………………………… 12
　三、计算机处理物理化学实验数据的方法 ………………………………………………… 16

第二章　实验　　19

第一节　化学热力学 ………………………………………………………………………… 19
　实验1　梅耶（Meyer）法测定易挥发液体的摩尔质量 ………………………………… 19
　实验2　燃烧热的测定 ……………………………………………………………………… 22
　实验3　溶解热的测定 ……………………………………………………………………… 26
　实验4　动态法测定不同压力下液体的沸点 ……………………………………………… 29
　实验5　静态法测定纯液体的饱和蒸气压 ………………………………………………… 32
　实验6　氨基甲酸铵反应平衡常数的测定 ………………………………………………… 34
　实验7　二组分金属相图的测定 …………………………………………………………… 38
　实验8　环己烷-乙醇恒压气液平衡相图绘制 …………………………………………… 41
　实验9　凝固点降低法测定物质的摩尔质量 ……………………………………………… 44
　实验10　差热-热重分析 …………………………………………………………………… 50
第二节　化学动力学 ………………………………………………………………………… 55
　实验11　过氧化氢分解反应的动力学测定 ………………………………………………… 55
　实验12　旋光法测定蔗糖转化反应的动力学参数 ………………………………………… 58
　实验13　乙酸乙酯皂化反应速率常数的测定 ……………………………………………… 61
　实验14　丙酮碘化反应动力学参数的测定 ………………………………………………… 64
　实验15　K_2FeO_4在碱性介质中的化学反应动力学研究 ……………………………… 66
第三节　电化学 ……………………………………………………………………………… 69

  实验 16 离子迁移数的测定——界面移动法 ·· 69
  实验 17 电导法测定弱电解质的电离常数 ·· 72
  实验 18 电导法测定难溶盐的溶解度 ·· 74
  实验 19 原电池电动势的测定 ·· 75
  实验 20 电动势法测定难溶盐的溶度积常数 ··· 78
  实验 21 氢超电势的测定 ·· 79
 第四节 表面与胶体化学 ·· 81
  实验 22 最大气泡压力法测定液体的表面张力 ·· 81
  实验 23 动态色谱法测定纳米粉体材料的比表面积 ···································· 85
  实验 24 溶胶的制备和电泳 ··· 89
  实验 25 黏度法测定高聚物的摩尔质量 ·· 92

第三章 物理化学实验技术和常用仪器 97

 第一节 温度的测量与控制 ·· 97
  一、温标 ··· 97
  二、温度的测量 ··· 98
  三、恒温技术及温度控制装置 ··· 104
 第二节 压力的测量 ·· 109
  一、压力的表示方法 ·· 109
  二、压力的测量 ··· 110
  三、气压计 ··· 112
  四、气体钢瓶减压阀 ·· 113
  五、真空技术 ·· 114
 第三节 热分析方法简介 ·· 116
  一、差热分析法 ··· 116
  二、热重分析 ·· 119
 第四节 光学测量技术及仪器 ·· 121
  一、阿贝折射仪 ··· 121
  二、旋光仪 ··· 124
  三、分光光度计 ··· 127
 第五节 电化学测量技术及仪器 ··· 135
  一、电解质溶液电导率和离子迁移数的测量方法和应用 ······················· 135
  二、电池电动势和电极电势的测量方法 ·· 138

第四章 附录 144

附录一 国际单位制（SI）基本单位 ··· 144
附录二 具有专门名称的 SI 导出单位 ·· 144
附录三 元素的原子量表（以 $^{12}C=12$ 原子量为标准） ······························ 145
附录四 常用的物理化学常数 ··· 145
附录五 不同温度下水的饱和蒸气压 ·· 146
附录六 不同温度下水的密度 ··· 147
附录七 实验室常见物质不同温度下的相对密度 ·· 147
附录八 水在不同温度下的折射率、黏度和介电常数 ···································· 148
附录九 不同温度下水的表面张力 ·· 149

附录十　不同温度下 KCl 在水中的溶解焓（1mol KCl 溶于 200mol 水中的积分溶解焓） …………… 149
附录十一　不同温度、不同浓度下 KCl 溶液的电导率 κ …………………………………………… 149
附录十二　水的电导率 κ ……………………………………………………………………………… 150
附录十三　不同温度下 HCl 溶液中阳离子的迁移数 …………………………………………………… 150
附录十四　25℃下常见电极的标准电极电势（标准态压力 $P^{\ominus}=100\text{kPa}$）……………………… 150
附录十五　环己烷-乙醇二元系组成（以环己烷摩尔分数表示）-折射率对照表（30.0℃）………… 151

参考文献　153

第一章
绪 论

第一节 物理化学实验的目的和要求

一、物理化学实验的目的

化学是一门建立在实验基础上的科学，物理化学是化学的一门重要分支学科。物理化学实验是化学教学体系中一门独立的课程，它与物理化学课程的关系最为密切，但与后者又有明显的区别：物理化学注重理论知识的掌握，而物理化学实验则要求学生能够熟练运用物理化学原理解决实际化学问题。

物理化学实验主要是通过物理的方法和手段，来研究物质的物理化学性质以及这些物理化学性质与化学反应之间的关系，从中形成规律性的认识，从而使学生初步了解物理化学的研究方法，掌握物理化学的实验方法和实验技术，学会常用仪器的操作，培养学生的动手实践能力；通过实验操作、实验现象观察和记录、重要物化性能的测量、实验数据的处理及可靠程度的判断、实验结果的分析和归纳等，锻炼培养学生分析问题和解决问题的能力；加深对物理化学基本原理的理解，为学生提供理论联系实际和理论应用于实践的机会；培养学生实事求是的科学态度和严肃认真、一丝不苟的科学作风，为将来从事化学理论研究和与化学相关的实践活动打下良好的基础。

二、物理化学实验的要求

1. 实验前的预习

预习是做好实验的前提和保证，也是实验能否成功的关键。物理化学实验涉及众多仪器设备，这就使得实验前的预习尤为重要。

学生进入实验室之前必须认真预习，仔细阅读实验教材和参考资料，明确本次实验的目的，掌握实验所依据的基本理论原理和实验方法，了解所用仪器的构造和操作规程，记住实验步骤和注意事项，明确需要测定和记录的物理量等，在了解和掌握的基础上认真写出实验预习报告。

预习报告内容应包括：实验目的、原理、实验用仪器和试剂材料、实验简要步骤等，并针对实验时要记录的数据详细地设计一个原始数据记录表，预习中还需思考分析预习过程中产生的疑难问题、实验项目后的思考题等。

实验指导教师应在实验课开始前审阅学生的预习报告，同时进行必要的提问，并解答学生预习中的疑难问题，学生达到预习要求后才能进行实验。

2. 实验操作及数据记录

学生进入实验室后必须遵守实验室规则，穿戴好实验服装，检查核对实验所需仪器和试剂材料是否符合实验要求，如有短缺或损坏，应及时向指导教师提出，以便补充或修理，做好实验开始前的各种准备工作。

学生在教师指导下独立地进行实验是实验课的主要教学形式。学生需认真听完实验指导教师的讲解，并经指导教师同意后方可进行实验。仪器的使用要严格按照操作规程进行，不可盲动。对于实验操作步骤，通过预习应心中有数。实验过程中要仔细观察实验现象，尤其是一些反常的现象，不应简单认为是自己操作失误就放弃了，应仔细查明原因，或请指导教师帮助查明原因。实验过程中应大胆、细心，独立操作，仔细观察实验现象，认真测定实验数据。

实验中应如实记录实验的环境条件、实验现象与数据。实验数据应记录在预习报告纸上已画好的数据表格中，字迹要清楚、整齐。记录数据必须完整、规范、实事求是，不得随意涂改实验数据，或只记录"好"的数据，舍弃"不好"的数据。如发现某个数据确有问题应该舍弃或需重新测定时，可用笔轻轻圈去或画一横，再在边上写出正确数据。注意养成良好的记录习惯。

整个实验过程要求有严谨的科学态度，保持肃静；节约试剂和去离子水；随时保持仪器和桌面的清洁整齐，酸碱等腐蚀试剂不得粘在仪器上，若有沾污，应立即擦净；公用仪器、试剂、工具等用完后立即归还；做到有条不紊，一丝不苟。还要积极思考，仔细分析，善于发现和解决实验中出现的各种问题。自己难于解决时，可请教师指导。

完成实验后，应将实验记录交给指导教师审核。如果指导教师指出所记录数据中有不合格的，应认真分析和检查原因，必要时需重做，直至获得满意的结果。指导教师审核通过并签字后，应清洗实验用材料，做好仪器的归零和整理桌面与地面的清洁卫生工作，经指导教师同意并在预习报告上签字后，方可离开实验室。严禁把仪器、试剂等任意携带出实验室。

3. 撰写实验报告

实验报告是每次实验的记录、概括和总结，也是对实验者综合能力的训练和考核。实验结束后必须及时、独立、认真地完成实验报告，在规定时间内上交指导教师评阅。

实验报告应包括：实验目的、实验原理、实验仪器和试剂材料、实验步骤、实验记录、数据处理（包括列表、作图等）、结果讨论和思考题等。实验目的、实验原理和实验步骤应简单明了，重点应放在实验数据的处理和讨论上。

实验数据处理应有处理步骤，认真进行计算，而不是只列出处理结果，并注意各数值所用的单位，正确表达数据的处理结果。作图必须使用坐标纸，并端正地粘贴在实验报告上；有条件的话，最好使用计算机来处理实验数据。结果讨论内容应包括：对实验现象的分析和解释，对实验结果的误差分析，查阅文献的情况，对实验的改进建议，实验后的心得体会，实验成功与否的经验教训总结等。实验讨论是实验报告中的重要一项，可以锻炼、提高学生分析问题的能力。

教师对于每一个实验项目，应根据实验所用的仪器、试剂材料及具体操作条件，向学生提出实验结果数据的误差合格范围，学生实验结果如达不到此要求，则视超出的程度处理，扣分或者要求重做。另外，实验操作是否独立顺利完成、实验前是否预习充分、实验结束后是否做好清理整洁工作、实验报告是否有错误也作为实验项目成绩评定的参考内容。

4. 实验报告的一般格式示例

实验项目名称：××××

一、实验目的

二、实验原理
要求用简洁的文字、反应式、公式、图示、图表说明本实验的基本原理。

三、实验仪器和试剂
试剂应注明品名、组成等，仪器应注明型号。

四、实验步骤
根据不同类型的实验，该部分格式不同。要求尽量用简洁的文字、箭头、符号、框图、表格、流程图等形式表述。

如：丙酮碘化反应实验步骤

1. 常数 B 测定

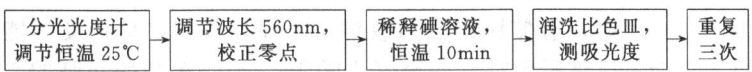

2. 测反应速率常数

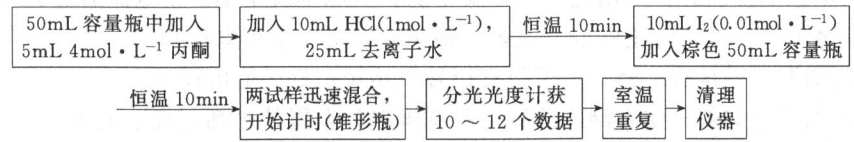

五、实验数据记录和处理
列表记录原始数据，按实验要求计算和作图。数据处理需要通过计算得到的，应以其中一组数据为例，详细列出公式、计算步骤和结果。作图需有图名，横、纵坐标名称，单位；若需在图上取点进行计算的，则需要在图上标出取点坐标。

$t=$ _____ ℃， $\kappa(H_2O)=$ _____ $S \cdot m^{-1}$

试样	$c/(mol \cdot dm^{-3})$	$\kappa/(\mu S \cdot cm^{-1})$	$10^4(\kappa-\kappa_{H_2O})/(S \cdot m^{-1})$	$10^4 \Lambda_m/(S \cdot m^2 \cdot mol^{-1})$	$10^2 \alpha$	$10^5 K$
c_0						
$c_0/2$						
$c_0/4$						
$c_0/8$						
$c_0/16$						

六、思考题
可结合理论课、文献查阅和实验结果认真分析回答。

七、讨论与心得
(1) 实验成败及原因分析（可将实验结果与文献数据进行比较，讨论实验结果的合理性；也可对实验中的某些现象进行分析解释；对实验方法的设计、仪器的设计以及误差来源进行讨论）。

(2) 本实验的关键环节及改进措施。

(3) 可讨论实验的延伸，将本实验与工农业生产、生活以及科研进展相联系等。

第二节　物理化学实验室的安全与防护

在化学实验室里常常潜藏着诸如发生爆炸、着火、中毒、烫伤、割伤、触电等事故的危险性，物理化学实验室里尤其经常遇到高温、低温的实验条件，使用高气压（各种高压气瓶)、低气压(各种真空系统)、高电压、高频的仪器,而且许多精密的自动化设备日益普遍使用,因此需要实验者掌握必要的实验室安全防护常识,懂得应采取的预防措施,以及一旦事故发生时应及时采取的正确自救和处理方法。实验室的安全防护,是一个关系到培养良好的实验素质、保证实验顺利进行、确保实验者人身和国家财产安全的重要问题。

本节主要结合物理化学实验的特点介绍安全用电及使用化学药品的安全防护等知识。

一、安全用电常识

物理化学实验使用电器类设备较多,特别要注意安全用电。违章用电可能造成仪器设备损坏、火灾甚至人身伤亡等严重事故。

1. 关于触电

实验室所用的市电为频率 50Hz 的交流电。人体感觉到触电效应时的电流强度约为 1mA,此时会有发麻和针刺的感觉;通过人体的电流强度到了 6~9mA 时,一触就会缩手;电流强度高到 10~25mA 时,会使肌肉强烈收缩,手抓住了带电体后便不能释放;电流强度达到 25mA 以上,会造成呼吸困难,甚至停止呼吸;100mA 则使心脏的心室产生纤维颤动,以致无法救活。因此,使用电气设备安全防护的原则就是不要使电流通过人体。

为了保障人身安全,防止触电一定要严格遵守以下安全用电规则:

① 不用潮湿的手接触电器,手不得直接接触绝缘不好的通电设备。

② 一切电源裸露部分应有绝缘装置,所有电器的金属外壳都应接上地线。

③ 实验时,应先连接好电路再接通电源;修理或安装电器时,应先切断电源;实验结束时,先切断电源再拆线路。

④ 不能用试电笔去试高压电,使用高压电源应有专门的防护措施。

⑤ 如有人触电,应首先迅速切断电源,然后进行抢救。

2. 防止发生火灾及短路

① 电线的安全通电量应大于用电功率;使用的保险丝要与实验室允许的用电量相符。

② 实验室室内若有氢气、天然气等易燃易爆气体,应避免产生电火花。继电器工作时、电器接触点接触不良时及开关电闸时易产生电火花,要特别小心。

③ 如遇电线起火,应立即切断电源,用沙子或二氧化碳灭火器灭火,禁止用水或泡沫灭火器等导电液体灭火。

④ 电线、电器不要被水淋湿或浸在导电液体中;线路中各接点应牢固,电路元件两端接头不要互相接触,以防短路。

3. 电器仪表的安全使用

① 使用前须先了解电器仪表要求使用的电源是交流电还是直流电,是三相电还是单相电,以及电压的大小(如 380V、220V、6V)。

② 须确认电源和电器功率是否符合要求,及直流电器仪表的正、负极。

③ 仪表量程应大于待测量,待测量大小不明时,应从最大量程开始测量。

④ 实验前要先检查线路连接是否正确,经指导教师检查同意后方可接通电源。

⑤ 在使用过程中如发现异常,如不正常声响、局部温度升高、冒烟或嗅到焦烟味等,应立即切断电源,并报告指导教师进行检查。

二、高压气体钢瓶的安全使用

在物理化学实验室中,经常要使用到氧气、氮气、氩气等气体,这些气体一般都是储存在专用的高压气体钢瓶中。高压气体钢瓶是由无缝碳素钢或合金钢制成，按其所存储的气体及工作压力分类见表 1-1。

表 1-1　标准储气瓶型号分类

气瓶型号	用　途	工作压力 /(kg·cm^{-2})	试验压力/(kg·cm^{-2}) 水压试验	试验压力/(kg·cm^{-2}) 气压试验
150	氢、氧、氮、氩、氖、甲烷、压缩空气	150	225	150
125	二氧化碳及纯净水煤气等	125	190	125
30	氨、氯、光气等	30	60	30
6	二氧化硫	6	12	6

根据国标 GB 7144—1999 规定，各种气瓶必须按照表 1-2 规定进行涂色、标注气体名称。

表 1-2　常用气瓶颜色标志

充装气体名称	瓶色	字样	字色	色环
氧	淡蓝	氧	黑	白
氢	淡绿	氢	大红	淡黄
氮	黑	氮	淡黄	棕
氩	银灰	氩	深绿	白
氖	银灰	氖	深绿	白
空气	黑	空气	白	
氨	淡黄	液氨	黑	
二氧化碳	铝白	液化二氧化碳	黑	黑
氯	深绿	液氯	白	
乙炔	白	乙炔不可近火	大红	

使用气瓶的主要危险是气瓶可能爆炸和漏气。漏气对可燃性气体钢瓶就更危险，应尽量避免氧气瓶和其他可燃性气体钢瓶放在同一房间内使用，否则，极易引起爆炸。已充气的气瓶爆炸的主要原因是气瓶受热而使内部气体膨胀，致使气瓶内压力超过气瓶的最大负荷而爆炸。气瓶爆炸的另一个原因是气瓶的瓶颈螺纹损坏，当内部压力升高时，冲脱瓶颈。在这种情况下，气瓶按火箭作用原理向放出气体的相反方向高速飞行。因此，均可能造成很大的破坏和伤亡。另外，如果气瓶的金属材料不佳或受到腐蚀时，一旦在气瓶坠落或撞击坚硬物时就会发生爆炸。因此，气体钢瓶（或其他受压容器）是存在着危险的，使用时需特别注意。

使用气体钢瓶必须按正确的操作规程进行，以下简述有关注意事项。

1. 气体钢瓶放置要求

气体钢瓶应存放在阴凉、干燥、远离热源（如阳光、暖气、炉火等）的地方，并将气瓶固定在稳固的支架、实验桌和墙壁上，防止受外来的撞击和意外跌倒。易燃气体钢瓶应放置在有通风及报警装置的气瓶柜中。

2. 使用时要安装减压表（阀）

气体钢瓶使用时要通过减压表使气体压力降至实验所需范围。安装减压表前应确定其连接尺寸是否与气瓶接头相符，接头处需用专用垫圈。一般可燃性气体气瓶（如氢气瓶、乙炔瓶等）接头的螺纹是反向的左牙纹，不燃性和助燃性气体气瓶接头的螺纹是正向的右牙纹。有些气瓶需使用专用减压表（如氨气瓶），各种减压表一般不得混用。减压表都装有安全阀，它是保护减压表安全使用的装置。减压表的安全阀应调节到接收气体的系统和容器的最大工作压力。

3. 气体钢瓶操作要点

① 气瓶需要搬运或移动时，应撤除减压表，旋上瓶帽，使用专门的气瓶搬移车。

② 开启或关闭气瓶时，操作者应站在减压表接管的另一侧，不许把头或身体对准气瓶总阀门，以防万一阀门或减压表冲出伤人。

③ 气瓶开启使用前，应先检查接头连接处和管道是否漏气，确认无误后方可继续使用。

④ 使用可燃性气瓶时，更要防止漏气或将用过的气体排放于室内，并保持实验室通风良好。

⑤ 使用氧气瓶时，严禁氧气瓶接触油脂，操作者的手、衣服和工具上也不得沾有油脂，因为高压氧气与油脂相遇会引起燃烧。

⑥ 氧气瓶使用时发现漏气，不可用麻、棉等物去堵漏，以防燃烧引起事故。

⑦ 使用氢气瓶时，导管处应加防止回火的装置。

⑧ 气瓶内气体不可全部用尽，一般应留有不少于 0.05MPa 以上的残留压力，并在气瓶上标有已用完的记号，以防重新充气时发生危险。

三、使用化学药品的安全防护

1. 防毒

大多数化学试剂都具有不同程度的毒性。毒物可以通过呼吸道、消化道和皮肤进入人体内。因此，防毒的关键是要尽量杜绝和减少毒物进入人体。

① 实验前应了解所用试剂的毒性、性能和防护措施。

② 操作有毒性化学试剂应在通风橱内进行，避免与皮肤直接接触。

③ 防止天然气或煤气管、灯漏气，使用完一定要关好天然气或煤气阀。

④ 苯、四氯化碳、乙醚、硝基苯等的蒸气会引起中毒，虽然它们都有特殊气味，但久吸后会使人嗅觉减弱，必须高度警惕。

⑤ 剧毒试剂应妥善保管并小心使用。

⑥ 严禁在实验室内喝水、吃东西。饮食用具不得带进实验室内，以防毒物沾染，离开实验室时要洗净双手。

2. 防爆

可燃气体与空气的混合物在比例处于爆炸极限时，受到热源（如电火花）诱发将会引起爆炸。一些气体的爆炸极限见表1-3。

表 1-3 与空气相混合的某些气体的爆炸极限（20℃，101325Pa）

气体	爆炸高限/%（体积分数）	爆炸低限/%（体积分数）	气体	爆炸高限/%（体积分数）	爆炸低限/%（体积分数）
氢	74.2	4.0	乙酸	—	4.1
乙烯	28.6	2.8	乙酸乙酯	11.4	2.2
乙炔	80.0	2.5	一氧化碳	74.2	12.5
苯	6.8	1.4	水煤气	72	7.0
乙醇	19.0	3.3	煤气	32	5.3
乙醚	36.5	1.9	氨	27.0	15.5
丙酮	12.8	2.6			

实验时要尽量防止可燃性气体逸出，保持室内通风良好，不使它们形成爆炸的混合气。在操作大量可燃性气体时，应严禁使用明火和可能产生电火花的电器，并防止其他物品撞击产生火花。

另外，有些试剂如乙炔银、过氧化物等受到震动或受热容易引起爆炸，使用时要特别小心；严禁将强氧化剂和强还原剂存放在一起；久藏的乙醚使用前应设法除去其中可能产生的过氧化物。在操作易发生爆炸的实验时，应有防爆措施。

3. 防火

物资燃烧需具备三个条件：可燃物资、氧气或氧化剂以及一定的温度。许多有机溶剂，如乙醚、丙酮、乙炔等非常容易燃烧，使用时室内不能有明火、电火花等。用后要及时回收处理，不可倒入下水道，以免聚集引起火灾。实验室内不可过多存放这类试剂。

另外，有些物质如磷、金属钠及比表面积很大的金属粉末（如铁、铝等）易氧化自燃，在保存和使用时要特别小心。

实验室一旦发生火灾时不要惊慌，应根据情况选择不同的灭火设备进行灭火。以下几种情况不能用水灭火：

① 有金属钠、钾、镁、铝粉、电石、过氧化钠等时，应用干沙等灭火。
② 相对密度比水小的易燃液体着火，采用泡沫灭火器。
③ 有灼烧的金属或熔融物的地方着火时，应用干沙或干粉灭火器。
④ 电器设备或带电系统着火，应用二氧化碳或四氯化碳灭火器。

4. 防灼伤

强酸、强碱、强氧化剂、溴、磷、钠、钾、苯酚、冰醋酸等都会腐蚀皮肤，特别要防止溅入眼内。液氧、液氮等低温也会严重灼伤皮肤，使用时要小心。万一灼伤应及时治疗。

四、汞的安全使用

汞中毒分急性和慢性两种。急性中毒多为高价汞盐（如 $HgCl_2$）入口所致，0.1～0.3g 即可致死。吸入汞蒸气会引起慢性中毒，症状为食欲不振、恶心、便秘、贫血、骨骼和关节疼痛、精神衰弱等。汞蒸气的最大安全浓度为 $0.1mg \cdot m^{-3}$，而 20℃ 时，汞的饱和蒸气压约为 0.16Pa，超过安全浓度 130 倍。所以使用汞时，必须严格遵守下列操作规定：

① 储汞的容器要用厚壁玻璃器皿或瓷器，在汞面上加盖一层水，避免直接暴露于空气中，同时应放置在远离热源的地方。一切转移汞的操作，应在装有水的浅瓷盘内进行。
② 装汞的仪器下面一律放置浅瓷盘，防止汞滴散落到桌面或地面上。万一有汞洒落，要先用吸汞管尽可能将汞珠收集起来，然后把硫黄粉撒在汞溅落的地方，并摩擦使之生成 HgS，也可用 $KMnO_4$ 溶液使其氧化。擦过汞的滤纸等必须放在有水的瓷缸内。
③ 使用汞的实验室应有良好的通风设备；手上若有伤口，切勿接触汞。

第三节　实验的误差及实验数据处理

一、物理化学实验中的误差问题

实验动手能力不仅表现在能独立、顺利、快速地完成实验内容上，更重要的是表现在善于将实验结果值的误差控制在最小的范围内。要达到这一能力，除了要在预习中全面理解和熟悉与具体实验有关的原理及操作外，还须掌握具有普遍指导意义的误差理论知识。物理化学以测量物理量为基本内容，并对所测得数据加以合理的处理，得出某些重要的规律，从而研究体系的物理化学性质与化学反应间的关系。然而在物理量的实际测量中，无论是直接测量的量，还是间接测量的量（由直接测量的量通过公式计算而得出的量），由于测量仪器、方法以及外界条件的影响等因素的限制，使得测量值与真值（或实验平均值）之间存在着一个差值，称之为测量误差。研究误差的目的，不是要消除它，因为这是不可能的；也不是使它小到不能再小，这不一定必要，因为这要花费大量的人力和物力。研究误差的目的：是在一定的条件下得到更接近于真实值的最佳测量结果；确定结果的不确定程度；根据预先所需结果，选择合理的实验仪器、实验条件和方法，以降低成本和缩短实验时间。因此我们除了认真仔细地做实验外，还要有正确表达实验结果的能力。这二者是同等重要的。仅报告结果，而不同时指出结果的不确定程度的实验是无价值的，所以我们要有正确的误差概念。

1. 直接测量和间接测量

一些基本的物理化学量可以从仪表或器具中直接读出，例如温度、体积、重量等，由此得到的数值称为直接测量值。但多数物理化学实验的测量对象往往要利用直接测量值经过某种公式的运算才能得到其值，例如燃烧热、反应速率常数等，由此得到的数值称为间接测量值。

2. 误差的种类

根据误差的性质和来源，可将测量误差分为系统误差、偶然误差和过失误差。

（1）系统误差（恒定误差） 系统误差是指在相同条件下，对某一物理量进行多次测量时，测量误差的绝对值和符号保持恒定（即恒偏大或恒偏小），或在条件改变时，按某一确定规律变化的误差。系统误差产生的原因有：

① 实验方法的理论根据有缺点，或实验条件控制不严格，或测量方法本身受到限制等。例如，根据理想气体状态方程测量某种物质蒸气的分子量时，由于实际气体对理想气体的偏差，若不用外推法，测量结果总较实际的分子量大。

② 仪器不准或不灵敏，仪器装置精度有限，试剂纯度不符合要求等。例如，温度计、移液管、滴定管的刻度不准确，天平砝码不准等。

③ 测量者的个人不良习惯。如观察视线常偏高（或常偏低），计时常常太早（或太迟）等。

系统误差决定了测量结果的准确度。通过校正仪器刻度、改进实验方法、提高试剂纯度、修正计算公式等方法可减少或消除系统误差。但有时很难确定系统误差的存在，往往是用几种不同的实验方法或改变实验条件，或者不同的实验者进行测量，以确定系统误差的存在，并设法减少或消除之。

（2）偶然误差（随机误差） 在相同实验条件下，多次测量某一物理量时，每次测量的结果都会不同，它们围绕着某一数值无规则的变动。测量结果减去在实验相同条件下无限多次测量同一物理量所得结果平均值之差，称为偶然误差。误差绝对值时大时小，符号时正时负。产生偶然误差的原因可能有：

① 实验者对仪器最小分度值以下的估读，每次很难相同。

② 测量仪器的某些活动部件所指测量结果，每次很难相同，尤其是质量较差的电学仪器最为明显。

③ 影响测量结果的某些实验条件（如温度值），不可能在每次实验中控制得绝对不变。

偶然误差在测量时不可能消除，也无法估计，但是它服从统计规律，即它的大小和符号一般服从正态分布规律。若以偶然误差出现的次数 n 对偶然误差的数值 σ 作图，得对称曲线（图 1-1）。

由图 1-1 中曲线可见：① σ 愈小，分布曲线愈尖锐，也就是说偶然误差小的，出现的概

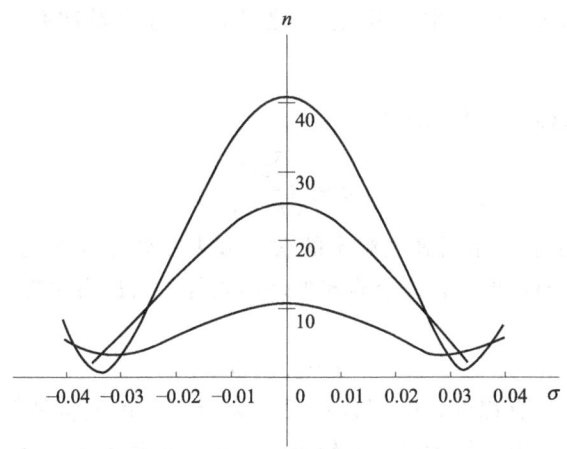

图 1-1 偶然误差正态分布曲线

率大。②分布曲线关于纵坐标呈轴对称,也就是说误差分布具有对称性,说明误差出现的绝对值相等,且正、负误差出现的概率相等。当测量次数 n 无限多时,偶然误差的算术平均值趋于零:

$$\lim_{n \to \infty} \bar{\delta} = \lim_{n \to \infty} \frac{1}{n} \sum_{i=1}^{1} \delta_i = 0 \tag{1-1}$$

因此,为减少偶然误差,常常对被测物理量进行多次重复测量,以提高测量的精确度。

(3) 过失误差(粗差) 过失误差是实验者在实验过程中不应有的失误而引起的。如数据读错、记录错、计算出错,或实验条件失控而发生突然变化等,它无规律可循。只要实验者加强责任心、细心操作,这类误差是完全可以避免的。发现有此类误差产生,所得数据应予以剔除。

3. 测量的准确度和精确度

准确度是指测量结果的准确性,即测量值与真值符合的程度。真值一般是未知的,或不可知的。通常,真值是指用已消除系统误差的实验手段和方法进行足够多次的测量所得的算术平均值或者文献手册中的公认值。测量值越接近真值,则准确度越高。

精确度(精密度)是指测量结果的可重现性及测量值有效数字的位数。重现性好,精密度高。值得注意的是,测量的准确度和精密度是有区别的,高精密度不一定能保证有高准确度;但高准确度必须有高精密度来保证。例如 A、B、C 三人,使用相同的试剂,在进行酸碱中和滴定时,用不同的酸式滴定管,分别测得三组数据,如图 1-2 所示。显然,C 的精密度高,但准确度差;B 的数据离散,精密度和准确度都不好;A 的精密度高,且接近真值,所以准确度也好。

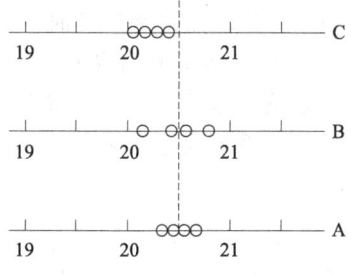

图 1-2 精密度与准确度关系

4. 误差的表示方法

误差一般可用以下三种方法表达。

(1) 平均误差

$$\bar{\delta} = \frac{\sum |d_i|}{n} \tag{1-2}$$

式中，d_i 为测量值 x_i 与算术平均值 $\bar{x}$ 之差；n 为测量次数，且 $\bar{x} = \dfrac{\sum x_i}{n}$，$i=1$, $2,\cdots,n$。

(2) 标准误差　又称为均方根误差。

$$\sigma = \sqrt{\dfrac{\sum d_i^2}{n-1}} \tag{1-3}$$

式中，$n-1$ 为自由度，是指独立测定的次数减去在处理这些测量值所用外加关系条件的数目，当测量次数 n 有限时，$\bar{x}$ 这个等式为外加条件，所以自由度为 $n-1$。

(3) 或然误差

$$P = 0.675\sigma \tag{1-4}$$

平均误差的优点是计算简便，但用这种误差表示时，可能会把质量不高的测量值掩盖住。标准误差对一组测量中的较大误差或较小误差感觉比较灵敏，因此它是表示精度的较好方法，在近代科学中多采用标准误差。

为了表达测量的精度，误差又分为绝对误差和相对误差两种表示方法。

(1) 绝对误差　它表示测量值与真值的接近程度，即测量的准确度。

$$\text{绝对误差 } \delta_i = \text{测量值 } x_i - \text{真值 } x_{真} \tag{1-5}$$
$$\text{绝对偏差 } d_i = \text{测量值 } x_i - \text{平均值 } \bar{x} \tag{1-6}$$

式中，x_i 为第 i 次测量值，如前所述 $x_{真}$ 是未知的，习惯上以 $\bar{x}$ 作为 $x_{真}$，因而误差和偏差也混用而不加以区别。因此，绝对误差通常表示为 $\bar{x} \pm \delta$ 或 $\bar{x} \pm \sigma$，δ 和 σ 分别为平均误差和标准误差，一般以一位数字（最多两位）表示。

(2) 相对误差　它表示测量值的精密度，即各次测量值相互靠近的程度。其表示法为

① 平均相对误差 $= \pm \dfrac{\delta}{\bar{x}} \times 100\%$

② 标准相对误差 $= \pm \dfrac{\sigma}{\bar{x}} \times 100\%$

绝对误差的单位与被测量的单位相同，而相对误差是无量纲的。因此不同的物理量的相对误差可以互相比较。此外，相对误差还与被测量的大小有关，所以在比较各种被测量的精密度或评定测量结果质量时，采用相对误差更合理些。

5. 可疑测量值的取舍

偶然误差符合正态分布规律，即正、负误差具有对称性。所以，只要测量次数足够多，在消除了系统误差和粗差的前提下，测量值的算术平均值趋近于真值：

$$\lim_{n\to\infty}\bar{x} = x_{真} \tag{1-7}$$

但是，一般测量次数不可能有无限多次，所以一般测量值的算术平均值也不等于真值。于是，人们又常把测量值与算术平均值之差称为偏差，常与误差混用。

下面介绍一种简易的判断方法。根据概率论，测量结果的偏差大于 3σ 的概率只有 0.3%。因此根据小概率定理，把这一数值称为极限误差。在无数多次测量中，若有个别测量的误差超过 3σ 的，则可以作为粗差舍弃。但若只有少数几次测量值，概率论已不适用，对此采用的方法是先略去可疑的测量值，计算平均值和平均误差，然后计算出可疑值与平均值的偏差 d，如果 $d \geqslant 4\varepsilon$，则此可疑值可以舍去，因为这种观测值存在的概率大约只有 0.1%。不过要注意的另一问题是，舍弃的数值个数不能超出总数据数的 1/5，而且不能舍弃那些有两个或两个以上相互一致的数据。

上述这种对可疑测量值的舍取方法只能用于对原始数据的处理,其他情况则不能。

6. 误差传递和控制因素

直接测量值的误差一定会有规律传递给间接测量值。间接测量中,每一步的测量误差对最终测量结果都会产生影响,这称为误差的传递。误差传递符合一定的基本公式。通过间接测量结果误差的求算,可以知道哪个直接测量值的误差对间接测量结果影响最大,从而可以有针对性地提高测量仪器的精度等措施,以获得较好的结果。

由直接测量值以和差关系构成的间接测量值的绝对误差等于各直接测量值绝对误差之和。

① $\begin{cases} 若\ y=a-b+c-d+\cdots \\ 由\ |\Delta y| \leqslant |\Delta a|+|\Delta b|+|\Delta c|+|\Delta d|+\cdots \end{cases}$ (1-8)

由直接测量值以积间关系构成的间接测量值的相对误差等于各直接误差值相对误差之和。

② $\begin{cases} 若\ y=\dfrac{a}{b}\times\dfrac{c}{d}\cdots \\ 则\ |\Delta y/y|=|\Delta a/a|+|\Delta b/b|+|\Delta c/c|+|\Delta d/d|+\cdots \end{cases}$ (1-9)

在物化实验中频繁运用的是式(1-9),有时关系式中还会出现对数项,若将该对数微分式代入传递中则也不难解决。我们注意到在上面两个误差传递式的右边都是加和关系,这意味着会出现大数"吃掉"小数的可能性,举例来说,用四位计数做 $0.123+0.0001+0.0003$ 的运算,得到的结果是 0.123,即 0.0001 和 0.0002 被 0.123 吃掉了。为此,我们把误差传递式右边中相比其他项至少高出一个数量级的最大项所对应的直接测量对象称为控制因素。如果我们把提高测试技术的精力放到这一测量对象上就能收到事半功倍的效果。

现以燃烧热测定为例看一下如何确定实验中的控制因素,在该实验中需用电光天平称取 1g 左右的燃烧物质,该天平的最小分度值为 0.0001g。所以,称量操作的相对误差为 0.005%,其次需用容量瓶量取 3000mL 的水。为了节省操作时间,不一定要把弯液面调节到与容量瓶颈刻度线正好对齐,若液面差高为 0.3mm,则相对误差为 0.003%;也不一定要把容量瓶里最后一点水完全倒入量热瓶装置中,若容量瓶内壁滞留 0.09mL 的水,则相对误差为 0.003%,所以量水操作的相对误差不超过 0.006%;再是需用精密数字温度温差仪测出燃烧前后水温的变化值,这种温度计的最小分度值为 0.001℃,1g 燃烧物质产生的水温变化为 1℃ 左右,所以测温操作的相对误差为 0.05%,量热公式为

$$Q=\frac{(V_水\rho_水+W)C_水(\Delta T+\Delta t)-q'}{m/M} \quad (1-10)$$

由于 Δt 与 ΔT 相比要少几个数量级,考虑误差贡献时可略去不计。q' 也可以略去不计它的误差贡献,而 W 约为 470g,可与 $V_水\rho_水=3000$g 相比,如果 W 的值是由文献给出的,则操作引入的绝对误差为零。$(V_水\rho_水+W)$ 乘积项的相对误差为

$$(3000\times0.006\%+0)/(3000+470)\times100\%=0.005\%。$$

最后可得间接测量值 Q 的相对误差为

$|\Delta Q/Q|=|\Delta(V_水\rho_水+W)/(V_水\rho_水+W)|+|\Delta(\Delta T+\Delta t_校)/(\Delta T+\Delta t_校)|+|\Delta m/m|$
$\qquad =0.005\%+0.05\%+0.005\%$ (1-11)

由此可见:第二项所对应的测温操作是控制因素,若用 5 位数字式测温仪代替精密数字温度温差仪,则量热值的相对误差可由原来的 0.05% 降到 0.025%。相反,若是拘泥于容量瓶的量水操作,则将大大延长实验时间,而相对误差只降到 0.055% 以上,得不偿失。

7. 有效数字

当对一个测量的量进行记录时,所记数字的位数应与仪器的精密度相符合,即所记录数字的最后一位为仪器最小刻度以内的估计值,称为可疑值,其他几位为准确值,这样一个数字称为有效数字,它的位数不可随意增减。在间接测量中,须通过一定公式将直接测量值进行运算,运算中对有效数字位数的取舍应遵循如下规则:

(1) 误差(绝对误差和相对误差)一般只取一位有效数字,至多不超过两位。

(2) 有效数字的位数越多,数值的精确度也越高,即相对误差越小。

(3) 有效数字的位数与所用单位无关,与小数点位数无关。如,21.3mL 与 0.0213L,其有效数字均是三位。而对于 12000g 这个数值就难以判断其有效数字的位数,为避免这种困难,记录很大或很小的数的有效数字时,常用 $\times 10^n$ 的指数表示法。例如,12000 这个数,若只表示三位有效数字,则写成 1.20×10^4;若表示四位有效数字,则写成 1.200×10^4。又如,0.000000128 只有三位有效数字则可写成 1.28×10^{-7}。指数表示法不仅明确表示了有效数字,而且简化了数值的写法,便利于计算。

(4) 若第一位的数字等于或大于 8,则有效数字的总位数可多算一位。如:9.47 虽然只有三位,但在运算时,可以看作四位。

(5) 当有效数字位数确定后,运算中应舍弃过多不定数字,应采用"四舍六入五成双"的原则。即:凡末位有效数字后边的第一位数字大过 5 时,则在前一位上增加 1;小于 5 则弃去不计;等于 5 时,如前一位为奇数,则增加 1;如前一位为偶数,则弃去不计。例如,对于 27.0249 取四位有效数字时,结果为 27.02;取五位有效数字时,结果为 27.025。但将 27.025 与 27.035 取为四位有效数字时,则分别为 27.02 与 27.04。

(6) 在加减运算中,各数字小数点后所取的位数,以其中小数点后位数最少者为准。

(7) 在乘除运算中,各数保留的有效数字,应以其中有效数字最少者为准。

(8) 在乘方或开方运算中,结果可多保留一位。

(9) 对数运算时,对数中的首数不是有效数字,对数的尾数的位数,应与各数值的有效数字相当。

(10) 算式中,常数 π、e 及某些取自手册的常数,如阿伏伽德罗常数、理想气体常数、普朗克常数等,不受上述规则限制,其位数按实际需要取舍。

二、物理化学实验数据的表达方法

数据是表达实验结果的重要方式之一。要求实验者将测量得到的数据正确地记录下来,加以整理、归纳和处理,并正确地表达实验结果所获得的结论。物理化学实验数据的表达方法主要有三种:列表法、作图法和数学方程式法。

1. 列表法

在物理化学实验中,数据测量一般至少包括两个变量,在实验数据中选出自变量和因变量。列表法就是将这一组实验数据的自变量和因变量的各个数值依一定的形式和顺序一一对应列出来。

数据表简单易作,且列于表中的数据已经过科学整理和处理,有利于分析和表明实验结果的规律性。

列表时应注意以下几点。

(1) 每一个表的开头都应写出表的序号及表的名称。

(2) 在表格的每一行(或列)的开头一栏都应该详细写上物理量的名称及单位,名称及单位应写成：名称符号/单位符号，如 p（压力）/Pa。

(3) 表中的数值应用最简单的形式表示，数字要排列整齐，小数点应对齐，注意有效数字的位数。公共的乘方因子应放在栏头注明。

(4) 表中表达数据顺序为：由左到右，由自变量到因变量，可将原始数据和处理结果列在同一表中，但应以一组数据为例，在表格的下面注明数据的处理方法和选用的公式，列出算式，写出计算过程。

2. 作图法

(1) 作图法在物理化学实验中的应用　用作图法表达物理化学实验数据，能直观地显示出所研究的变量的变化规律，如极大值、极小值、转折点、周期性、数量的变化速率等重要性质。根据所作的图形，还可以作切线、求面积，将数据进一步处理。作图法的应用极为广泛，常用的有以下几种方法。

① 求外推值　有些不能由实验直接测定的数据，常常可以用作图外推的方法求得。主要是利用测量数据间的线性关系，外推至测量范围之外，求得某一函数的极限值，这种方法称为外推法。例如用黏度法测定高聚物的分子量实验中，只能用外推法求得溶液浓度趋于零时的黏度（即特性黏度）值，才能算出分子量。

必须指出，使用外推法必须满足以下条件：

a. 外推的那个区间离实际测量的那个区间不能太远；

b. 在外推的那段范围及其邻近测量数据间的函数关系是线性关系或可以认为是线性关系；

c. 外推所得结果与已有的正确经验不能有抵触。

② 求极值或转折点　函数的极大值、极小值或转折点，在图形上表现得很直观。例如，环己烷-乙醇双液系相图确定最低恒沸点（极小值）。

③ 求测量数据间函数关系的解析表示式（经验方程式）　若因变量与自变量之间有线性关系，那么就应符合方程 $y=ax+b$，它们的几何图形应为一直线，a 是直线的斜率，b 是直线在轴上的截距。应用实验数据作图，作一条尽可能连接各实验点的直线，从直线的斜率和截距便可求得 a 和 b 的具体数据，从而得出经验方程。

对于因变量与自变量之间是曲线关系而不是直线关系的情况，可对原有方程或公式作若干变换，转变成直线关系。如朗格缪尔吸附等温式：

$$\Gamma=\Gamma_\infty\frac{kc}{1+kc} \tag{1-12}$$

吸附量 Γ 与浓度 c 之间为曲线关系，难以求出饱和吸附量 Γ_∞。可将式(1-12)改写成：

$$\frac{c}{\Gamma}=\frac{1}{k\Gamma_\infty}+\frac{1}{\Gamma_\infty}c \tag{1-13}$$

以 c/Γ 对 c 作图得一直线，其斜率的倒数为 Γ_∞。

④ 作切线以求函数的微商（图解微分法）　作图法不仅能表示出测量数据间的定量函数关系，而且可以从图上求出各点函数的微商。具体做法是在所得曲线上选定若干个点，然后用几何作图法作出各点的切线，计算出切线的斜率，即得该点函数的微商值。在物理化学实验数据处理中，求函数的微商是经常遇到的。例如，测定不同浓度溶液的表面张力后，计算溶液的表面吸附量时，须求表面张力与溶液浓度间函数的微商值。

⑤ 求导数函数的积分值（图解积分法）　设图形中的因变量是自变量的导数函数，则在不知道该导数函数解析表示式的情况下，也能利用图形求出定积分值，称图解积分。通常求

曲线下所包含的面积常用此法。例如，离子迁移数的测定，利用电路中通过的电流强度与通电时间的曲线下所包含的面积，求电路输送的电量。

（2）作图技术　在处理物理化学实验数据时，作图首先要选择坐标纸。坐标纸分为直角坐标纸、半对数或对数坐标纸、三角坐标纸和极坐标纸等几种，其中直角坐标纸最常用。此外，还需用到的工具主要有铅笔、直尺、曲线板、曲线尺和圆规等。

作图时应注意以下几点。

① 画坐标轴　用直角坐标纸作图时，两根正交的带箭头的坐标轴线，一般以横轴代表自变量，纵轴代表应变量（函数），横坐标读数自左至右，纵坐标读数自下而上。坐标轴比例尺的选择一般遵循下列原则。

a. 应能表示出全部有效数字，使图上读出的各物理量的精密度与测量时的精密度一致。

b. 方便易读。应使每一点在坐标纸上都能够迅速方便地找到。因此，图纸每小格所代表的变量数值，一般应为1、2、5或其整数倍，切忌取3、7、9或小数等分。

c. 在满足前两个条件的前提下，还应充分考虑利用图纸的全部面积，使全图布局均匀合理。若无特殊要求（如外推法求截距），可不必将坐标原点作为变量的零点，可从略低于最小测量值的整数开始，应使所作直线与曲线匀称地分布于图面中，可使作图更紧凑，读数更精确。若曲线是直线，或近乎直线，则比例尺的选择应使其与坐标轴成45°夹角为好。

比例尺选定后，画上坐标轴，在轴旁须注明该轴所代表变量的名称及单位（二者表示为相除的形式），公共乘方因子10的幂次以相乘的形式写在变量旁，并为异号。例如在水蒸气压测定实验中，应在横坐标箭头的右方或下方标上"$T/10^3K$"，在纵坐标箭头的上方或左方标上"$\ln(p/MPa)$"。在纵轴的左面和横轴的下面每隔一定距离（例如1cm或2cm）均匀地标上该处变量应有的值，以便作图及读数，而图中所描各实验点的具体坐标值不必标出。

② 绘出数据点　将测得的实验数据，以点描绘于图上。描数据点时，应用铅笔将所描的点准确而清晰地标在其位置上。在同一个图上，如有几组测量数据，可分别用△、×、⊙、○、●等不同符号加以区别，并在图上对这些符号注明。若测量的精确度很高，这些符号应作得小些，反之就大些。

③ 连曲线　在图纸上作好各测量数据点后，借助于直尺或曲线尺把各点连成线，描出的曲线应光滑均匀，细而清晰，应使曲线尽量多地通过所描的实验点，但不必强求通过所有各点，对于不能通过的点，应使其等量地分布于曲线两侧，且两侧各点到曲线的距离之平方和要尽可能相等。曲线连线的好坏会直接影响实验结果的准确性，如有条件，鼓励用计算机作图软件来绘图。

④ 写图标　每个图应有序号和简明的标题（即图标），例如V-t图、$\ln p$-$1/T$图、$\ln K$-$1/T$图等。这些一般安置在图的下方。

⑤ 在曲线上作切线的方法

a. 镜像法。若需在曲线上某一点A作切线，可先作该点的法线，再作切线。方法是取一块平面镜，垂直放于图纸上，使镜子的边缘与曲线相交于A点，此时，曲线在镜中的像与实际曲线不相吻合，以A点为轴旋转平面镜，直到镜像中的曲线与图中实际曲线重合成一光滑的曲线时，沿镜面作直线MN，这就是曲线在该点的法线，再通过A点作MN的垂线CD，即可得切线，如图1-3所示。若无镜子，也可用玻璃棒，方法相同。

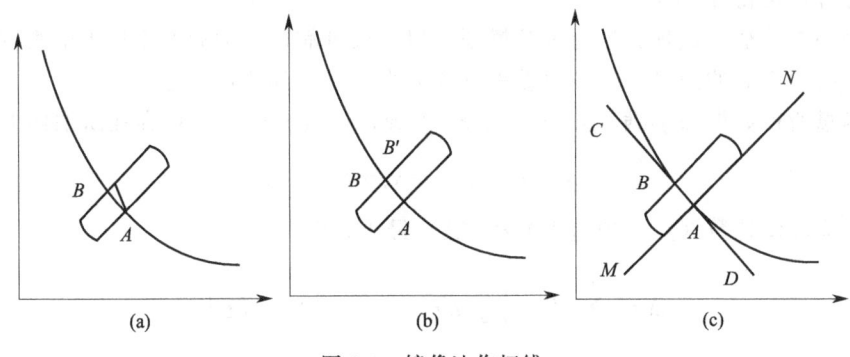

图 1-3 镜像法作切线

b. 平行线法。在所选择的曲线段上,作两条平行线 AB 与 CD,连接两线段的中点 M、N 并延长与曲线交于 O 点,通过 O 点作 AB 与 CD 的平行线 EF,即为通过 O 点的切线,如图 1-4 所示。

3. 数学方程式法

一组实验数据可以用数学方程式表示出来,这样一方面可以反映出数据结果间的内在规律性,便于进行理论解释或说明;另一方面这样的表示简单明了,还可进行微分、积分等其他变换。

对于一组实验数据,一般没有一个简单方法可以直接得到

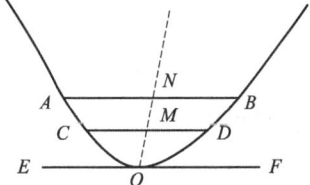

图 1-4 平行线法作切线

一个理想的经验公式,通常是先将一组实验数据画图,根据经验和解析几何原理,猜测经验公式的应有形式。将数据拟合成直线方程比较简单,但往往数据点间并不成线性关系,则必须根据曲线的类型,确定几个可能的经验公式,然后将曲线方程转变成直线方程,再重新作图,看实验数据是否与此直线方程相符,最终确定理想的经验公式。

下面介绍几种直线方程拟合的方法:直线方程的基本形式是 $y=ax+b$,直线方程拟合就是根据若干自变量 x 与因变量 y 的实验数据确定 a 和 b。

(1) 作图法 在直角坐标纸上,用实验数据作图得一直线,将直线与轴相交,即为直线截距 b,直线与轴的夹角为 θ,则 $a=\tan\theta$。另外也可在直线两端选两个点,坐标分别为 (x_1,y_1)、(x_2,y_2),它们应满足直线方程,可得

$$\begin{cases} y_1=ax_1+b \\ y_2=ax_2+b \end{cases}$$

解此联立方程,可得 a 和 b。

对指数方程 $y=be^{ax}$,可取对数 $\ln y=ax+\ln b$,$\ln y$ 对 x 作图为直线;$y=bx^a$,取对数 $\ln y=a\ln x+\ln b$,$\ln y$ 对 $\ln x$ 作图为一直线。

(2) 平均法 平均法根据的原理是在一组测量数据中,正负偏差出现的机会相等,所有偏差的代数和将为零。计算时将所测的 m 对实验值代入方程 $y=ax+b$,得 m 个方程。将此方程分为数目相等的两组,将每组方程各自相加,分别得到一方程如下:

$$\sum_{1}^{m/2} y_i = a\sum_{1}^{m/2} x_i + b$$

$$\sum_{(m/2)+1}^{m} y_i = a\sum_{(m/2)+1}^{m} x_i + b$$

解此联立方程，可得 a 和 b。

（3）最小二乘法　这种方法处理较繁琐，但结果可靠，它需要 7 个以上的数据。它的基本原理是在有限次数的测量中，使误差平方和最小，以得到线性方程。

假定测量所得数据并不满足方程 $y=ax+b$ 或 $ax-y+b=0$，而存在所谓残差 δ。令：

$$\delta_i = ax_i - y_i + b$$

最好的曲线应能使各数据点的残差平方和（Δ）最小，即

$$\Delta = \sum_1^n \delta_i^2 = \sum_1^n (ax_i - y_i + b)^2 = 最小$$

由函数有极值的条件可知，Δ 有极值，一阶导数 $\dfrac{\partial \Delta}{\partial a}$ 和 $\dfrac{\partial \Delta}{\partial b}$ 必定为零，可得以下方程组：

$$\begin{cases} \dfrac{\partial \Delta}{\partial a} = 2\sum_1^n x_i(ax_i - y_i + b) = 0 \\ \dfrac{\partial \Delta}{\partial b} = 2\sum_1^n (ax_i - y_i + b) = 0 \end{cases}$$

变换后可得：

$$\begin{cases} a\sum_1^n x_i^2 + b\sum_1^n x_i = \sum_1^n x_i y_i \\ a\sum_1^n x_i + nb = \sum_1^n y_i \end{cases}$$

解此联立方程得 a 和 b：

$$\begin{cases} a = \dfrac{n\sum x_i y_i - \sum x_i \sum y_i}{n\sum x_i^2 - (\sum x_i)^2} \\ b = \dfrac{\sum y_i}{n} - a\dfrac{\sum x_i}{n} \end{cases}$$

三、计算机处理物理化学实验数据的方法

在物理化学实验中经常会遇到各种类型不同的实验数据，要从这些数据中找到有用的化学信息，得出可靠的结论，就必须对实验数据进行认真的整理和必要的分析和检验，也需要掌握越来越多的数据处理方法。

1. 物理化学实验数据处理的方法

物理化学实验中常用的数据处理方法主要有以下三种。

① 图形分析及公式计算。如"燃烧热的测定"、"凝固点降低法测定摩尔质量"、"差热分析"、"界面法离子迁移数的测定"、"极化曲线的测定"、"电导法测定弱电解质的电离常数"、"电泳"等实验用此方法。

② 用实验数据作图或对实验数据计算后作图，然后线性拟合，由拟合直线的斜率或截距求得需要的参数。如"液体饱和蒸气压的测定""氢超电势的测定""蔗糖的转化""丙酮碘化反应速率常数的测定""乙酸乙酯皂化反应速率常数的测定""黏度法测聚合物的分子量""过氧化氢的分解"等实验用此方法。

③ 非线性曲线拟合，作切线，求截距或斜率。如"溶液表面吸附的测定"等实验用此方法。

第①种数据处理方法用计算器即可完成，第②种和第③种数据处理方法可用 Origin 数据处理软件在计算机上完成。第②种数据处理方法即线性拟合，用 Origin 软件很容易完成。第③种数据处理方法即非线性曲线拟合，如果已知曲线的函数关系，可直接用函数拟合，由拟合的参数得到需要的物理量；如果不知道曲线的函数关系，可根据曲线的形状和趋势选择合适的函数和参数，以达到最佳拟合效果，多项式拟合适用于多种曲线，通过对拟合的多项式求导得到曲线的切线斜率，由此进一步处理数据。

除了前面提到的分析处理方法以外，化学、数学分析软件的应用大大减少了处理数据的麻烦，提高了分析数据的可靠程度。数据信息的处理与图形表示在物理化学实验中有着非常重要的地位。用于图形处理的软件非常多，部分已经商业化，如微软公司的 Excel、Microcal 公司的 Origin 等。

2. Origin 软件处理物化实验数据的操作

Origin 软件从它诞生以来，由于强大的数据处理和图形化功能，已被化学工作者广泛应用。它的主要功能和用途包括：对实验数据进行常规处理和一般的统计分析，如函数计算或输入表达式计算，数据排序，选择需要的数据范围，数据统计、分类、计数、关联、t-检验等。Origin 软件图形处理基本功能有：数据点屏蔽、平滑、FFT 滤波、差分与积分、基线校正、水平与垂直转换、多个曲线平均、插值与外推、线性拟合、多项式拟合、指数衰减拟合、指数增长拟合、S 形拟合、Gaussian 拟合、Lorentzian 拟合、多峰拟合、非线性曲线拟合等。

物理化学实验数据处理主要用到 Origin 软件的如下功能：对数据进行函数计算或输入表达式计算，数据点屏蔽，线性拟合，插值与外推，多项式拟合，非线性曲线拟合，差分等。

对数据进行函数计算或输入表达式计算的操作如下：在工作表中输入实验数据，右击需要计算的数据行顶部，从快捷菜单中选择 Set Column Values，在文本框中输入需要的函数、公式和参数，点击 OK，即刷新该行的值。

Origin 可以屏蔽单个数据或一定范围的数据，用以去除不需要的数据。屏蔽图形中的数据点操作如下：打开 View 菜单中 Toolbars，选择 Mask，然后点击 Close。点击工具条上 Mask point toggle 图标，双击图形中需要屏蔽的数据点，数据点变为红色，即被屏蔽。点击工具条上 Hide/Show Mask Points 图标，隐藏屏蔽数据点。

线性拟合的操作：绘出散点图，选择 Analysis 菜单中的 Fit Linear 或 Tools 菜单中的 Linear Fit，即可对该图形进行线性拟合。结果记录中显示：拟合直线的公式、斜率和截距的值及其误差，相关系数和标准偏差等数据。

插值与外推的操作：线性拟合后，在图形状态下选择 Analysis 菜单中的 Interpolate/Extrapolate，在对话框中输入最大 X 值和最小 X 值及直线的点数，即可对直线插值和外推。

Origin 提供了多种非线性曲线拟合方式：①在 Analysis 菜单中提供了如下拟合函数：多项式拟合、指数衰减拟合、指数增长拟合、S 形拟合、Gaussian 拟合、Lorentzian 拟合和多峰拟合；在 Tools 菜单中提供了多项式拟合和 S 形拟合。②Analysis 菜单中的 Non-linear Curve Fit 选项提供了许多拟合函数的公式和图形。③Analysis 菜单中的 Non-linear Curve Fit 选项可让用户自定义函数。

多项式拟合适用于多种曲线，且方便易行，操作如下：对数据作散点图，选择 Analysis 菜单中的 Fit Polynomial 或 Tools 菜单中的 Polynomial Fit，打开多项式拟合对话框，设定多项式的级数、拟合曲线的点数、拟合曲线中 X 的范围，点击 OK 或 Fit 即可完成多项式拟合。结果记录中显示：拟合的多项式公式、参数的值及其误差，R^2（相关系数的平方）、SD（标准偏差）、N（曲线数据的点数）、P 值（$R^2=0$ 的概率）等。

差分即对曲线求导，在需要作切线时用到。可对曲线拟合后，对拟合的函数手工求导，或用 Origin 对曲线差分，操作如下：选择需要差分的曲线，点击 Analysis 菜单中 Calculus / Differentiate，即可对该曲线差分。

另外，Origin 可打开 Excel 工作簿，调用其中的数据，进行作图、处理和分析。Origin 中的数据表、图形以及结果记录可复制到 Word 文档中，并进行编辑处理。

关于 Origin 软件的其他的更详细的用法，可参照 Origin 用户手册及有关参考资料。

第二章
实　验

第一节　化学热力学

实验1　梅耶（Meyer）法测定易挥发液体的摩尔质量

一、实验目的

1. 利用维克托-梅耶（Victor-Meyer）法测定易挥发液体的摩尔质量。
2. 掌握物质状态性质（如质量、温度、压力、气体体积等）的测量方法，了解大气压力计的原理、使用及校正。

二、实验原理

在温度不太低、压力不太高的情况下，一般气体和蒸气的行为可近视为理想气体。当气体的物质的量一定时，其压力、体积及温度间的关系，可用理想气体状态方程式表示：

$$pV = nRT = \frac{m}{M}RT \tag{2-1}$$

式中，p 为气体的压力；V 为气体体积；T 为气体的热力学温度；R 为摩尔气体常数；n 为气体的物质的量，它可以通过气体的质量 m 和摩尔质量 M 而求得。

如将质量为 m 的易挥发物质（常温下为液态，加热至稍高于它的正常沸点不发生分解的物质）使其气化，测得其气体的 p、V、T，便可据式(2-1)算出气体的摩尔质量。

梅耶法测定仪装置如图 2-1 所示。此法是将已称取质量的易挥发液体放在一个温度高于该液体在大气压下的沸点的气化管（图 2-1 中的 1）中，并令其迅速气化为蒸气，液体气化的同时就将与其物质的量相同的气体赶出气化管外。被赶出的气体进入到量气管（图 2-1 中的 8）内，通过测定量气管的温度、量气管内气体的变化体积及该温度下量气管内气体的压力（应为大气压减去量气管温度下的水的饱和蒸气压），用理想气体状态方程式(2-1)可算出易挥发液体的摩尔质量。

三、实验仪器和试剂

仪器：梅耶法测定仪（外加热水套管、气化管），量气管和水准球，电子天平，福廷式大气压力计，温度计，玻璃小球泡，橡皮塞，砂轮片，注射器，玻璃棒，乳胶管。

试剂：液体乙酸乙酯。

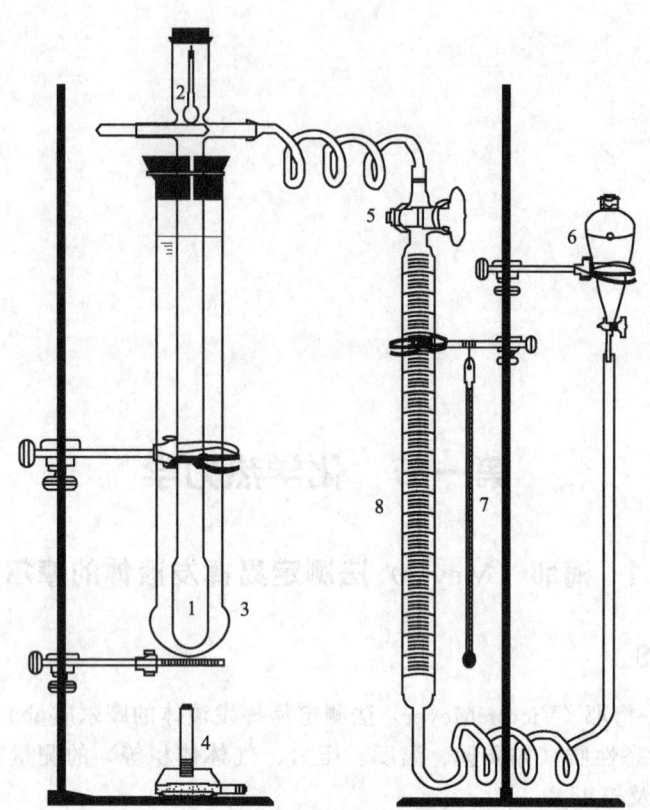

图 2-1 梅耶法测定仪
1—气化管；2—小玻璃泡；3—外套管；4—煤气灯；5—三通活塞；6—水准球；7—温度计；8—量气管

梅耶法测定仪的主要部分是气化管，管的上部为十字交叉管，可用乳胶管套紧的玻璃棒，暂时支撑装有待测液体的玻璃小球泡。将气化管放入外套管中固定，通过加热外套管中的水，使之沸腾后，拉动气化管十字交叉管上的玻璃棒，使小玻璃泡掉入气化管的底部破碎，待测液体在气化管中蒸发，测量其蒸发排出气体的体积。

四、实验步骤

1. 在外套管（图 2-1 中的 3）中加入适量的水，水的高度以能完全浸没气化管的胖肚部分为佳，固定外套管，并加热外套管中的水。

2. 准备 1 个一定长度无破损的小玻璃球泡，将空玻泡放在电子天平上称量（精确至 0.1mg），记录空玻泡的质量。

3. 用注射器将大约 0.12~0.16mL 的乙酸乙酯液体注入已称量过的玻璃球泡中。并小心地将小玻泡的毛细管尖端放在燃气灯火焰上，灼烧封口。

4. 将已封口并冷却至室温、装有样品的玻泡放在电子天平上称量，记录玻泡与样品的质量。前后两次称量读数之差，即为待测样品的质量 m，待测样品的质量应控制在 0.11~0.15g。

5. 取一支干燥、洁净的气化管，装好套有夹紧乳胶管的玻璃棒；将封有待测样品并称量后的小玻泡小心地放至于气化管上部十字交叉口的玻璃棒上，塞紧管口塞子，然后将气化管放进外套管中，按图 2-1 搭接好仪器。

6. 检查测量体系是否漏气。旋转三通活塞，使气化管与量气管相连两通，并与大气隔绝；移动水准球，并将水准球保持在一定的高度，如果量气管内液面保持不变，则说明体系不漏气；反之，说明体系漏气。如果体系漏气，则应检查出漏气的原因，并予以解决。

7. 旋转三通活塞，使气化管与量气管、大气相连三通，将水准球慢慢往上提，使量气管内的液面接近零刻度线，再旋转三通活塞，使气化管与大气隔绝，并与量气管相连两通。待外套管里的水沸腾一段时间后，观察量气管液面的初读数是否变化，若变大则继续让其沸腾至量气管的液面不再下降为止；再一次调节量气管液面接近零刻度，并再次检查体系是否漏气，确认体系不漏气后，记录此时量气管内液面的初读数，也就是起始体积，及量气管的温度。

注意：千万不能将水准球液面提高至三通活塞或三通活塞之上，否则会使液体倒灌进活塞，导致体系漏气，造成实验失败。

8. 利用玻璃棒上乳胶管的弹性，将支撑小玻泡的玻璃棒快捷地稍往外拉，以使小球泡能垂直落入气化管的底部摔碎（注意：切忌不可将玻璃棒全部拉出。否则，体系漏气，该实验失败，重复步骤2）。

9. 拿着水准球，随量气管中的液面逐步往下移，保持水准球内的液面与量气管内的液面在相同高度，直至量气管内的液面保持不动，稍停片刻，准确记录量气管内液面的终读数，也就是终了体积，及量气管的温度。前后两次液面读数差即为样品排出气体的体积。

10. 由福廷式大气压力计准确读出实验时的室内大气压力，并注意压力的校正。

11. 拆下实验仪器，将破碎后的小玻璃泡残渣倒入垃圾桶中，分别用自来水和去离子水冲洗气化管，再把气化管放入烘箱中烘干待用；或者用真空泵吹出碎泡渣，并吹干气化管。重复上述实验。

五、实验数据记录和处理

1. 将实验所测量数据记录于表2-1中。

表 2-1　基本数据

质量/g			体积/cm^3		
空玻泡	玻泡+样品	样品	量气管起始体积	量气管终了体积	排出体积

2. 根据实验时量气管的温度，查出对应温度下水的饱和蒸气压，计算出量气管中样品气体的分压（表2-2）。

表 2-2　计算样品气体分压

量气管温度/℃	大气压/kPa	水的饱和蒸气压/kPa	样品气体分压/kPa

3. 根据实验所测得的数据，利用理想气体状态方程，计算出所测样品的摩尔质量，并求算误差。（文献值：乙酸乙酯的摩尔质量为 $88.11 g \cdot mol^{-1}$。）

六、思考题

1. 怎样检查体系是否漏气？为什么要检查漏气？如果体系漏气，对所测结果有何影响？
2. 为什么实验用的气化管一定要干燥？如果气化管中有易凝结的蒸气，对结果有何影响？

3. 称量样品要注意什么？如果样品太多或太少对实验结果有何影响？
4. 为什么实验测量的温度是量气管内气体的温度，而不是气化管内的温度？
5. 本实验可以适应于哪类物质的摩尔质量的测定？
6. 本实验成功的关键因素有哪些？
7. 如在实验过程中，量气管内气体体积逐渐增加，至最大后又逐渐减小，为何产生此现象？应以何时的数据为准？

实验 2　燃烧热的测定

一、实验目的

1. 了解氧弹热量计的原理、构造及其使用方法，掌握有关热化学实验的一般知识和测量技术。
2. 用氧弹热量计测定水杨酸的燃烧热，明确燃烧热的定义，理解恒压燃烧热与恒容燃烧热的差别及相互关系。
3. 掌握雷诺（Renolds）图解法校正温度改变值。
4. 掌握高压钢瓶的有关知识并能正确使用。

二、实验原理

物质的燃烧热是指 1mol 该物质完全氧化时的反应热，是热化学中重要的基本数据。燃烧热可分为恒容燃烧热和恒压燃烧热。一般化学反应的热效应，往往因为反应太慢、反应不完全或有副反应发生，从而不能直接测量或难以测准。但是，根据盖斯定律，许多化学反应的热效应可以用已知的燃烧热数据间接求算。因此，燃烧热广泛地用于各种热化学的计算中。量热法是热力学的一种基本实验方法。物质的燃烧热一般用氧弹式热量计测定，直接得到恒容燃烧热。

在恒容或恒压条件下可以分别测得恒容燃烧热 Q_V 和恒压燃烧热 Q_p。由热力学第一定律可知，燃烧时体系状态发生变化，体系内能改变。若燃烧在恒容条件下进行，体系对外不做功，则 Q_V 等于体系内能的变化 ΔU。一般燃烧热是指恒压燃烧热 Q_p，等于体系焓的变化。若把参加反应的气体和反应生成的气体都视作理想气体处理，则 Q_p 与 Q_V 间存在以下关系：

$$\Delta H = \Delta U + \Delta(pV) \tag{2-2}$$

$$Q_p = Q_V + \Delta n(g)RT \tag{2-3}$$

式（2-3）中，Δn 为反应前后反应物和生成物中气体的物质的量之差；R 为摩尔气体常数；T 为反应时的热力学温度。

燃烧热是温度的函数，但通常燃烧热随温度的变化不是很大，在较小的温度范围内可视为常数。

在盛有定量水的容器中，放入内装有一定质量的样品和氧气的密闭氧弹，然后使样品完全燃烧，放出的热量通过氧弹传给水及仪器，引起温度升高。氧弹热量计的基本原理是能量守恒定律。测量介质在燃烧前后温度的变化值，则可得到该样品的恒容燃烧热。

$$Q_V = \frac{M}{m} K \Delta T \tag{2-4}$$

式中，M 为样品的摩尔质量；m 为样品的质量；K 为热量计的能当量，即样品燃烧放热使热量计体系（包括氧弹、盛水桶、水等）温度每升高1K（或1℃）所需吸收的能量。

热量计能当量的求法是用已知燃烧热的物质（本实验用苯甲酸）放在热量计中燃烧，测定其燃烧前后的温度变化值。一般对不同样品，只要每次的水量相同，热量计的能当量就是定值。在实际测量中，燃烧丝的燃烧热等因素都要考虑。

热化学实验常用的热量计有环境恒温式热量计和绝热式热量计两种。环境恒温式热量计的构造如图2-2所示。由图可知，环境恒温式热量计的最外层是储满水的外筒（图2-2中1），当氧弹中的样品开始燃烧时，内筒与外筒之间有少许热交换，因此不能直接测出初温和最高温度，需要由温度-时间曲线（即雷诺曲线）进行校正确定。

三、实验仪器和试剂

仪器：氧弹式热量计（图2-2和图2-3），氧气钢瓶，氧气表，电子天平，台秤，压片机1个，万用表，精密数字温度温差仪，容量瓶（1000 mL），燃烧丝（镍铬丝）。

试剂：苯甲酸（分析纯），水杨酸（分析纯）。

四、实验步骤

1. 热量计能当量的测定

测定物质的燃烧热需要知道所用热量计的热能当量，每套仪器的能当量并不一样，须事先测定。热量计的能当量通常用苯甲酸来测定，苯甲酸的燃烧热 Q_p 为 $-3227.5 \text{kJ} \cdot \text{mol}^{-1}$（298.15K，101.325kPa），本实验所用镍铬丝的燃烧热为：$-1.400 \text{kJ} \cdot \text{g}^{-1}$。

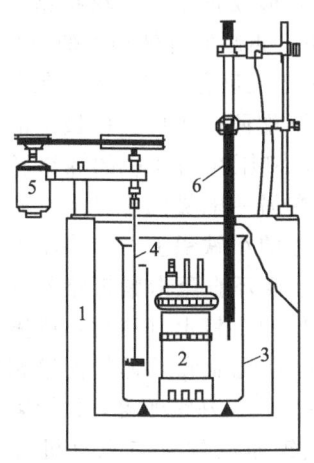

图2-2 氧弹式热量计

1—外筒；2—氧弹；3—盛水内桶；4—搅拌器；
5—马达；6—精密数字温度温差仪传感器

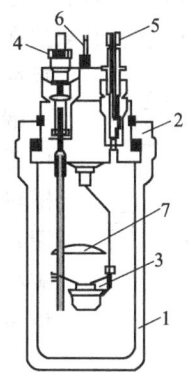

图2-3 氧弹的构造

1—厚壁圆筒；2—弹盖；3—燃烧皿；4—进气口（电极）；5—排气口；6—电极；7—火焰挡板

（1）试样准备 取一根约10cm长的镍铬丝，在电子天平上准确称量后备用。用电子天平称取约1g的苯甲酸，用压片机压成小圆片状，压片时将镍铬丝作为燃烧丝压入苯甲酸片中，使燃烧丝的弹簧状部分置于片剂的中部。具体步骤如下：

① 将镍铬丝的中间部分绕5~6个螺纹成弹簧状，使螺纹两端剩余的金属丝长度几乎相等，之后轻轻将螺纹拉开，并使每个螺纹之间保持一定距离，再将拉开的螺纹往上拉成拱形备用，形如电灯泡的灯丝。

② 将以上处理好的镍铬丝两端分别从垫片（见图2-5）正面穿过两小孔到反面，并使拱

形弹簧状部分镍铬丝保留在垫片的正面，其高度为1cm，垫片反面的镍铬丝则隐藏在反面的凹槽里并向垫片外缘边伸出，再将垫片放置于压片机（见图2-4）的盛药器皿下端。

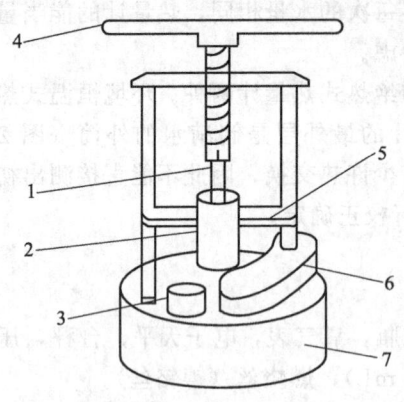
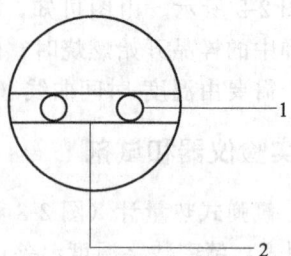

图2-4　压片机
1—螺杆；2—盛药器皿；3—压片机垫片；4—手柄；
5—盛药器皿固定板；6—盛药器皿底座；7—压片机底座

图2-5　压片机垫片
1—垫片上小孔；2—垫片上凹槽

③ 将盛药器皿放置于压片机的底座上，向盛药器皿内装入称量好的待测样品粉末，慢慢移动底座至盛药器皿上端凹槽处，且刚好卡在其固定板上为止。在保证镍铬丝从垫片凹槽里伸出的条件下，左手护好盛药器皿和固定板，右手顺时针转动手柄至转不动为止，稍停片刻（约10s），这时螺杆下降并挤压待测物质，使待测物质形成较紧密的块状物；之后逆时针转动手柄至松动为止，移开盛药器皿底座，使垫片落下；再顺时针转动手柄至螺杆顶出药片为止；用洗耳球吹掉药片表面的松散药粉，在电子天平上准确称量药片和镍铬丝的质量。

④ 将此药片小心地悬挂在燃烧皿中。首先将氧弹盖下端两电极中一电极上的小铁环轻轻往上抬，电极上露出小孔后，将压在药片中的镍铬丝相对短的一端穿过小孔；再将另一端绕在另一电极的小钉上，调整好药片位置使其悬挂于两电极中间下方的小铁锅上方，将小铁环上的凹槽对准镍铬丝之后，往下移动小铁环直至卡紧镍铬丝为止，另一端则用镊子将镍铬丝固定在电极的小钉上（注意：绷紧镍铬丝以减小接触电阻，不要使镍铬丝与燃烧皿和氧弹的内壁相接触，以免短路，导致点火不成功）。最后，盖好氧弹盖，并旋紧。

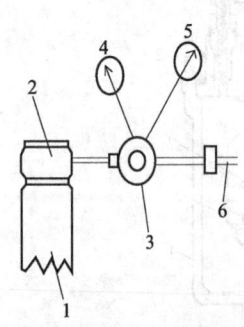

图2-6　氧气钢瓶及减压阀
1—氧气钢瓶；2—顶端阀门；
3—减压阀；4—第一压力表；
5—第二压力表；6—导管

(2) 氧弹内充氧　将氧气钢瓶的导管与充氧机接通（见图2-6）。确认减压阀关闭后，打开钢瓶顶端阀门，至第一压力表（反映钢瓶内部压力）的指针在1～15MPa之间；然后渐渐拧紧减压阀门（实际上是打开减压阀）直到第二压力表指示在1.5～2MPa。从进气口充氧气入氧弹内，开始略微打开氧弹盖上的排气口，以赶走氧弹内的空气。约10s后旋紧排气口，至充氧器上方压力表指针不动为止（指示为1.5～2MPa）。充氧完毕后，先关闭氧气瓶顶端阀门，再旋松减压阀。

用万用表测量两电极间的电阻，以检查氧弹上导电的两极是否电路联通或电阻过大。通路时，电阻值应为6～12Ω左右；若测得电阻值大于20Ω，则需泄氧，并打开氧弹，检查镍铬丝是否连接好。

（3）装置准备　用 1000mL 容量瓶量取 3000mL 的自来水，倒入盛水桶中，将氧弹连同弹座一并放置于盛水桶中。将点火电极的电线与氧弹上的两电极连接好，将电线从盖板凹槽伸出，盖好盖板，插入已备好的精密数字温度温差仪传感器。

（4）实验测定　准备就绪后，接通控制器电源，开动搅拌器，搅动 5~10min，使热量计与周围的介质之间建立均匀的热交换，此时点火按钮上的指示灯为亮着。待温度变化基本稳定后（即前、后两次温度差小于 ±0.01℃），开始记录温度，每 30s 读一次温度，共 4min，此为初期阶段。

4min 后，立即通电点火，使苯甲酸燃烧。具体操作如下：按下点火按钮（注意：只需按 1~2s，若长按着不放，容易烧坏控制器），此时电流表显示通电电流 1~2A，1~2s 后，电流回归为零，点火指示灯熄灭，表示被测物已经被点燃，镍铬丝燃断，30~60s 之后，可观察到水温快速上升。在点火后的燃烧过程中，每 30s 读一次温度，直至温度升到最高点为止（即前、后两次温度差小于 ±0.01℃）。这个阶段为主期阶段。若点火后 2min 左右温度都没有变化，可判断为点火不成功，则须检查镍铬丝是否烧断，并查找原因。

主期阶段结束后，温度均匀缓慢地下降，每 30s 读一次温度，共 4min，此阶段为末期阶段。

实验结束后，停止搅拌，关闭仪器电源，小心地取出精密数字温度温差仪的传感器，并放好。捏紧电极塑料头，把点火电线从氧弹上拔下。打开氧弹的出气口，放出余气；旋下氧弹盖，观察样品的燃烧结果。若氧弹中没有燃烧的残渣，表明都已燃烧完全；若有黑色的残渣，则表明燃烧不够完全。取下并收集挂在两电极上的残余燃烧丝，称量其质量，并记录。

将氧弹的内、外壁擦干净，倒去内筒中的水，抹干内筒，待下次实验用。

2. 测定水杨酸的燃烧热

称取约 1.2g 的水杨酸，重复上述步骤进行实验测定。

五、实验数据记录和处理

1. 将实验所测量数据记录于表 2-3 与表 2-4 中。

表 2-3　样品和镍铬丝的质量记录

称量物品	m_0(丝)	m_1(丝+样品)	m_2(剩余丝)	$m_1 - m_0$(样品)	$m_0 - m_2$(消耗丝)
质量/g					

表 2-4　样品燃烧数据记录

测定过程	温差/℃						
初期							
主期							
末期							

2. 热量计能当量的计算

体系温度的升高主要是由于苯甲酸燃烧放出热量而引起的，但其他因素如镍铬丝的燃烧也会引起体系温度的变化。在热量计与环境间没有热交换的情况下，热量平衡方程式为：

$$(C_{总}+V\rho C_{水})\Delta T=-Q_V m/M-q \quad (2\text{-}5)$$

式中，$C_{总}$为除水之外仪器的总热容，$J \cdot K^{-1}$；V为水的体积；ρ为水的密度；$C_{水}$为水的比热容，$J \cdot g^{-1} \cdot K^{-1}$；$\Delta T$为由于燃烧使体系温度升高的数值；$Q_V$为样品的恒容燃烧热，$J \cdot mol^{-1}$；$m$为样品的质量，$g$；$M$为样品的摩尔质量，$g \cdot mol^{-1}$；$q$为燃烧掉的镍铬丝放出的热量，J。

其中，$K=C_{总}+V\rho C_{水}$，即为所用热量计的能当量，可由下式计算：

$$K=\frac{-Q_V m/M-q}{\Delta T} \quad (2\text{-}6)$$

ΔT的求算有多种方法，下面介绍雷诺图的作法。

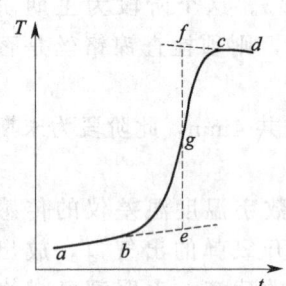

图2-7 温度-时间曲线

由于氧弹热量计不是严格的绝热系统，加之由于传热速度的限制，燃烧后由最低温度达最高温度需一定时间，在这段时间内体系与环境间难免发生热交换，因而从温度计上读得的温差就不是真实的温升 ΔT，须对其进行校正，通常采用作图法或经验公式法进行校正。雷诺图解方法：根据实验记录的温度-时间数据作 T-t 曲线 abcd（如图2-7所示）。ab 段对应于点火前的初期，温度缓慢上升；bc 段对应于点火后的燃烧期（即主期），此时温度迅速上升；cd 段对应于末期。作 t 轴的垂线 ef 分别交 ab 和 dc 的延长线于 e 和 f，交 bc 于 g，使 beg 包围的面积与 cfg 包围的面积相等。则 ef 两点对应的温差即为 ΔT。

已知苯甲酸的 Q_p，由式(2-3)计算出苯甲酸的 Q_V，再根据实验数据由式(2-6)求出热量计的能当量 $K(J \cdot K^{-1})$。

3. 计算出水杨酸的恒容燃烧热 Q_V 和恒压燃烧热 Q_p，并与标准值对比，求出其相对误差（水杨酸的恒压燃烧热标准值 $Q_p=3025 kJ \cdot mol^{-1}$）。

六、思考题

1. 如何通过雷诺图得到体系的温升 ΔT？为什么不能由实验数据直接得到温升 ΔT？
2. 怎样正确使用氧气钢瓶及减压阀进行充氧？
3. 如何从实验测得的苯甲酸的恒容燃烧热数值来求水杨酸的恒压燃烧热？
4. 分析本实验中误差产生的主要原因。

实验3 溶解热的测定

一、实验目的

1. 掌握电热补偿法测定溶解热的基本原理和测量方法。
2. 用简单绝热式热量计测定 KCl 的积分溶解热。
3. 掌握精密数字温度温差仪的使用方法。

二、实验原理

盐类的溶解过程通常包含着两个同时进行的过程：晶格的破坏和离子的溶剂化。前者为吸热过程，后者为放热过程。溶解热是这两种热效应的总和。因此，盐溶解过程最终是吸热还是放热，是由这两个热效应的相对大小所决定的。

在一定的温度和压力下，1mol 物质溶于定量溶剂中所产生的热量称为该物质在该条件下的溶解热。由于它的数值等于过程的焓变，因此也称溶解焓。

溶解热的测定是在绝热式热量计中进行。在恒压的条件下，过程中吸收的热或放出的热全部由系统的温度变化反映出来。本实验是测定 KCl(s) 溶解于水的溶解热。为此，在恒温恒压下，在热量计中将 n_2 mol 的溶质溶于 n_1 mol 的溶剂（或溶于某浓度溶液）中产生的热效应，用 Q 表示。

可以根据盖斯定律，将实际过程分解成两步进行。如图 2-8 所示。

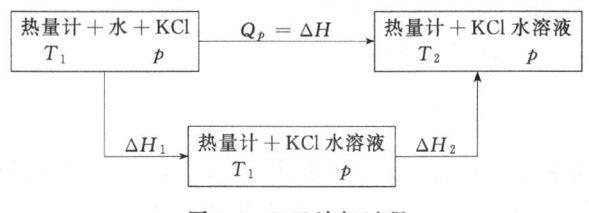

图 2-8 KCl 溶解过程

在恒压下，实际溶解过程吸收或放出的热 Q_p（即焓变 ΔH）为上述设计的两个过程焓变（ΔH_1 和 ΔH_2）之和，即：$\Delta H = \Delta H_1 + \Delta H_2$。

因为热量计为绝热系统，$Q_p = \Delta H = 0$，所以在 T_1 温度下 KCl 溶解的恒压热效应 ΔH_1 为：

$$\Delta H_1 = -\Delta H_2 = -K(T_2 - T_1)$$

式中，K 为热量计与 KCl 水溶液所组成系统的总热容量；$(T_2 - T_1)$ 为 KCl 溶解过程中体系的温度变化值 $\Delta T_{溶解}$。

常用的积分溶解热是指等温等压下，将 1mol 溶质溶解于一定量溶剂中形成一定浓度溶液的热效应。设将质量为 m 的 KCl 溶解于一定体积的水中，KCl 的摩尔质量为 M，则在此浓度下 KCl 的积分溶解热为：$\Delta_{Sol} H_m = \dfrac{\Delta H_1 M}{m} = -\dfrac{KM}{m} \Delta T_{溶解}$

其中，体系的总热容量 K 值可由电热法求得。即在同一实验中用电加热提供一定的热量 Q，从精密数字温度温差仪上测得温升 $\Delta T_{加热}$，则 $K \Delta T_{加热} Q$。

若电热丝电阻为 R，电压为 U，通电时间为 t，则：$K \Delta T_{加热} = \dfrac{U^2}{R} t$。

所以，体系的总热容量 $K = \dfrac{U^2 t}{R \Delta T_{加热}}$。

由于实验中的搅拌操作会产生一定的能量，而且体系也并不是严格的绝热，因此，在盐溶解的过程或电加热过程中都会引入微小的额外温差。为了消除这些影响，真实的 $\Delta T_{溶解}$ 与 $\Delta T_{加热}$ 应用图 2-9 所示的外推法求得。

图 2-9 表示电加热过程的温度-时间曲线。AB 线和 CD 线的斜率分别表示在电加热前后因搅拌和散热等热交换而引起的温度变化速率。T_B 和 T_C 分别为通电开始时的温度、通电后的最高温度。要求真实的 $\Delta T_{加热}$ 必须在 T_B 和 T_C 间进行校正，去掉由于搅拌和散热等所引起的温度变

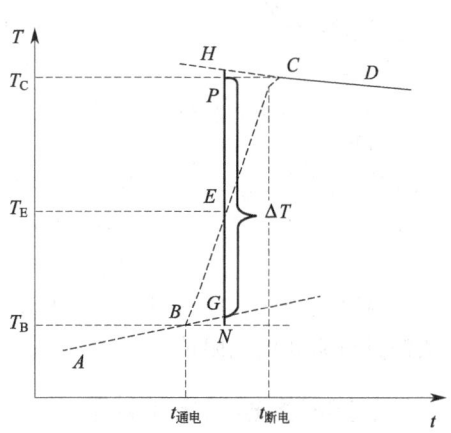

图 2-9 温度-时间曲线

化值。为简单起见,设反应集中在反应前后的平均温度 T_E(即 T_B 和 T_C 的中点)下瞬间完成,在 T_E 前后由搅拌或散热而引起的温度变化率即为 AB 线和 CD 线的斜率。所以将 AB、CD 直线分别外推到与 T_E 对应时间的垂直线上,得到 G、H 两交点。显然 GN 与 PH 所对应的温度差,即为 T_E 前后因搅拌和散热所引起温度变化的校正值。真实的 $\Delta T_{加热}$ 应为 H 与 G 两点所对应的温度 T_H 与 T_G 之差。

三、实验仪器和试剂

仪器:杜瓦瓶,磁力搅拌器,电子天平,直流稳压电源,精密数字温度温差仪,量筒,秒表,数字直流电压测量仪,称量纸,加盐管。

试剂:干燥的 KCl(分析纯)晶体。

四、实验步骤

欲使溶解热能准确测量,要求仪器装置绝热良好,体系和环境间的热交换尽量稳定并降至最小。实验装置如图 2-10 所示,采用杜瓦瓶并加盖,以减少辐射、传导、对流、蒸发等热交换途径。在实验装置中,用磁力搅拌器来进行均匀和有效的搅拌,以加速溶质的溶解;搅拌速度不能太快,以防止大量机械功的引入;搅拌速度应当稳定均匀,使溶解过程和通电加热过程情况相同。加热电阻丝应不与水溶液作用,最好套以薄玻璃套管。整个实验过程中用精密数字温度温差仪测量温度变化。

1. 用量筒量取 200mL 的去离子水,加入杜瓦瓶中。并接通精密数字温度温差仪,将其温度传感器插入杜瓦瓶内的待测液中,打开电源开关,让其预热 5~10min 备用。

2. 启动电磁搅拌器,待搅拌稳定后(注意:磁力搅拌器的搅拌速度),每 10s 记录一次精密数字温度温差仪的读数,共记录系统温度变化 30~40 个数值。

3. 用电子天平,在称量纸上准确称取 4.0g 左右已干燥的 KCl。将 KCl 快速地由加盐管一次倒入杜瓦瓶中,塞好管口,继续每 10s 记录一次精密数字温度温差仪的读数,同时记录最低温度数值与对应的时间。待 KCl 完全溶解后,温度又趋于稳定变化,继续记录 30~40 个温度变化数值。

4. 用电热法测定系统的总热容量 K:紧接步骤 3,按图 2-10 正确接好线路,闭合开关,并记录时间。电加热开始,仍然每 10s 记录一次精密数字温度温差仪的温度读数,同时,在电加热快结束时,用数字直流电压测量仪测量加在电阻丝两端的电压,待系统温度上升 0.5℃ 左右后,停止加热,记下通电时间(精确到秒)。再继续记录温度变化,直到温度几乎不变,继续记录 30~40 个系统温度变化数值。

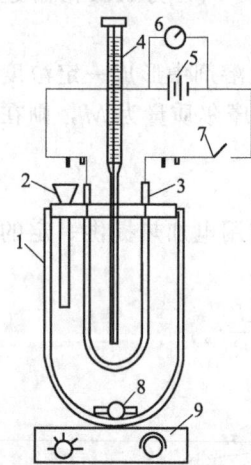

图 2-10 溶解热测定装置
1—杜瓦瓶;2—加盐管;
3—电热丝加热管;4—精密数字温差仪;5—直流电源;
6—电压表;7—开关;
8—搅拌磁子;9—磁力搅拌器

5. 紧接步骤 4,闭合开关,用数字直流电压测量仪测量加在电阻丝两端的电压,并用万用表测量电阻丝的电阻值。

五、实验数据记录和处理

1. 将实验所测量数据记录于表 2-5 与表 2-6 中。

表 2-5　基本数据

室温/℃	KCl 质量/g	加热时间/s	加热电压/V	加热丝电阻/Ω

表 2-6　KCl 溶解热测定数据记录

测定过程	温差/℃						
去离子水							
加 KCl							
KCl 完全溶解，温度稳定后							
电加热							
停止加热，温度稳定后							

2. 作 KCl 溶解过程和电加热过程的温度-时间图，按图 2-9 所示的作图法求得真实的 $\Delta T_{溶解}$ 和 $\Delta T_{加热}$ 的数值。

3. 按公式 $K = \dfrac{U^2 t}{R \Delta T_{加热}}$，求得系统的总热容量 K。

4. 按公式 $\Delta_{Sol} H_m = \dfrac{\Delta H_1 M}{m} = -\dfrac{KM}{m} \Delta T_{溶解}$，计算 KCl 的积分溶解热。

六、思考题

1. 积分溶解热与哪些因素有关？本实验如何确定与 KCl 积分溶解热所对应的温度和浓度？
2. 如要测定溶液的浓度为 0.5 mol KCl/100 mol H_2O 的积分溶解热，问水和 KCl 应各取多少？
3. 为什么要用作图法求得 $\Delta T_{溶解}$，$\Delta T_{加热}$？如何求得？
4. 本实验如何测定系统的总热容量 K？若用先加热、后加盐的方法是否可以？为什么？
5. 影响本实验结果的因素有哪些？

实验 4　动态法测定不同压力下液体的沸点

一、实验目的

1. 理解沸点的意义、沸点与压力的关系及饱和蒸汽压与温度的关系。
2. 测定不同压力下水的沸点；应用克劳修斯-克拉佩龙（Clausius-Clapeyron）方程式，计算水的摩尔气化焓。
3. 了解控制系统压力的原理和操作方法。

二、实验原理

在一定温度下,纯液体与其蒸气达平衡时的蒸气压,称为该温度下液体的饱和蒸气压,简称为蒸气压。蒸发1mol液体所需要吸收的热量$\Delta_{vap}H_m$即为该温度下液体的摩尔汽化热。液体的蒸气压随温度而变,温度升高时,蒸气压增大;温度降低时,蒸气压减小。这主要与分子的动能有关。当蒸气压等于外界压力时,液体便沸腾,此时的温度称为该液体的沸点。外压不同时,液体沸点将相应改变。当外压为101.325kPa时,液体的沸点称为该液体的正常沸点。

根据气液平衡原理,若液体的摩尔体积与其蒸气体积相比可忽略不计,并假定蒸气可视作理想气体,则其饱和蒸气压与温度的关系可用克劳修斯-克拉佩龙(Clausius-Clapeyron)方程式来描述,即:

$$\frac{d\ln p}{dT} = \frac{\Delta_{vap}H_m}{RT^2} \tag{2-7}$$

式中,T 为该液体的饱和蒸气压为 p 时的相平衡温度,也即当外压为 p 时液体的沸点;$\Delta_{vap}H_m$ 为液体的摩尔气化焓,J·mol^{-1};R 为摩尔气体常数(8.3145J·mol^{-1}·K^{-1})。

液体的摩尔气化焓$\Delta_{vap}H_m$随温度而变,当温度变化不大时,可将其视为常数,据此将式(2-7)积分可得

$$\ln p = \frac{\Delta_{vap}H_m}{RT} + C \tag{2-8}$$

式中,C 为积分常数。

由式(2-8)可知,以 $\ln p$ 对 $1/T$ 作图应得到一条直线,由该直线的斜率 k 可计算液体在实验温度范围内的平均摩尔气化焓:

$$\Delta_{vap}H_m = -kR \tag{2-9}$$

动态法是利用测定液体沸点求出蒸气压与温度的关系,即利用改变外压测得液体不同的沸腾温度,从而得到液体不同温度下的蒸气压。

为测定液体在一系列恒定压力下的沸点,系统的压力必须可以调节并能控制在预定的恒定值下。本实验用一种内加热式的沸点测定仪——奥斯默(Othmer)沸点仪测定液体的沸点,如图2-11所示。为了使蒸气和蒸气冷凝液可同时冲击在温度计的感温泡上,以测得气液两相平衡的温度,温度计的感温水银泡应该一半露在气相中。另外,为了减少环境温度对测温的影响,在温度计的外面还应该套一个小玻璃管。

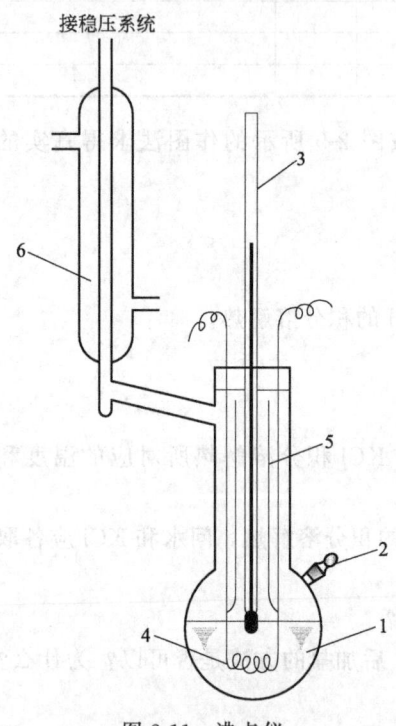

图2-11 沸点仪
1—被测液;2—加液口;3—温度计;
4—电热丝;5—保温玻管;6—冷凝管

三、实验仪器和试剂

仪器:奥斯默沸点仪,机械真空泵,可控硅调压器,0~30V交流电压表,控压装置(图2-12)。

试剂:去离子水。

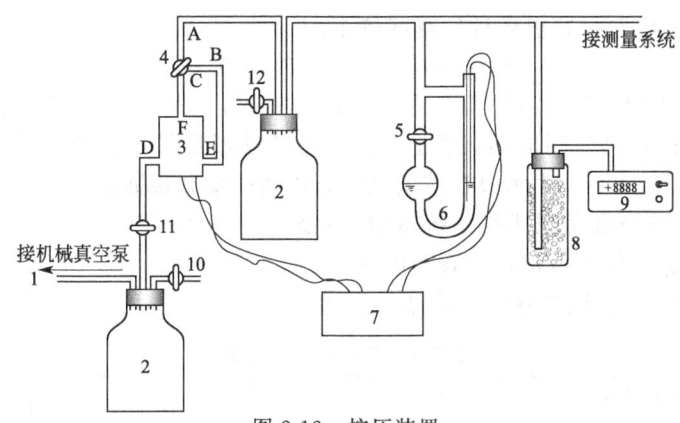

图 2-12 控压装置

1—接机械真空泵；2—缓冲瓶；3—电磁阀；4，5，10～12—活塞；6—硫酸控压计；7—继电器；
8—干燥管；9—数字式低真空测压仪；D—进气口；E，F—出气口

四、实验步骤

1. 在沸点仪中加入约 50mL 去离子水，调整水银温度计的位置，使温度计的水银感温泡的 1/2 插入液体中。将沸点仪冷凝管的上端出口接入控压装置的"接稳压系统"处。

2. 关闭活塞 10、11、12，打开活塞 5，并将活塞 4 旋至三路皆通的位置，启动继电器与抽气泵，缓缓开启活塞 11。待系统压力降至 60kPa（即低真空测压仪显示读数为：40kPa 左右），将活塞 4 旋至 A、B 相通而与 C 不通的位置，并关闭活塞 5，此时，硫酸控压计活塞 5 下方的压力为定值。系统压力变化可通过控压计中的电解液（硫酸溶液）上下波动，结合继电器、电磁阀、泵的共同作用，系统压力即可控制在 60kPa 左右。

3. 接通沸点仪上的冷却水，通过可控硅调节沸点仪中电热丝的加热电压为 15～20V。待液体沸腾后读出平衡温度 $T_{观}$ 与环境温度 $T_{环}$，读取数字式低真空测压仪上的压差 Δp。

4. 打开活塞 5，然后微开活塞 12，向系统引入少量空气，待系统压力增大约 5～10kPa 后，关闭活塞 5。在此新的恒压条件下按照步骤 3 继续加热，测定读出平衡温度 $T_{观}$ 与环境温度 $T_{环}$，读取数字式低真空测压仪上的压差 Δp。

5. 重复步骤 4，共测定 5 组以上的 T 和 Δp。

6. 测定结束后，首先打开活塞 5，关闭可控硅加热电压，等待沸点仪液体冷却后再关闭冷却水。为避免系统中液体倒灌入真空泵中，必须先将活塞 10 打开通大气，然后关闭抽气泵。

7. 由气压计测定实验时的大气压 $p_{大气}$（参见实验室内电子气压计）。

五、实验数据记录和处理

1. 将实验所测量数据记录于表 2-7 中。

室温：_____℃ $T_{露}$ = _____℃   大气压：_____kPa

表 2-7 实验数据记录

点记录项目 \ 实验数据	1	2	3	4	5
$T_{观}$/℃					
$T_{环}$/℃					
Δp_{max}/kPa					
Δp_{min}/kPa					

2. 对测得的沸点 T 进行温度计的露茎校正。

$$\Delta T_{露}=0.00016n(T_{观}-T_{环})$$

式中，n 为露出待测液体系的汞柱高度（以℃表示），即 n 是 $T_{观}$ 减去露出待测液体系的温度值 $T_{准}$；$T_{观}$ 为观察到的温度值；$T_{环}$ 为用辅助温度计测得露在环境中那部分汞柱（露茎）的温度值；0.00016 为水银在玻璃毛细管内的线膨胀系数。

3. 利用校正后大气压数值求得系统压力 $p=p_{大气}-|\Delta p|$。

4. 将校正后的 T 与 p 值记录于表 2-8 中，并按式(2-7)以 $\ln p$ 对 $1/T$ 作图，由所得直线的斜率计算实验温度范围内水的平均摩尔气化焓。

表 2-8 实验数据处理表

实验数据 记录项目	1	2	3	4	5
$T_{观}$/℃					
$T_{环}$/℃					
$T_{准}$/℃					
$n=T_{观}-T_{准}$/℃					
$\Delta T_{露}=0.00016n(T_{观}-T_{环})$/℃					
$T=T_{观}+\Delta T_{露}+273.15$/K					
$1/T$/K^{-1}					
$\Delta p_{\max}$/kPa					
$\Delta p_{\min}$/kPa					
$\Delta p_{平均}$/kPa					
$p_{体系}=p_{大气}-|\Delta p_{平均}|$/kPa					
$\ln p$					

六、思考题

1. 简述控压装置的控压原理，它与恒温装置的控温原理有何相似之处？
2. 电接点控压计中活塞 5 起到什么作用？为什么在加压或减压时均应先打开它？
3. 为什么停泵前，必须先使活塞 10 通大气？
4. 若将抽气泵改为空气压缩泵，玻璃管更换成铁管后，将系统控制在高于 101.325kPa（1atm）的某恒定压力，请在不改动实验装置工艺的条件下，设计本实验的操作步骤。
5. 图 2-12 所示的控压装置为一级控压装置，控制的系统压力精度一般约为±133Pa（相当于1mmHg）。若要求更高的控压精度，则必须再串接一套控压装置，组成二级控压装置。

实验 5　静态法测定纯液体的饱和蒸气压

一、实验目的

1. 掌握静态法测定液体饱和蒸气压的原理及操作方法；学会用图解法求平均摩尔气化焓。
2. 理解纯液体饱和蒸气压与温度的关系、克劳修斯-克拉佩龙（Clausius-Clapeyron）方程式的意义。

二、实验原理

在一定温度下，纯液体与其蒸气达到气液平衡时蒸气的压力，称为在该温度下液体的饱和蒸气压，简称为蒸气压。蒸发 1mol 液体所吸收的热量称为该温度下液体的摩尔气化焓。液体的饱和蒸气压是温度的函数，温度升高时，其饱和蒸气压增大。当饱和蒸气压等于外压时，液体沸腾，此时的温度即为该液体的沸点。

液体饱和蒸气压与温度的关系可用克劳修斯-克拉佩龙（Clausius-Clapeyron）方程表示：

$$\frac{\mathrm{d}\ln p}{\mathrm{d}T} = \frac{\Delta_{\mathrm{vap}} H_{\mathrm{m}}}{RT^2} \tag{2-10}$$

式中，$\Delta_{\mathrm{vap}} H_{\mathrm{m}}$ 为纯液体在温度 T 时的摩尔气化焓。温度变化不大时，可近似视为常数，积分式(2-10)，得：

$$\ln p = -\frac{\Delta_{\mathrm{vap}} H_{\mathrm{m}}}{RT} + C \tag{2-11}$$

式中，C 为积分常数。以 $\ln p$ 对 $1/T$ 作图，应为一直线，直线的斜率为 $-\Delta_{\mathrm{vap}} H_{\mathrm{m}}/R$，由斜率可求算液体的 $\Delta_{\mathrm{vap}} H_{\mathrm{m}}$。

静态法是把待测液体放在一个封闭体系中，在不同温度下直接测量其饱和蒸气压。

三、实验仪器和试剂

仪器：SVPS-01 型液体饱和蒸气压测定仪。

试剂：环己烷，冰块。

四、实验步骤

1. 仪器装置如图 2-13、图 2-14 所示，平衡管是由 a、b、c 三个相连的玻璃管组成的。a 管中存有待测蒸气压的液体，b 和 c 管中液体在底部相连，b 管后部 a、c 管通过一根斜管相连。当 a、b 管的上部纯粹是待测液体的蒸气，且 b、c 管中的液面在同一水平时，则表示加在 c 管液面上的蒸气压与加在 b 管液面上的外压相等。此时液体的温度即体系的气液平衡温度，就是沸点。

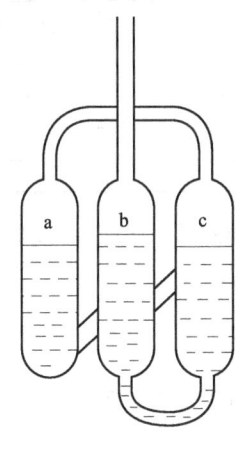

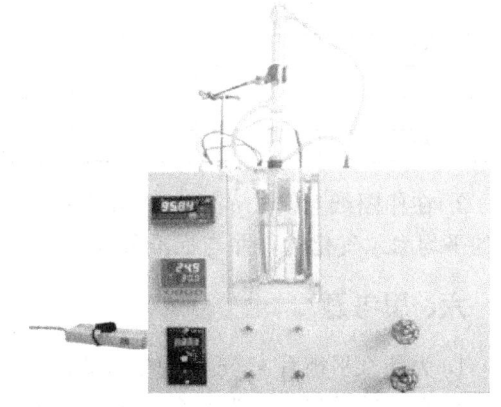

图 2-13 平衡管　　　　　　图 2-14 SVPS-01 型液体饱和蒸气压测定仪

2. 向平衡管中装入适量待测液体，并放入水浴中固定，使平衡管横管刚好没入水面以下，盖上水浴槽盖；向冰槽中加入适量冰块，最后盖上冰槽盖。

注意：实验中如使用的冰块较大，则在实验进行到一定阶段后，用长玻璃棒往下捣，使冰块顺利下落到冰槽底部，以确保体系降温顺利。

3. 连接外接电源，使仪器其他所有开关均处于关闭状态，开启仪器后面板上的总电源开关。

4. 将温控装置设定为60℃，开启加热开关和水浴搅拌开关，设置适合的搅拌速率（500～600r/min左右），并打开冷凝开关使冷凝管中通入冷凝水。

5. 调节增压阀和减压阀为关闭状态，打开真空开关，关闭缓冲瓶上的放空阀，使平衡管装置处于真空系统中，再缓慢打开减压阀，调节平衡管中气泡速率（控制在2个气泡/s）。气泡出得太慢可打开减压阀，反之则打开增压阀，减压和增压控制开关的开启动作幅度应尽可能小，以免引起减压或增压过快造成待测液体的"沸腾"或"倒抽"现象。

6. 水浴温度上升到设定温度后恒温10min，关闭减压阀，缓慢打开增压阀，调节使平衡管中液面相平，记录液面相平时的压力读数，平行实验3次。若两次读数相差太大，则说明空气未排干净，需要再抽真空10min左右。

7. 设定温度为55℃，打开冷却开关至水浴达到设定温度。按照步骤5进行实验，以后每下降5℃测量一组数据；重复实验步骤6和步骤7，测量直至40℃。（注意：若低温下发生倒吸，则需将温度升至50℃以上再抽真空，重做。）

8. 实验完毕后：关闭减压阀，打开增压阀，打开缓冲瓶上放空阀，关闭真空、冷凝、加热以及搅拌开关，最后关闭仪器总开关。

9. 注意：仪器后背面板设有溢水口，请勿堵塞以防止液体渗漏损坏电气元件。水浴槽及冰槽中的水会在仪器中进行循环使用，请勿将杂物引入堵塞管路并尽可能全部使用蒸馏水及其制备的冰块以保证仪器内部清洁。

五、实验数据记录和处理

1. 将实验所测量数据记录于表2-9中。

被测液体室温_____℃；   大气压_____kPa

表2-9 实验数据记录

T/℃	p_1/kPa	p_2/kPa	p_3/kPa	$p_{平均}$/kPa	T/K	$(1/T)$/K^{-1}	$\ln p$
60							
55							
50							
45							
40							

2. 在作图纸上以$\ln p$对$1/T$作图得一直线，求出直线的斜率。根据直线斜率求出该液体的平均摩尔气化焓，并与标准数据进行比较，计算出相对误差。

六、思考题

1. 为什么平衡管a、c中的空气要赶净？怎样判断空气已经被赶净？
2. 在实验过程中，为什么要防止空气倒灌？怎样防止？
3. 本实验的系统误差有哪些？本实验的关键因素是什么？

实验6 氨基甲酸铵反应平衡常数的测定

一、实验目的

1. 熟悉用等压法测定平衡压力的方法。

2. 测定一定温度下氨基甲酸铵的分解压，并计算此分解反应的平衡常数及有关的热力学函数。

3. 了解真空系统如何检测。

二、实验原理

氨基甲酸铵（NH_2COONH_4）是合成尿素的中间产物，为白色固体，很不稳定，加热易分解，其分解反应式为：

$$NH_2COONH_4(s) \rightleftharpoons 2NH_3(g) + CO_2(g)$$

该反应为复相反应，且反应是可逆的，温度不变时在封闭体系中很容易达到平衡，其标准平衡常数为

$$K_p^{\ominus} \left[\frac{p_{NH_3}}{p^{\ominus}}\right]^2 \times \frac{p_{CO_2}}{p^{\ominus}} \tag{2-12}$$

式中，$p^{\ominus} = 100 \text{kPa}$；$p_{NH_3}$、$p_{CO_2}$ 分别为 NH_3 及 CO_2 平衡时的分压力。

设平衡时总压为 p，由于 1mol 的 $NH_2COONH_4(s)$ 分解能生成 2mol 的 $NH_3(g)$ 和 1mol 的 $CO_2(g)$，又因为固体氨基甲酸铵的蒸气压很小，所以体系的平衡总压就可以看作 p_{CO_2} 与 p_{NH_3} 之和，即

$$p = p_{NH_3} + p_{CO_2}$$

根据反应方程式可得 $\quad p_{NH_3} = 2p_{CO_2}$

则

$$p_{NH_3} = \frac{2}{3}p, \quad p_{CO_2} = \frac{1}{3}p \tag{2-13}$$

式(2-13) 代入式(2-12) 得：

$$K_p^{\ominus} \left(\frac{2p}{3p^{\ominus}}\right)^2 \times \left(\frac{p}{3p^{\ominus}}\right) = \frac{4}{27}\left(\frac{p}{p^{\ominus}}\right)^3 \tag{2-14}$$

因此，当体系达平衡后，测量其总压 p，即可计算出标准平衡常数 $K_p^{\ominus}$。

温度对标准平衡常数的影响可用式(2-15) 表示：

$$\frac{d\ln K_p^{\ominus}}{dT} = \frac{\Delta_r H_m^{\ominus}}{RT^2} \tag{2-15}$$

式中，T 为热力学温度；$\Delta_r H_m^{\ominus}$ 为标准摩尔反应焓。

当温度在不大的范围内变化时，$\Delta_r H_m^{\ominus}$ 可视为常数，由式(2-15) 积分得：

$$\ln K_p^{\ominus} = -\frac{\Delta_r H_m^{\ominus}}{RT} + C' \tag{2-16}$$

式中，C' 为积分常数。

若以 $\ln K_p^{\ominus}$ 对 $1/T$ 作图，得一直线，其斜率为 $-\dfrac{\Delta_r H_m^{\ominus}}{R}$，由此可求出 $\Delta_r H_m^{\ominus}$。

由实验求得某温度下的平衡常数 $K_p^{\ominus}$ 后，可按式(2-17) 计算该温度下反应的标准吉布斯自由能变化 $\Delta_r G_m^{\ominus}$

$$\Delta_r G_m^{\ominus} = -RT \ln K_p^{\ominus} \tag{2-17}$$

利用实验温度范围内反应的平均等压热效应 $\Delta_r H_m^{\ominus}$ 和 T 温度下的标准吉布斯自由能变化 $\Delta_r G_m^{\ominus}$，可近似计算出该温度下的熵变 $\Delta_r S_m^{\ominus}$

$$\Delta_r S_m^\ominus = \frac{\Delta_r H_m^\ominus - \Delta_r G_m^\ominus}{T} \tag{2-18}$$

因此，通过测定一定温度范围内某温度的氨基甲酸铵的分解压（平衡总压），就可以利用上述公式分别求出 $K_p^\ominus$、$\Delta_r H_m^\ominus$、$\Delta_r G_m^\ominus$、$\Delta_r S_m^\ominus$。

三、实验仪器和试剂

仪器：仪器装置，真空泵，水银压力计。

试剂：新制备的氨基甲酸铵，硅油或邻苯二甲酸二壬酯。

四、实验步骤

1. 系统漏气检查。按图 2-15 所示安装仪器。将烘干的小球 3 和玻璃等压计 2 相连，开动真空泵，使活塞 6 处于（1）的状态，打开活塞 8，当水银压力计汞柱差约为 53kPa（400mmHg 柱），使活塞 6 处于（2）的状态。检查系统是否漏气，待 10min 后，若 U 形压力计汞柱差没有变化，则表示系统不漏气，否则说明漏气，应仔细检查各接口处，直到不漏气为止。

2. 待系统不漏气后，使活塞 6 处于（3）的状态，系统与大气相通，然后取下小球 3 装入氨基甲酸铵，再用吸管吸取纯净的硅油或邻苯二甲酸二壬酯放入已干燥好的等压计中，使之形成液封，再按图 2-15 所示装好。

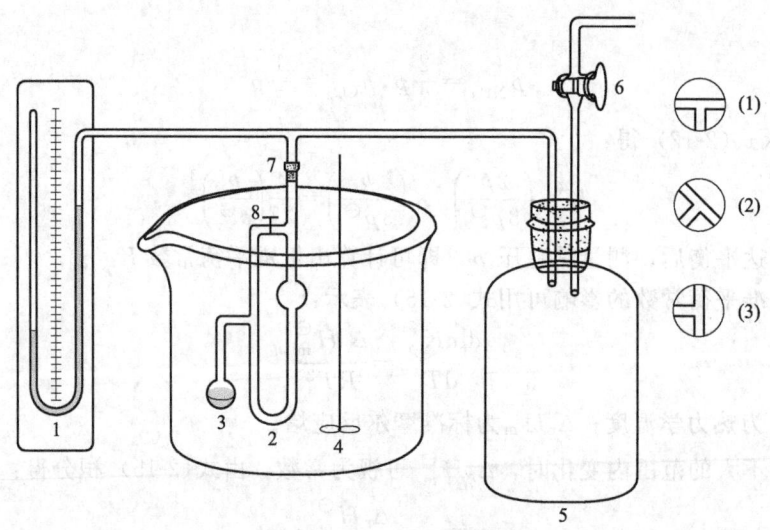

图 2-15　实验装置

1—水银 U 形压力计；2—玻璃等压计；3—装样品的小球；4—恒温槽；
5—缓冲瓶；6—三通活塞；7—磨口接头；8—二通活塞

3. 调节恒温槽温度为 (25.0±0.1)℃。开启真空泵，将系统中的空气排出，约 15min 后使活塞 6 处于（2）的状态，关闭活塞 8，然后缓缓开启活塞 6 处于（3）的状态，将空气慢慢分次放入系统，直至等压计两边液面处于水平时，立即使活塞 6 处于（2）状态，若 5min 内两液面保持不变，即可读取 U 形压力计的压力差。

4. 为了检查小球 3 内的空气是否已排除完全，可重复步骤 3 操作，测定 U 形压力计的压力差，如果两次测定结果差值小于 270Pa（2mmHg 柱），经指导教师检查后，方可进行下一步实验。

5. 调节恒温槽温度为 (27.0±0.1)℃，在升温过程中小心地调节活塞 6，缓缓放入空气，使等压计 2 两边液面水平，保持 5min 不变，即可读取 U 形压力计的压力差，然后用同样的方法继续测定 30.0℃、32.0℃、35.0℃、37.0℃时的压力差。

6. 实验完毕，将空气放入系统中至 U 形压力计压力差为零，切断电源、水源。

注意：
（1）体系必须达平衡后，才能读取 U 形压力计的压力差。
（2）恒温槽温度控制到±0.1℃。
（3）玻璃等压计中的封闭液一定要选用黏度小、密度小、蒸气压低，并且与反应体系不发生作用的液体。

五、实验数据记录和处理

1. 计算各温度下氨基甲酸铵的分解压。
2. 计算各温度下氨基甲酸铵分解反应的标准平衡常数 $K^{\ominus}$。
3. 根据实验数据，以 $\ln K^{\ominus}$ 对 $1/T$ 作图，并由直线斜率计算氨基甲酸铵分解反应的 $\Delta_r H_m^{\ominus}$。
4. 计算 25℃时氨基甲酸铵分解反应的 $\Delta_r G_m^{\ominus}$ 及 $\Delta_r S_m^{\ominus}$。

六、思考题

1. 如何检查系统是否漏气？
2. U 形压力计的读数差是否是体系的压力？是否代表分解压？
3. 为什么一定要排净小球中的空气？
4. 如何判断氨基甲酸铵分解已达平衡？
5. 在实验装置中安装缓冲瓶的作用是什么？
6. $K_p = p_{NH_3}^2 \times p_{CO_2}$ 与 $K^{\ominus} = \left[\dfrac{p_{NH_3}}{p^{\ominus}}\right]^2 \times \dfrac{p_{CO_2}}{p^{\ominus}}$，两者有何不同？

附录：氨基甲酸铵的制备

氨和二氧化碳接触后，即能生成氨基甲酸铵。其反应式为：
$$2NH_3(g) + CO_2(g) \Longrightarrow NH_2COONH_4(s)$$
如果氨和二氧化碳都是干燥的，则不论两者的比例如何，仅生成氨基甲酸铵。在有水存在时，则还会生成碳酸铵或碳酸氢铵。因此在制备时必须保持氨、二氧化碳及容器都是干燥的，制备氨基甲酸铵的方法如下所述。

1. 制备氨气。氨气可由蒸发氨水或将氯化铵和氢氧化钠溶液加热得到，这样制得的氨气含有大量水蒸气，应依次经过氧化钙、固体氢氧化钠脱水。

2. 制备二氧化碳。二氧化碳可由大理石（碳酸钙）与工业浓盐酸在启普发生器中反应制得，气体依次经过氯化钙、浓硫酸脱水。

3. 合成反应在 3000mL 洁净干燥的塑料瓶中进行，在塑料瓶中插入 1 支进氨气管，1 支进二氧化碳气管，另有 1 支废气导管，合成反应保持在 0℃左右进行。

4. 合成反应开始时先通入二氧化碳气体于塑料瓶中，约 10min 后再通入氨气，通气 2h，可在塑料瓶内壁上生成固体氨基甲酸铵。

5. 反应完毕，取下塑料瓶，轻轻敲击瓶壁，就可把固体氨基甲酸铵收集起来，放入密封容器内于冰箱中保存备用。

实验 7 二组分金属相图的测定

一、实验目的

1. 掌握热分析法绘制二组分固液相图的原理及方法。
2. 用热分析法测绘铋-锡相图。
3. 了解纯物质与混合物的步冷曲线的差别,并掌握相变点温度的确定方法。

二、实验原理

较为简单的二组分金属相图主要有三种类型:一种是液相完全互溶,凝固后,固相也能完全互溶成固体混合物的系统,最典型的为 Cu-Ni 系统;另一种是液相完全互溶而固相完全不互溶的系统,最典型的是 Bi-Cd 系统;还有一种是液相完全互溶,而固相是部分互溶的系统,如 Pb-Sn 系统。本实验研究的 Bi-Sn 系统也是固相部分互溶的系统,在低共熔温度下:Bi 在固相 Sn 中最大溶解度为 21%(质量分数)。

热分析法(步冷曲线法)是绘制相图的基本方法之一。其原理是根据物系在加热或冷却过程中温度随时间的变化关系来判断有无相变化的发生。通常做法是将一定组成的固相体系加热熔融成一均匀液相,然后让其缓慢冷却,记录系统的温度随时间的变化,便可绘制温度-时间曲线,即步冷曲线。当体系内没有相变时,步冷曲线是连续变化的;当体系内有相变发生时,步冷曲线上将会出现转折点或平台部分,这是因为相变时的热效应使温度随时间的变化率发生变化。因此,由步冷曲线的斜率变化便可确定体系的相变点温度。测定几个不同组分的步冷曲线,找出各相应的相变温度,最后绘制相图。过程如图 2-16 所示。

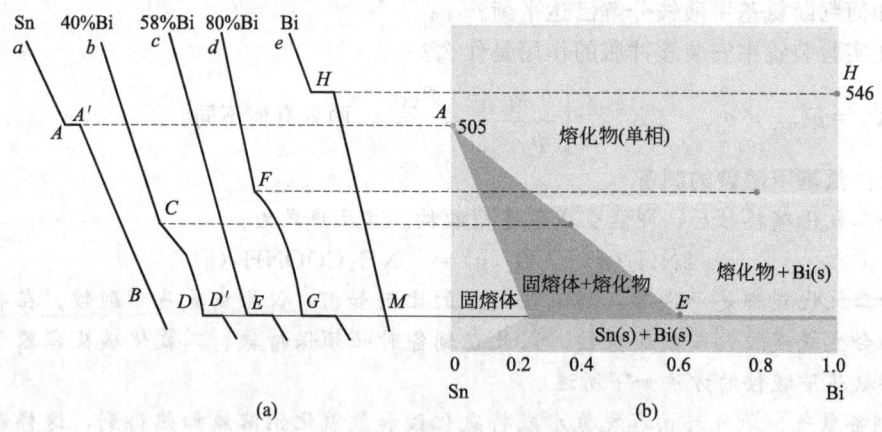

图 2-16 Bi-Sn 二组分体系步冷曲线和相图示例

以 40% Bi 样品的步冷曲线为例:在固定压力不变的条件下,相律 $F^* = C - P + 1$(F^* 为条件自由度数,C 为独立组分数,P 为相数)。当熔融的系统均匀冷却时,如果系统不发生相变,$P = 1$,$F^* = 2$,则系统的温度随时间的变化是均匀的,冷却速率较快(如图 2-16 中 bC 线段);若在冷却过程中发生了相变,有固相析出,$P = 2$,$F^* = 1$,由于在相变过程中伴随着放热效应,所以系统冷却速率减慢,步冷曲线上出现转折点(如图 2-16 中的 C 点)。当熔液继续冷却到某一温度时(如图 2-16 中的 D 点),此时熔液系统以 Bi 与 Sn 的低共熔混合物(固体)析出,$P = 3$,$F^* = 0$,在低共熔混合物全部凝固以前,系统温度保持不变，因此步冷曲线上出现平台线段（如图 2-16 中 DD' 线段）。当熔液完全凝固后，$P=2$，$F^*=1$，温度又迅速下降（D' 以后的线段）。

由此可知，对组成一定的二组分低共熔混合物系统，可以根据它的步冷曲线得出有固体析出的温度和低共熔点温度。根据一系列组成不同样品的步冷曲线，即可画出二组分系统的相图（温度-组成图）。不同组成熔液的步冷曲线对应的相图如图 2-16(b) 所示。

用热分析法（步冷曲线法）绘制相图时，被测系统必须时时处于或接近相平衡状态，因此冷却速率要足够慢才能得到较好的结果。一般说来，根据冷却曲线即可定出相界，但是对复杂相图还必须有其他方法配合，才能画出准确的相图。

三、实验仪器和试剂

仪器：四通道金属相图测定仪（图 2-17），电脑工作站，金属样品管，坩埚钳。

试剂：纯锡（分析纯），纯铋（分析纯）等。

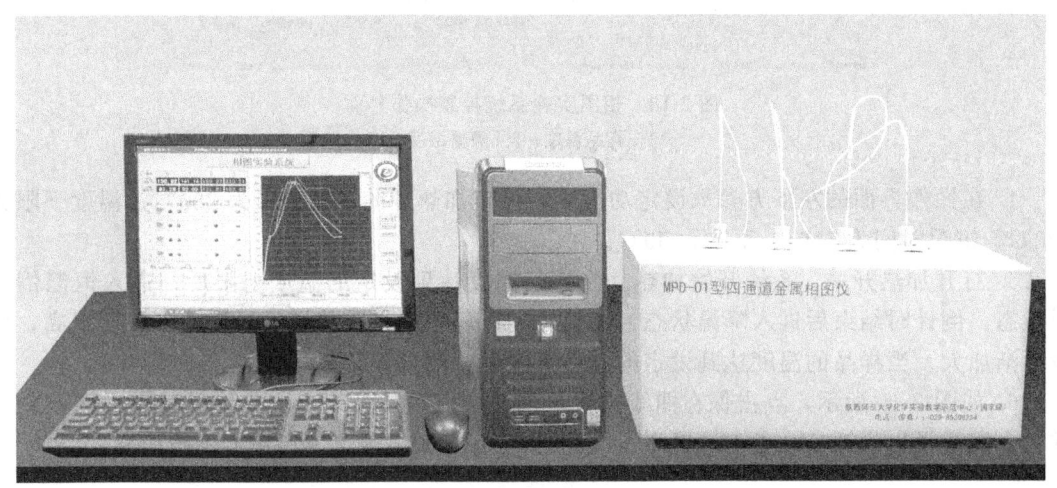

图 2-17　四通道金属相图测定仪

四、实验步骤

1. 打开电脑电源开关。

2. 在金属相图测定仪的金属样品管上方的小圆孔中，插入相应的被测样品所对应的热电偶（注意：热电偶通道不能插错，热电阻温度计的端点应插在样品的中央部位，否则因受环境的影响，步冷曲线的"平台"不明显），并记录加热炉通道号和样品名称。

3. 打开金属相图测定仪的电源开关，测定仪右侧的散热风扇启动。然后立即打开计算机桌面上的测试软件图标，即双击金属相图测量软件图标（ ），启动测量系统；进入启动界面后，点击"启动实验"进入如图 2-18 所示的相图实验系统控制操作界面（注意：应在打开金属相图测定仪电源开关后，立即打开软件，使仪器尽快进入控制状态）。

特别注意：操作步骤中的第 2、3 步次序不能颠倒！

在相图测量系统控制窗口中，"样品温度（1）"和"炉壁温度（2）"显示的是热电偶的实时温度，右边是实时曲线窗口，可通过调节"Y 轴最大值"和"最小值"使窗口显示合适的温度范围；可通过调节"X 轴长度"使窗口显示合适的时间范围（1s 一点）。

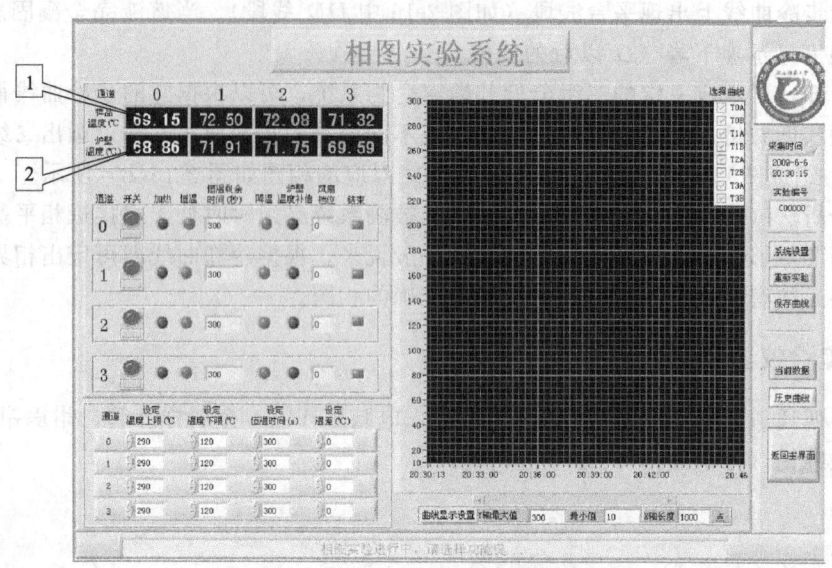

图 2-18　相图实验系统控制操作界面
1—样品温度；2—炉壁温度

4. 在操作界面的左下方参数设定功能区，设定加热炉的温度上限为 280℃、温度下限为 120℃、恒温时间为 600s、温差为 50℃。

5. 打开加热开关，系统开始加热。当样品温度达到设定的温度上限后，进入恒温倒计时状态，倒计时结束后进入降温状态，加热炉的风扇挡位将随着样品温度的下降而提高，风量逐渐加大。当样品的温度达到设定的温度下限后，测试即结束。

6. 如图 2-19 所示，点击保存曲线按钮，当系统提示是否改变实验编号时点击"改变"，并输入实验学生的姓名，点击"确定"。以后再次保存数据时，实验编号不再改变。

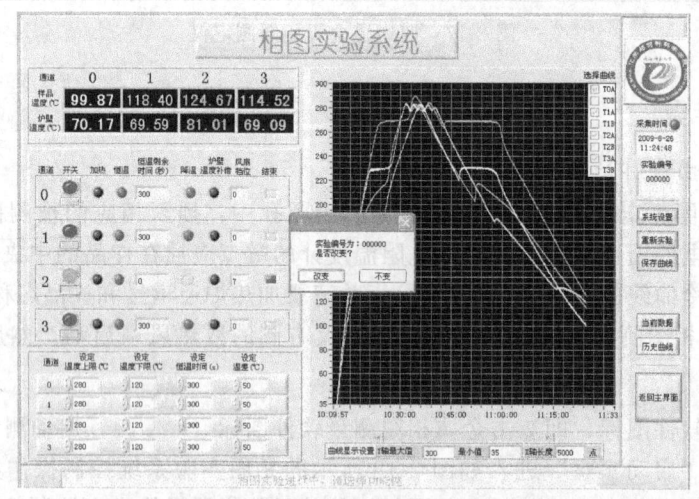

图 2-19　相图测量系统参数文件名设置窗口

在系统控制窗口，点击"当前数据察看"按钮，可进入如图 2-20 所示的当前数据查看窗口。可对当前所测定的历史数据进行察看。

7. 实验结束后，在 E:\data\ 下拷贝实验数据（注意：必须使用实验室的公共 U 盘，严

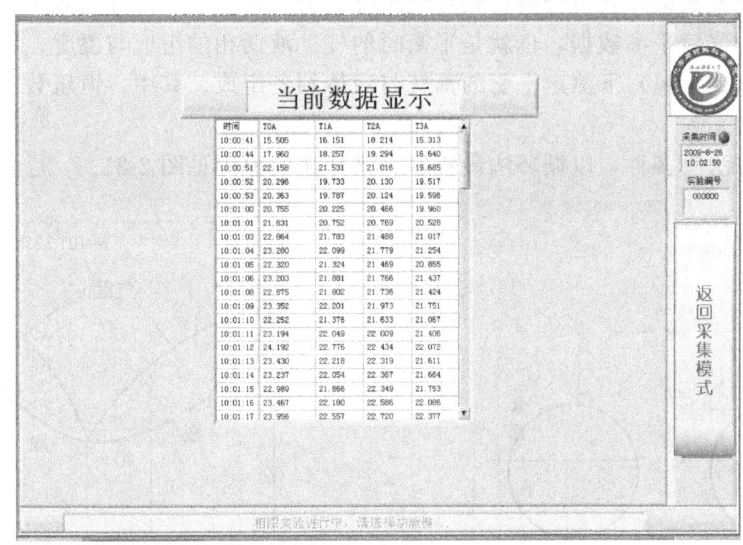

图 2-20 相图测量系统当前数据查看窗口

禁使用个人 U 盘直接拷贝数据）。

8. 软件退出后，关闭金属相图测定仪的电源开关，然后关闭电脑，结束实验。

五、实验数据记录和处理

1. 利用 Excel 或 Origin 软件，将实验数据（各样品的温度与对应时间）录入，作出步冷曲线图。
2. 在步冷曲线图上，标出各样品步冷曲线的转折点及平台段所对应的温度。
3. 根据所测样品的组成及各样品步冷曲线上对应转折点或平台的温度，作出二组分 Bi-Sn 体系金属相图，并确定其低共熔点的温度与组成。

六、思考题

1. 实验中，不同组成样品的步冷曲线，其水平段有什么不同？
2. 为什么能用步冷曲线来确定相界？
3. 样品的冷却速率与哪些因素有关？

实验 8　环己烷-乙醇恒压气液平衡相图绘制

一、实验目的

1. 测定常压下环己烷-乙醇二元体系的气液平衡数据，绘制常压下该二元系的沸点-组成相图。
2. 掌握阿贝折射仪的原理和使用方法。
3. 掌握水银温度计的校正与使用方法。

二、实验原理

理想液体混合物中各组分在同一温度下具有不同的挥发能力。因而，经过气液间相变，达到平衡后，各组分在气、液两相中的组成是不相同的。根据这个特点，使二元系混合物在精馏塔中进行反复蒸馏,就可分离得到各纯组分。为了得到预期的分离效果,设计精馏装置必须掌握准确的气液平衡数据,也就是平衡时的气、液两相的组成与温度、压力间的函数关系,即在恒压(或恒温)下测定平衡的蒸气与液体的各组成。其中,恒压数据应用更广,测定方法也较简便。

恒压测定方法有多种,以循环法最普遍。循环法的原理见图 2-21。

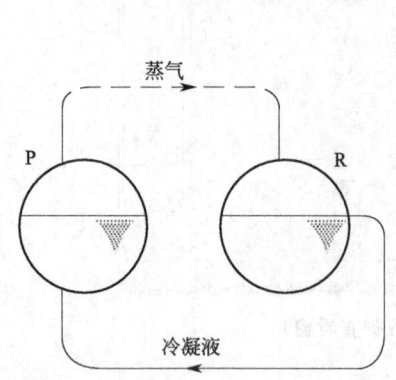
图 2-21 循环法原理

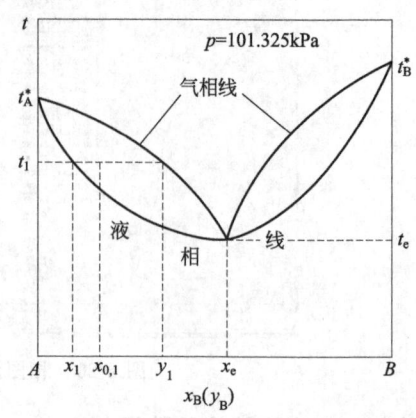
图 2-22 有最低恒沸点的二元气液平衡相图

在沸腾器 P 中盛有一定组成的二元溶液,在恒压下加热。液体沸腾后,逸出的蒸气经完全冷凝后流入收集器 R。达一定数量后溢流,经回流管流回到 P。由于气相中的组成与液相中不同,所以随着沸腾过程的进行,P、R 两容器中的组成不断改变,直至达到平衡时,气、液两相的组成不再随时间而变化,P、R 两容器中的组成也保持恒定。分别从 R、P 中取样进行分析,即得出平衡温度下气相和液相的组成。

本实验测定的环己烷-乙醇二元系气液恒压相图,如图 2-22 所示。图中横坐标表示二元系的组成(以 B 的摩尔分数表示),纵坐标为温度。显然曲线的两个端点 t_A^*、t_B^* 即指在恒压下纯 A 与纯 B 的沸点。若溶液原始的组成为 x_0,当它沸腾达到气液平衡的温度为 t_1 时,其平衡时的气液相组成分别为 y_1 与 x_1。用不同组成的溶液进行测定,可得一系列 t-x-y 数据,据此画出一张由液相线与气相线组成的完整双液系相图。图 2-22 的特点是当系统组成为 x_e 时,沸腾温度为 t_e,平衡的气相组成与液相组成相同。因为 t_e 是所有组成中沸点最低者,所以这类相图称为具有最低恒沸点的气液平衡相图。

分析气液两相组成的方法很多,有化学方法和物理方法。本实验用阿贝折射仪测定溶液的折射率以确定其组成。因为在一定温度下,纯物质具有一定的折射率,所以两种物质互溶形成溶液后,溶液的折射率就与其组成有一定的函数关系。预先测定一定温度下一系列已知组成溶液的折射率,得到折射率-组成对照表。即可根据待测溶液的折射率,确定其组成。

三、实验仪器和试剂

仪器:埃立斯(Ellis)平衡蒸馏器(如图 2-23 所示),可控硅调压器,电压表,阿贝折射仪,超级恒温槽。

试剂:环己烷(分析纯),乙醇(分析纯)。

四、实验步骤

1. 将预先配制好的一定组成的环己烷-乙醇溶液缓缓加入蒸馏器中,使液面略低于蛇管

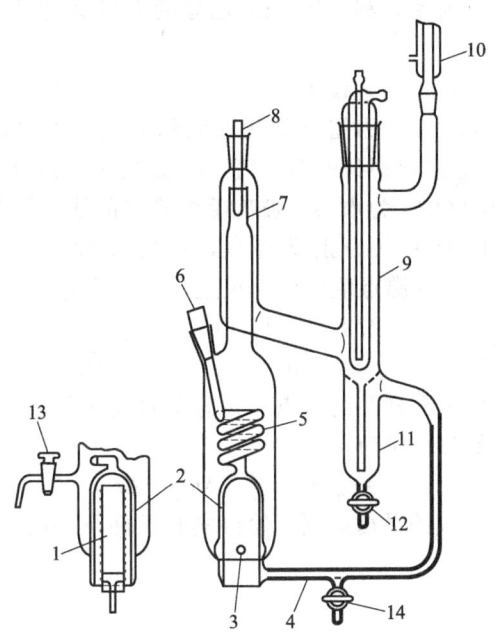

图 2-23 埃立斯平衡蒸馏器

1—加热元件；2—沸腾室；3—小孔；4—毛细管；5—平衡蛇管；6，8—温度计套管；
7—蒸馏器内管；9，10—冷凝器；11—冷凝液接收管；12，13—取样口；14—放料口

喷口，蛇管的大部分浸在溶液之中。

2. 调节适当的电压（150～180V），通过加热元件1和下保温电热丝对溶液进行加热。同时在冷凝器9、10中通以冷却水。

3. 加热一定时间后溶液开始沸腾，气、液两相混合物经蛇管口喷于温度计底部；同时可见气相冷凝液滴入接收管11。为了防止蒸气过早的冷凝，通过可控硅调压将上保温电热丝加热（气相保温电压为8～10V，但不能超过12V），要求套管8内温度比套管6内温度高0.5～1.5℃。控制加热器电压，使冷凝液产生速度为每分钟60～100滴。调节上下保温电热丝电压，以蒸馏器的器壁上不产生冷凝液滴为宜。

4. 待套管6处的温度约恒定15～20min后，可认为气、液相间已达平衡，记下温度计6的读数，即为平衡气、液相的温度$t_{观}$，同时读取温度计露茎的长度n和辅助温度计读数$t_{环}$。

5. 分别从取样口12、13同时取样约2mL，稍冷却后测定其折射率。阿贝折射仪的原理与使用方法见本书第三章的第四节。

6. 实验结束，关闭所有加热元件。待溶液冷却后，将溶液倒回原来的溶液瓶，关闭冷却水。

五、实验数据记录与处理

1. 将实验所测量数据记录于表2-10中。

表2-10 实验数据记录

p/kPa	$t_{观}$/℃	$t_{环}$/℃	$t_{准}$/℃	气相折射率	液相折射率

2. 将测定的各气液相折射率，利用环己烷-乙醇的折射率-组成表（见附录十五）转换成相应的组成。

3. 平衡温度的确定，温度计露茎校正。

$\Delta t_{露} = 0.00016 n (t_{观} - t_{环})$，$n$ 为露出待测液面的汞柱高度（以℃表示），即 n 是 $t_{观}$ 减去露出液面的温度值 $t_{准}$，$t_{观}$ 是观察到的温度值，$t_{环}$ 是用辅助温度计测得露在环境中那部分汞柱（露茎）的温度值，0.00016 为水银在玻璃毛细管内的线膨胀系数。

在 101.325kPa 下测得的沸点为正常沸点，通常实验时的外界压力并不恰好等于 101.325kPa，故应对实验测得的沸点值作压力校正，校正式为：

$$\Delta t_{压}/℃ = \frac{273.15 + t_{精}/℃}{10} \times \frac{101325 - p/\text{Pa}}{101325} \tag{2-19}$$

式中，$t_{精}$ 为实验大气压力下样品的沸点；p 为实验大气压力（校正后）。

经校正后体系的正常沸点 t_b 应为：

$$t_b = t_{精} + \Delta t_{示} + \Delta t_{露} + \Delta t_{压} \tag{2-20}$$

4. 综合实验所得的各组成的平衡数据，绘出实验条件下环己烷-乙醇体系的 T-x 图，并标明最低恒沸点和组成。

六、思考题

1. 一般而言，如何才能准确测得溶液的沸点？
2. 埃立斯平衡蒸馏器有什么特点？其中蛇管的作用是什么？
3. 埃立斯平衡蒸馏器为何要上下保温？为何气相上部位温度应略高于液相部位温度？
4. 取出的平衡气液相样品，为什么必须在密闭的容器中冷至 30℃ 后方可用以测定其折射率？
5. 在本实验中埃立斯平衡蒸馏器是如何实现气液两相同时循环的？
6. 阿贝折射仪使用注意事项有哪些？

七、讨论

1. 为得到精确的相平衡数据，应采用恒压装置以控制外压。

2. 使用埃立斯蒸馏器操作时，应注意防止闪蒸现象、精馏现象及暴沸现象。当加热功率过高时，溶液往往会产生完全气化，将原组成溶液瞬间完全变为蒸气，即闪蒸。显然，闪蒸得到的气液组成不是平衡的组成。为此需要调节适当的加热功率，以控制蒸气冷凝液的回流速度。

蒸馏器所得的平衡数据应是溶液一次气化平衡的结果。但若蒸气在上升过程中又遇到气相冷凝液，则又可进行再次气化，这样就形成了多次蒸馏的精馏操作。其结果是得不到蒸馏器应得的平衡数据。为此，在蒸馏器上部必须进行保温，使气相部位温度略高于液相，以防止蒸气过早的冷凝。

由于沸腾时气泡生成困难，暴沸现象常会发生。避免的方法是提供气泡生成中心或造成溶液局部过热。为此，可在实验中鼓入小气泡或在加热管的外壁造成粗糙表面以利于形成气穴；或将电热丝直接与溶液接触，造成局部过热。

实验 9　凝固点降低法测定物质的摩尔质量

一、实验目的

1. 掌握溶液凝固点的测量技术，理解稀溶液的依数性。

2. 用凝固点降低法测定萘的摩尔质量。

二、实验原理

理想稀溶液具有依数性，凝固点降低就是依数性的一种表现。即对一定量的某溶剂，其理想稀溶液凝固点下降的数值只与所含溶质的粒子数目有关，而与溶质的特性无关。

固体溶剂与溶液成平衡时的温度称为溶液的凝固点。含非挥发性溶质的双组分稀溶液的凝固点低于纯溶剂的凝固点。

对于理想稀溶液，根据相平衡条件，稀溶液的凝固点降低与溶液成分关系由范特霍夫凝固点降低公式给出。

$$\Delta T_f = T_f^* - T_f = \frac{R(T_f^*)^2}{\Delta H_{m,A}} \times \frac{n_B}{n_A + n_B} \quad (2\text{-}21)$$

式中，ΔT_f 为凝固点降低值；T_f^* 为纯溶剂的凝固点；T_f 为溶液中析出固体纯溶剂的温度；$\Delta H_{m,A}$ 为溶剂的摩尔凝热；n_A 和 n_B 分别为溶剂和溶质的物质的量。

当溶液很稀时，即 $n_B \ll n_A$ 时，则

$$\Delta T_f = \frac{R(T_f^*)^2}{\Delta H_{m,A}} \times \frac{n_B}{n_A} = \frac{R(T_f^*)^2}{\Delta H_{m,A}} M_A b_B = K_f b_B \quad (2\text{-}22)$$

式中，M_A 为溶剂的摩尔质量；b_B 为溶剂的质量摩尔浓度；K_f 为质量摩尔凝固点降低常数，简称凝固点降低常数，$K \cdot kg \cdot mol^{-1}$，对于水，其值为 1.86。

如果已知溶剂的凝固点降低常数 K_f，并测得此溶液的凝固点降低值 ΔT_f，以及溶剂和溶质的质量 W_A、W_B，则溶质的摩尔质量由式(2-23)求得

$$M_B = K_f \frac{W_B}{\Delta T_f W_A} \times 10^3 \quad (2\text{-}23)$$

常用溶剂的 K_f 值见表 2-11。

表 2-11　常用溶剂的 K_f 值

溶剂	水	乙酸	苯	环己烷	萘	樟脑
T_f^*/℃	0.00	16.66	5.533	6.54	80.29	178.75
K_f	1.86	3.90	5.12	20.0	6.94	37.8

需要注意的是，如果溶质在溶液中有解离、缔合、溶剂化和配合物形成等情况时，不能简单地运用式(2-23)计算溶质的摩尔质量。

凝固点测定方法是将已知浓度的溶液逐渐冷却成过冷溶液，然后促使溶液结晶；当晶体生成时，放出的凝固热使体系温度回升，当放热与散热达到平衡时，温度不再改变，此时固-液两相达到平衡的温度，即为溶液的凝固点。本实验测定纯溶剂和溶液的凝固点之差。

纯溶剂的凝固点是指它的液相和固相平衡共存时的温度。若将纯溶剂逐步冷却，理论上其步冷曲线应如图 2-24(Ⅰ)所示，但实际过程中往往发生过冷现象。当从过冷溶液中析出固体时，放出的凝固热使体系的温度回升到平衡温度，待液体全部凝固后温度再逐渐下降，其步冷曲线呈图 2-24(Ⅱ)形状，过冷太甚会出现如图 2-24(Ⅲ)所示的形状。

如将溶液逐渐冷却，其步冷曲线与纯溶剂不同。如图 2-24(Ⅳ)、(Ⅴ)、(Ⅵ)所示，由于随着固态纯溶剂从溶液中的不断析出，剩余溶液的浓度逐渐增大，因而剩余溶液与溶剂固相的平衡温度也在逐渐下降，在步冷曲线上得不到温度不变的水平线段，出现如图 2-24(Ⅳ)所示，的形状。通常当发生稍过冷现象时，则出现如图 2-24(Ⅴ)所示的形状，此时可将温度回升的最高值外推至与液相段相交点温度作为溶液的凝固点。若过冷太甚，凝固的

溶剂过多，溶液浓度变化过大，则出现了图 2-24(Ⅵ) 的形状，测得的凝固点偏低。因此溶液凝固点的精确测量，难度较大。在测量过程中应设法控制适当的过冷程度，一般可通过调节寒剂的温度、控制搅拌速度等方法达到。

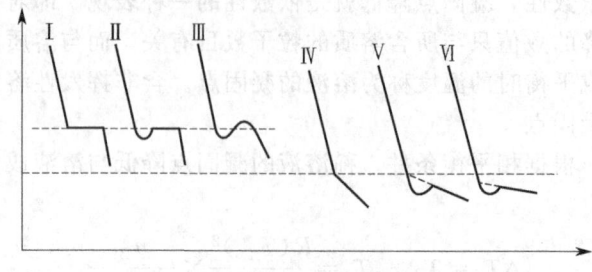

图 2-24　步冷曲线

本实验通过测定纯溶剂与溶液的温度与冷却时间的关系数据，绘制冷却曲线，从而得到两者的凝固点之差 ΔT_f，进而计算待测物的摩尔质量。

三、实验仪器和试剂

仪器：NGD-01 型凝固点测定仪（图 2-25），电脑，电子天平，量筒，电吹风，样品管。
试剂：萘（分析纯），环己烷（分析纯）。

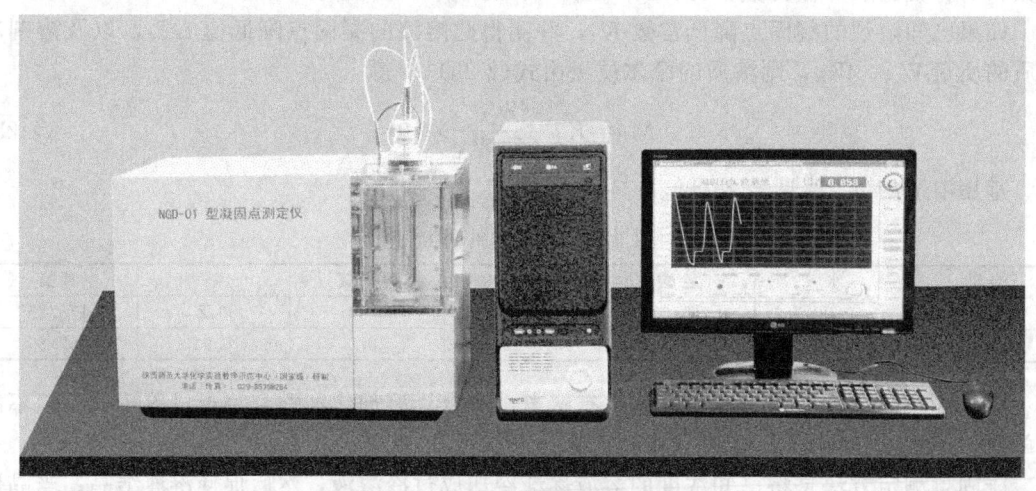

图 2-25　NGD-01 型凝固点测定仪

NGD-01 型凝固点测定仪主要由可通过半导体制冷片制冷的水浴，带空气套管、加热套管和样品管的凝固点玻璃仪以及能准确控制搅拌速度的步进电机搅拌器组成，如图 2-26 所示。凝固点玻璃仪的加热套管是将加热用电阻丝缠绕在玻璃管上制成，分成上下两个加热线圈，分别表示为加热线圈 1 和加热线圈 2，加热线圈 1 主要用于对样品进行加热以及在样品达到凝固点时进行散热补偿，加热线圈 2 主要用于控制样品管上方空气的温度不低于样品的凝固点，使用时一般使样品管上方空气的温度略高于样品的凝固点，以防止样品蒸气在管壁上冷凝，并防止测定样品凝固点时，样品首先在液面处的管壁上凝固，从而导致的过冷不明显和固液相难于充分接触的现象。

仪器中共设了 3 个测温点，分别是：
(1) 样品温度　用于测定样品温度。当一次测定完成后，重复测定时，该温度的上升速

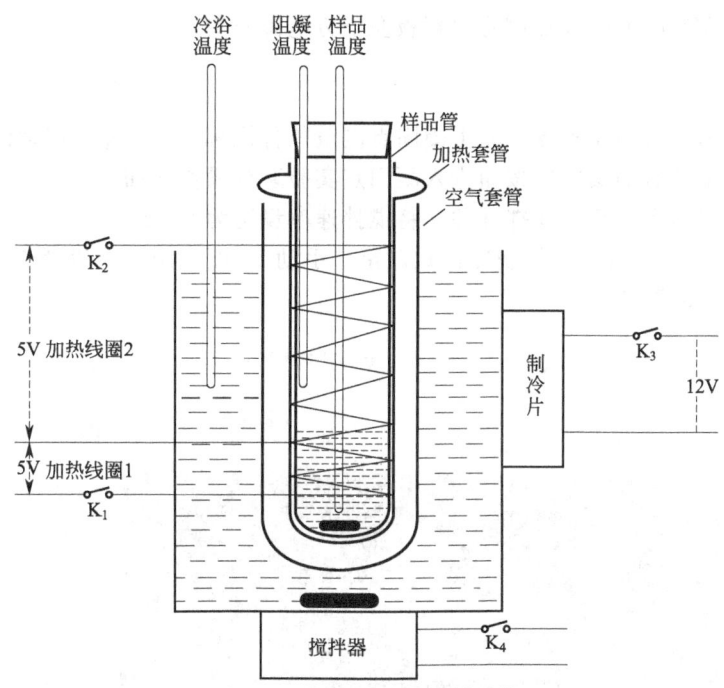

图 2-26 样品测量与控制系统

率可作为加热停止的条件,即当升温速率达到设定值时,可以控制继电器 K_1 断开,使样品管下方加热线圈 1 停止加热。

(2) 阻凝温度　用于测定和控制(PID 控制)样品管上方温度,防止样品在界面处先结晶。当样品管上方温度低于设定值时通过控制继电器 K_2,使样品管上方加热线圈 2 工作。

(3) 冷浴温度　用于测定和控制恒温水浴温度,当恒温水浴温度高于设定值时,通过控制继电器 K_3,使制冷片工作以降低水浴温度至设定值。

仪器中共设了 2 个报警点,分别是:

(1) 制冷片过热报警点　用于监视制冷片热端温度,当制冷片热端温度高于设定值时(往往是由于冷却水未开造成的),通过控制继电器 K_3,使制冷片停止工作。并在电脑一侧输出"请检查冷却水"的提示信息。

(2) 继电器过热报警点　用于监视固体继电器 K_3 温度,当固体继电器 K_3 温度高于设定值时(往往是由于固体继电器散热风扇损坏造成的),使 K_3 断开。并在电脑一侧输出"请检查固体继电器散热风扇"的提示信息。

仪器中共设了 4 个继电器,分别是:

(1) 继电器 K_1　用于加热线圈 1 的通断控制。当样品达到凝固点需要进行散热补偿时输出给定的补偿电流,当样品需要加热时输出给定的最大电流(在电脑侧使用两个软开关分别控制)。

(2) 继电器 K_2　PID 控制加热线圈 2 的工作,用于样品管上方温度的精确控制。

(3) 固体继电器 K_3　用于制冷片电流的通断控制,从而使水浴恒温。

(4) 继电器 K_4　用于接通搅拌器步进电机的电源。

四、实验步骤

1. 准备

(1) 打开冷却水,并保持适当水流量(开机前必须检查水冷装置是否开启)。

(2) 打开NGD-01型凝固点测定仪背板左下方电源开关。

(3) 打开电脑主机和显示器，双击凝固点测量软件图标 ，启动测量系统，进入工作界面后，点击"启动实验"按钮进入凝固点实验系统操作界面。

(4) 在操作界面上，打开搅拌开关，将搅拌速率设定为550r/min。

(5) 如图2-27中1所示，将制冷模式调至"手动"，设置阻凝温度为7.5℃后，然后将制冷模式调至"自动"挡。

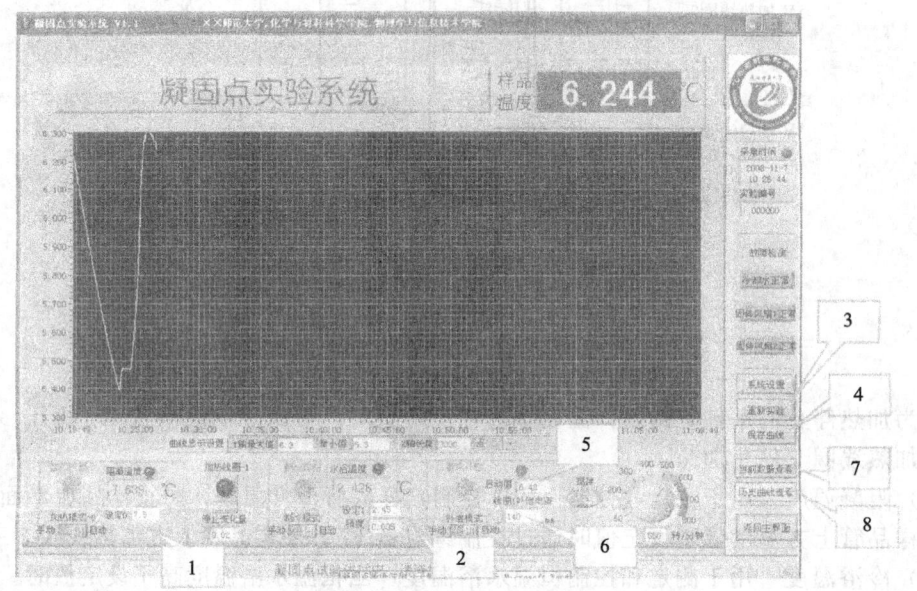

图2-27 凝固点实验系统操作界面

(6) 如图2-27中2所示，设定水浴温度控制精度为0.005℃，水浴温度为3.45℃（当测量溶液凝固点时，水浴温度应调整为2.45℃），进行纯溶剂凝固点测量工作，设置完成后，将开关置于"自动"挡，制冷系统开始工作。

(7) 用丙酮清洗样品管、搅拌磁子及温度探头，并吹干。量取30mL环己烷置于样品管中，并准确称重，记录数据。安装好温度探头（使纯溶剂或溶液浸没测量探头1cm即可，不能贴壁，阻凝温度控制探头应贴壁）。

2. 测量

(1) 纯溶剂凝固点的粗测，以及阻凝温度的选择。

① 将样品管放入加热套管中，"阻凝温度"和"散热补偿"开关置于"自动"位置，观察步冷曲线。

② 当样品温度降至7.5℃时，如图2-27中3和4所示，点击"重新实验"按钮，然后点击"保存曲线"按钮，当系统提示是否改变实验编号时点击"改变"，并输入实验学生姓名，点击"确定"。以后再次保存数据时，实验编号不再改变。

③ 当样品温度降至最低并回升至稳定值后，此值即为溶剂凝固点的粗测值，以粗测值加1.5℃作为阻凝温度的设定值，在手动状态下，修改阻凝温度的设定值，然后将"阻凝温度"开关置于"自动"位置。点击"加热线圈1"按钮，使样品温度回升0.5~1℃。

(2) 纯溶剂凝固点的精确测定，以及散热补偿电流的选择。

观察步冷曲线,当样品温度比凝固点的粗测值高 0.3℃时,如图 2-27 中 5 和 6 所示,打开"散热补偿"开关,并将"补偿电流"设为 150mA 左右(具体数值每台仪器上均有标明),当步冷曲线出现平台后,此温度即为溶剂的准确凝固点,以凝固点与曲线的最低点的平均值作为散热补偿启动温度的设定值,点击"加热线圈 1"按钮,使样品温度回升 0.5～1℃,然后将"散热补偿"模式开关指向自动,重复测定三次,每次温度之差不超过 0.006℃。

(3) 溶液凝固点的粗测,以及阻凝温度的选择。

① 将水浴温度调至 2.45℃,散热补偿启动模式开关指向手动。

② 在样品管纯溶剂中,加入已称量好的萘 0.150g 左右,打开散热补偿开关,完全溶解后关闭散热补偿开关,观察步冷曲线,当样品温度降至最低并回升至最高值后,此值即为溶液凝固点的粗测值。以粗测值加 1.5℃作为阻凝温度的设定值,在手动状态下,修改阻凝温度的设定值,然后将"阻凝温度"开关置于"自动"位置。点击"加热线圈 1"按钮,使样品温度回升 0.5～1℃。

(4) 溶液凝固点的精确测定,以及散热补偿电流的选择。

观察步冷曲线,当样品温度比凝固点的粗测值高 0.3℃时,打开"散热补偿"开关,并将"补偿电流"设为 150mA 左右(具体数值每台仪器上均有标明),当步冷曲线出现平台后,此温度即为溶液的准确凝固点,以凝固点与曲线的最低点的平均值作为散热补偿启动温度的设定值,点击"加热线圈 1"按钮,使样品温度回升 0.5～1℃,然后将"散热补偿"模式开关指向自动,重复测定三次,每次温度之差不超过 0.006℃。

(5) 如图 2-27 中 7 和 8 所示,"当前数据察看"按钮可调出当前状态下所有保存的曲线数据;"历史曲线察看"按钮则可察看所有保存的曲线。

3. 仪器清理

(1) 实验结束后,将 NGD-01 型凝固点测定仪的各功能键归零,并关闭仪器电源开关以及冷却水。

(2) 将操作界面上的所有开关关闭后,点击"返回主界面"按钮并"退出系统"。

(3) 在 D:\data\ 下拷贝实验数据(必须使用实验室的公共 U 盘,严禁使用个人 U 盘直接拷贝数据)。最后在公共计算机上将数据发至个人邮箱。

(4) 关闭电脑主机和显示器。

(5) 取出样品管,将管中废液倒入废液桶中,先用自来水洗涤 3～6 次样品管,然后用去离子水洗涤 2～3 次,并用电吹风吹干备用。

五、实验数据记录与处理

1. 将实验所测量数据记录于表 2-12 中。

表 2-12 实验数据记录

物质	质量/g	凝固点		凝固点降低值 ΔT_f/℃
		测量值/℃	平均值/℃	
环己烷 (溶剂)		1		
		2		
		3		
萘 (溶质)		1		
		2		
		3		

2. 计算萘的摩尔质量，并与理论值比较，计算误差。

六、思考题

1. 凝固点降低法测定物质摩尔质量的基本原理是什么？
2. 根据什么原则考虑加入溶质的量？太多或太少对实验有何影响？
3. 什么叫凝固点？凝固点降低的公式在什么条件下才适用？它能否用于电解质溶液？

实验 10 差热-热重分析

一、实验目的

1. 掌握差热-热重分析的基本原理，依据草酸钙的差热-热重曲线解析样品在程序升温过程中成分及其物相结构的转变（例如脱水、分解温度等）。
2. 了解差热分析仪的工作原理、基本构造及功能，掌握其基本操作。

二、实验原理

1. 差热分析（DTA）

差热分析（differential thermal analysis，DTA）是在程序控制温度下，测量物质和参比物的温度差与温度关系的一种方法。当试样发生任何物理或化学变化时，所释放或吸收的热量使试样温度高于或低于参比物的温度，从而相应地在差热分析曲线上可得到放热或吸热峰。差热分析曲线（DTA 曲线）的横坐标为温度，纵坐标为试样与参比物的温度差（ΔT）。

图 2-28 表示出了差热分析的原理。图中两对热电偶反向连接，构成差示热电偶。S 为试样，R 为参比物。在电表 T 处测得的为试样温度 T_S；在电表 ΔT 处测得的即为试样温度 T_S 和参比物温度 T_R 之差 ΔT。所谓参比物即是一种热容与试样相近而在所研究的温度范围内没有相变的物质，通常使用的是 $\alpha\text{-}Al_2O_3$、熔融石英粉等。

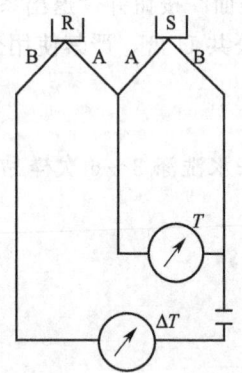

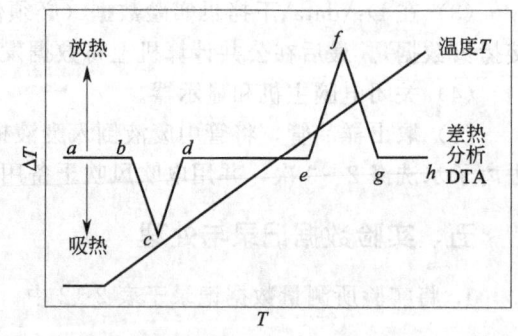

图 2-28 差热分析原理   图 2-29 理想的差热曲线

图 2-29 为一张理想的差热分析曲线图。当被测物质没有发生变化时，被测物质与参比物温度相同，二者温度差 ΔT 为零，在差热分析曲线上显示水平线段（如图 2-29 中的 ab、de、gh 线段，称为基线）。当被测物质发生变化时，即有吸热或放热现象产生，此热效应就会使被测物质的温度与参比物的温度不一致，差热分析曲线上就会出现峰（efg 或 bcd），通常规定放热峰 ΔT 为正，吸热峰 ΔT 为负，直到过程变化结束，经热传导被测物质与参比

物间的温度又趋一致，又复现水平线段（见图 2-29 中的 de、gh）。

图 2-29 中的曲线均属理想状态，实际记录的曲线往往与它有差异。例如，过程结束后曲线一般回不到原来的基线，这是因为被测物质与参比物的比热容、热导率、装填的疏密程度等不可能完全相同，再加上样品在测定过程中可能发生收缩或膨胀，还有两支热电偶的热电势也不一定完全等同，因而，差热分析曲线的基线就会发生漂移，峰（或谷）的前后基线不一定在一条直线上。此外，由于实际反应起始和终止往往不是在同一温度，而是在某个温度范围内进行，使得差热分析曲线的各个转折都变得圆滑起来。

图 2-30 为一个实际的放热峰。反应起始点为 A，温度为 T_i；B 为峰顶，温度为 T_m，主要反应结束于此，但反应全部终止实际是 C，温度为 T_f。自峰顶向基线方向作垂直线，与 AC 交于 D 点，BD 为峰高，表示试样与参比物之间最大温差。在峰的前坡（图中 AB 段），取斜率最大一点向基线方向作切线与基线延长线交于 E 点，称为外延起始点，E 点的温度称为外延起始点温度，以 T_e 表示。ABC 所包围的面积称为峰面积。

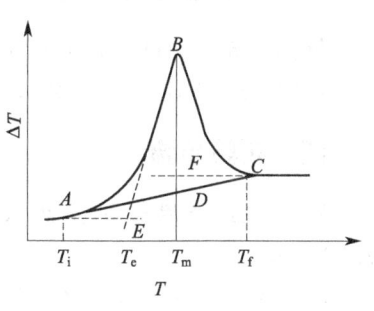

图 2-30 实际的差热曲线

2. 热重法（TG）

热重法（thermogravimetry，TG）是在程序控温下，测量物质的质量与温度或时间的关系的方法，通常是测量试样的质量变化与温度的关系。

由热重法记录的重量变化对温度的关系曲线称热重曲线（TG 曲线）。曲线的纵坐标为质量，横坐标为温度（或时间）。例如固体的热分解反应为：

$$A(固) \longrightarrow B(固) + C(气)$$

其热重曲线如图 2-31 所示。

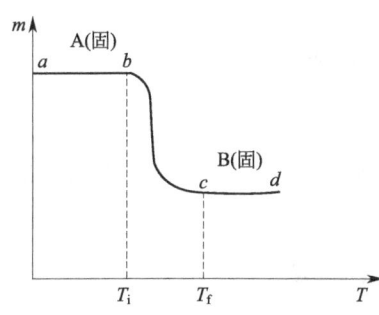

图 2-31 固体热分解反应的典型热重曲线

图中 T_i 为起始温度，即试样质量变化或标准物质表观质量变化的起始温度；T_f 为终止温度，即试样质量或标准物质的质量不再变化的温度；T_f-T_i 为反应区间，即起始温度与终止温度的温度间隔。TG 曲线上质量基本不变动的部分称为平台，如图 2-31 中的 ab 和 cd。从热重曲线可得到试样组成、热稳定性、热分解温度、热分解产物和热分解动力学等有关数据。同时还可获得试样质量变化率与温度或时间的关系曲线，即微商热重曲线 DTG。

当温度升至 T_i 才产生失重。失重量为 W_0-W_1，其失重质量分数为：

$$\frac{W_0-W_1}{W_0} \times 100\% \tag{2-24}$$

式中，W_0 为试样重量；W_1 为失重后试样的重量。反应终点的温度为 T_f，在 T_f 形成稳定相。若为多步失重，将会出现多个平台。根据热重曲线上各步失重量可以简便地计算出各步的失重分数，从而判断试样的热分解机理和各步的分解产物。需要注意的是，如果一个试样有多步反应，在计算各步失重率时，都是以 W_0，即试样原始重量为基础的。

在热重曲线中，水平部分表示重量是恒定的，曲线斜率发生变化的部分表示重量的变化，因此从热重曲线可看出热稳定性温度区、反应区、反应所产生的中间体和最终产物。该曲线也适合于化学量的计算。

3. TG-DTA 联用

热重法不容易表明反应开始和终了的温度，也不容易指明有一系列中间产物存在的过程，更不能指示无质量变化的热效应。而 DTA 可以解决以上问题，但不能指示质量变化。为了相互补充，取长补短，将 TG-DTA 集成在同一台仪器上进行同步记录。这样，热效应发生的温度和质量变化就可同时记录下来。

三、实验仪器和试剂

仪器：WCT-1D 型微机差热天平，电子天平，坩埚，称量纸，药匙，镊子等。

试剂：α-Al_2O_3（分析纯），$CaC_2O_4 \cdot H_2O$（分析纯）。

四、实验步骤

1. 开机：开启微机差热天平的电源，面板电源指示灯亮，表示电源已接通，预热 20min。

2. 称样：称取约 10mg 的 $CaC_2O_4 \cdot H_2O$ 和经高温灼烧的 α-Al_2O_3 适量，分别装入坩埚中，轻轻抖实使之分布均匀，记录所称取的 $CaC_2O_4 \cdot H_2O$ 的实际质量。

3. 天平操作：抬起炉体，将装有参比样品及被测样品的坩埚分别置于相应的热电偶板上；放下炉体，开启冷却水。

4. WCT-1D 热分析数据采集分析系统操作：启动微机，双击 WCT 图标，出现"欢迎使用北京光学仪器厂热分析仪器"标志界面，将鼠标移至标志界面上后单击鼠标左键，屏幕右上角会出现软件操作总菜单，如图 2-32 所示。总菜单会自动隐藏，在鼠标移到电脑屏幕右上方时，总菜单会自动出现。

图 2-32 操作菜单

5. 数据采集："新采集"选项用于采集一组新的实验数据。点击"新采集"选项会出现如图 2-33 所示的对话框——采样参数设置对话框。

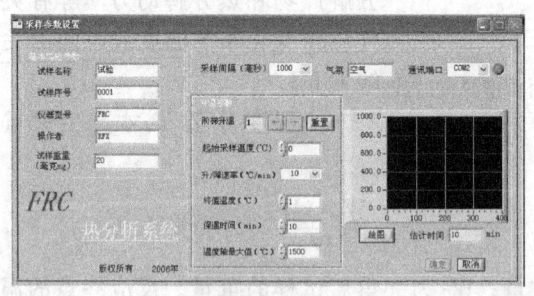

图 2-33 采样参数设置对话框

(1) 基本实验参数包括：试样名称、试样序号、仪器型号、操作者、试样重量。在做 TG 实验时，试样重量需精确称量，重量数值输入到试样重量一栏中，作为 TG 曲线分析的数据依据（数值不精确，会导致 TG 分析不精确）。

(2) 采样参数设置完毕后，便可点击"确定"按钮，此时会弹出采集数据存储名称以及路径选择对话框。默认名称为当前时间，根据需要更改名称。点击"存储"按钮后仪器自动进入加热状态，软件自动切换到数据实时采集界面。

（3）点击"STOP"按钮可立即结束数据实时采集。点击"退出"按钮可退出数据实时采集界面，但不会结束数据实时采集，点击总菜单的"实时曲线"可恢复数据实时采集界面。

（4）点击"属性"按钮可以观察到本次实验的设置参数、理论升温曲线（只有在采样参数设置中点击"绘图"按钮后才会出现）、各条曲线的实时采集示意，如图 2-34 所示。

6. 曲线分析：点击总菜单中"曲线分析"选项即可进入曲线分析窗口。可从窗口右侧的"打开"按钮或从"文件"下拉菜单中"打开历史数据"打开实验数据文件，如图 2-35 所示，为一组草酸钙实验数据。

 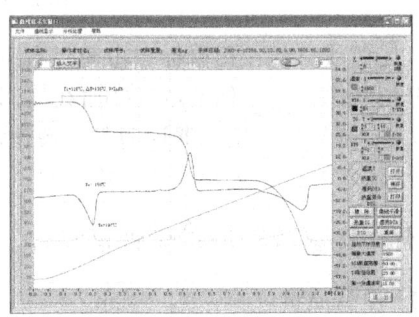

图 2-34　属性窗口　　　　　　　　　　图 2-35　曲线显示主窗口

（1）差热（DTA）分析　点击总菜单"差热分析"选项或点击窗口右侧的"差热 DTA"按钮都可以进入差热分析窗口，如图 2-36 所示。

出现如图 2-36 所示差热分析窗口后，用鼠标截取要分析的 DTA 曲线段，点击右下方的"选定"按钮即可进入 DTA 分析状态，如图 2-37 所示。如不满意可点击右下方的"重画"按钮重新截取要分析的 DTA 曲线段。DTA 分析包括峰宽、峰顶温度、外推温度、峰面积、仪器常数 K、反应热焓。

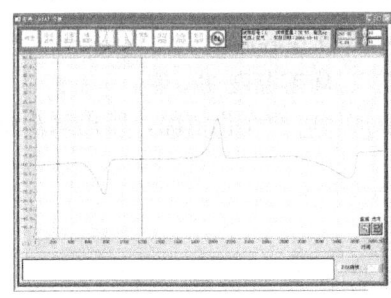 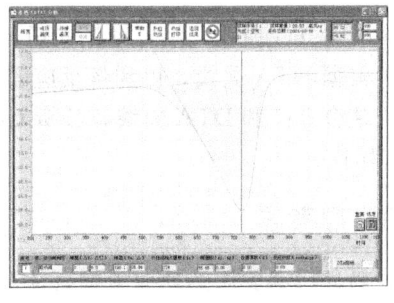

图 2-36　差热（DTA）分析窗口　　　　图 2-37　差热（DTA）分析

① 计算峰宽时点击相应的按钮选项即可。
② 计算峰顶温度时点击相应的按钮选项即可。
③ 计算外推温度时点击相应的按钮选项即可。

（2）热重（TG）分析　点击总菜单"热重分析"选项或点击窗口右侧的"热重 TG"按钮都可以进入热重分析窗口，如图 2-38 所示。

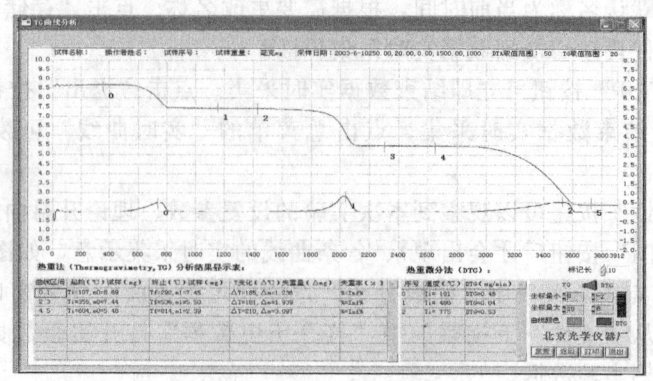

图 2-38　TG 分析曲线窗口

TG 曲线分析：用鼠标点击窗口右下方的"TG \ DTG 开关"使其拨至 TG 侧，即进入 TG 分析状态。用鼠标选取 TG 曲线区间，分析计算结果自动在窗口下方左侧表格中显示。

7．实验结束，按仪器说明进行操作，将仪器复原。

8．清理台面，关闭电源与冷却水。

五、实验数据记录和处理

1．样品质量：_____mg；　　　　升温速率_____℃/min。

2．分别做热重数据处理和差热数据处理。选定每个台阶或峰的起止位置，可得到各个反应阶段的 TG 失重百分比、失重始温与终温、失重速率最大点温度和 DTA 的峰起始外推温度、峰顶温度等，将实验所测量数据记录于表 2-13 中。

表 2-13　实验数据记录

项目	第一峰	第二峰	第三峰
起始外推温度 T_e/℃			
峰顶温度 T_m/℃			
失重 Δm/mg			
失重率/%			

3．根据 TG 曲线，结合理论知识，分析 $CaC_2O_4 \cdot H_2O$ 在各温度下失重情况。

4．根据 DTA 曲线，得到各反应的起始外推温度 T_e、峰顶温度 T_m 值。

5．结合 TG 和 DTA 曲线，分析 $CaC_2O_4 \cdot H_2O$ 在加热时的变化情况，写出每步反应的化学方程式。

六、思考题

1．热分析实验时选择参考物有什么要求？为什么？

2．普通热电偶与温差热电偶有何不同？

3．影响热重曲线的主要因素有哪些？

4．$CaC_2O_4 \cdot H_2O$ 样品如不够纯，或不够干燥，对实验结果会有什么影响？

5．样品颗粒的粗细度对测试结果有影响吗？为什么？

七、注意事项

1．样品装入坩埚不能超过容积的 1/2。

2. 炉体操作时轻上、轻下，冷却水流量不要太大，以人眼能看出水在流动为宜。

3. DTA 分析用鼠标做截取操作时，为方便用户操作和减少误操作，选取曲线段时应按住鼠标左键持续 0.1s 以上，当松开鼠标左键时，即可会在手状光标处出现一条黑色竖线，表示选取成功。

4. 实验过程中请不要震动台面，以免影响仪器的水平稳定，使曲线产生噪声毛刺。

第二节　化学动力学

实验 11　过氧化氢分解反应的动力学测定

一、实验目的

1. 掌握量气法测定过氧化氢分解反应速率常数及活化能的原理和方法。
2. 了解一级反应的特点及催化剂对反应速率的影响。
3. 掌握玻璃恒温水浴装置的安装与调节。

二、实验原理

过氧化氢在常温下，没有催化剂存在时，分解反应进行得很慢，但加入少量催化剂（如 Pt、Ag、MnO_2、碘化物）时能促使其较快分解，分解反应按下式进行

$$2H_2O_2 = 2H_2O + O_2$$

则反应速率增大，其反应机理是：

$$H_2O_2 + I^- = H_2O + IO^- \text{ 慢} \tag{2-25}$$

$$H_2O_2 + IO^- = H_2O + I^- + O_2 \text{ 快} \tag{2-26}$$

反应速率取决于较慢的步骤式 (2-25)，故

$$-\frac{dc_{H_2O_2}}{dt} = k' c_{H_2O_2} c_{I^-} \tag{2-27}$$

由式 (2-25) 中消耗的 I^- 在式 (2-26) 中立即又产生，故在反应过程中 c_{I^-} 实际上并不发生变化，因而 $k' c_{I^-}$ 可合并为一常数用 k_1 表示，即 $k_1 = k' c_{I^-}$，k_1 与催化剂浓度成正比。

$$-\frac{dc_{H_2O_2}}{dt} = k_1 c_{H_2O_2} \tag{2-28}$$

由式 (2-28) 看出这反应是准一级反应，其反应速率常数 k_1 实际上是和催化剂 c_{I^-} 成正比的。式 (2-28) 积分后得：

$$\ln \frac{c^0_{H_2O_2}}{c_{H_2O_2}} = k_1 t \tag{2-29}$$

式中，$c^0_{H_2O_2}$ 为 $t=0$ 时过氧化氢的浓度；$c_{H_2O_2}$ 为任一时间 t 时过氧化氢的浓度。

T、p 一定时，溶液中 $c_{H_2O_2}$ 的大小与从 t 时刻起到反应终了所能放出 O_2 的体积成正比。

$$c^0_{H_2O_2} \propto V_\infty - V_0$$
$$c_{H_2O_2} \propto V_\infty - V_t$$

式中，V_0 表示开始反应时量气管读数；V_t 表示经过时间 t 反应时量气管读数；V_∞ 表示反应终了时量气管读数。

$$\frac{c^0_{H_2O_2}}{c_{H_2O_2}} = \frac{V_\infty - V_0}{V_\infty - V_t} \tag{2-30}$$

代入式(2-29)得到

$$\ln\frac{V_\infty - V_0}{V_\infty - V_t} = k_1 t$$

即：

$$\ln(V_\infty - V_t) = -k_1 t + \ln(V_\infty - V_0) \tag{2-31}$$

本实验即在恒温恒压条件下，测定不同反应时间 t 时量气管读数 V_t，以及反应终结时的 V_∞ 值。以 $\ln(V_\infty - V_t)$ 为纵坐标，t 为横坐标作图的一直线，直线的斜率为 $-k_1$，故可由直线的斜率求得一级反应速率常数 k_1。

可以由 c_{I^-} 和 k_1 算出 k'_1 值。如果测定出两不同温度下的反应速率常数 k'_1、k'_2，则可由式(2-32)计算反应的活化能 E_a。

$$\ln k'_2 - \ln k'_1 = \frac{E_a(T_2 - T_1)}{RT_2 T_1} \tag{2-32}$$

三、实验仪器和试剂

仪器：玻璃恒温水浴槽，反应装置（图 2-39），5mL 移液管，50mL 锥形瓶，40mL 烧杯，200mL 烧杯。

试剂：5% H_2O_2 溶液，0.1mol·dm^{-3} KI 溶液。

反应物放在锥形瓶 2 中。H_2O_2 分解产生的氧气通过调节活塞 4 可通到量气管 3 中。这时量气管中的液面随着反应慢慢下降，读取量气管中气体所占的体积时，使水准瓶中的液面与量气管中的液面持平（为什么？），锥形瓶 2 放在恒温槽中可以维持恒温，每次测量时锥形瓶放入恒温槽中水的深度尽量保持一致。

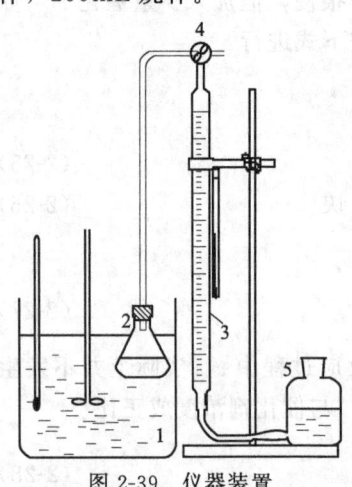

图 2-39 仪器装置
1—恒温槽；2—锥形瓶；3—量气管；
4—双通活塞；5—水准瓶

四、实验步骤

1. 检查玻璃恒温水浴槽的线路，接通电源使恒温水浴槽工作，调节设置水浴温度为 (25±0.2)℃。

2. 检查漏气。如图 2-39 所示，安装好仪器，用乳胶管上的橡皮塞把锥形瓶塞紧（旋转式塞紧），活塞 4 接通锥形瓶与量气管，并与大气隔绝，将水准瓶平放在实验台上，观察量气管中液面是否下降，液面不动即不漏气。若发现漏气，需找出漏气的原因并予以解决。

3. 调节初始液面。若体系不漏气，转动活塞 4，使量气管、锥形瓶与大气三通。提高水准瓶，使水准瓶内的液面与量气管内的液面持平，并接近量气管的"0"刻度线处；再转动活塞 4，使量气管与锥形瓶两通，与大气隔绝。

注意：提高水准瓶时，水准瓶中的液面不能越过双通活塞，否则，量气管内液体易进入活塞，导致活塞漏气。若液体进入了活塞，需用纸巾擦干活塞，再均匀涂上真空硅油脂后，重新检查体系是否漏气，才能进行步骤 3。

4. 加样品。用移液管移取新配的 5% H_2O_2 2.5mL，移入 50mL 的锥形瓶中，将锥形瓶放在恒温槽中恒温约 10min，再用另一支移液管吸取 0.1mol·dm^{-3} 的 KI 溶液 2.5mL，移入同一锥形瓶中，塞紧橡皮塞后，搅拌均匀，将锥形瓶置于恒温槽中恒温。

5. 计时和测量。转动活塞 4，使量气管与锥形瓶两通，手持水准瓶移动，保持瓶内液面与量气管中的液面相平，当液面降至一个整数刻度（如 3mL 或 4mL）时，开始计时 $t=0$，并记录此时量气管的准确读数；接着观察量气管液面，每改变 3mL，就记录一次时间 t 及量气管的读数 V_t，直至记录 8~9 个数据为止。

6. 测定反应终止时的量气管读数 V_∞。为了加速反应，可以用提高温度的办法，把锥形瓶放入装有热水的 200mL 烧杯中，并摇动约 5~10min，直至不再有氧气放出后（量气管中液面不变，并略有回升）；再把锥形瓶放回恒温槽（同样深度），可见量气管液面不断回升，等待 8~10min，待量气管液面趋于稳定后（表示已达热平衡），读取 V_∞，隔数分钟后，重复测定一次，以观察液面是否不再变化。

7. 调节恒温槽温度设置，提高 10℃，记下准确的槽温。用另一锥形瓶重复步骤 2~步骤 6，测定该温度下的反应数据。

五、实验数据记录和处理

1. 将实验所测量数据记录于表 2-14 中。

室温：_____； 大气压：_____；
KI 浓度：_____； H_2O_2 浓度：_____

表 2-14 实验数据记录

恒温槽温度 $T_1=$		$V_\infty=$		恒温槽温度 $T_2=$		$V_\infty=$	
t/min	V_t/mL	$(V_\infty-V_t)$/mL	$\ln(V_\infty-V_t)$	t/min	V_t/mL	$(V_\infty-V_t)$/mL	$\ln(V_\infty-V_t)$

2. 以 $\ln(V_\infty-V_t)$ 为纵坐标，t 为横坐标作图，分别求算两个温度下的一级反应速率常数 k_1 和 k_2。

3. 计算两个温度下的反应速率常数 k_1'、k_2'（注意速率常数的单位），并由这两个速率常数，计算反应的活化能 E_a。

六、思考题

1. 本实验用什么方法得到 $\dfrac{c^0_{H_2O_2}}{c_{H_2O_2}}$ 值？

2. 该实验中测量 O_2 的体积必须在什么条件下进行？为什么？实验是采取哪些措施以满足这些条件的？

3. 本实验是否必须反应一开始就立即计时和测读体积？为什么？

4. 你认为有哪些因素会影响本实验的准确度？

5. 恒温槽是由哪些部件组成的？各部件的作用是什么？如何调节槽温到某确定的温度？该实验为何要用恒温槽？

实验 12 旋光法测定蔗糖转化反应的动力学参数

一、实验目的

1. 测定蔗糖转化的反应级数、速率常数和半衰期,以及活化能。
2. 掌握测量原理和旋光仪的使用方法。

二、实验原理

反应速率只与某反应物浓度的一次方成正比的反应称为一级反应,即

$$r = -\frac{dc}{dt} = kc \tag{2-33}$$

式中,k 是反应速率常数,c 是反应物在时间 t 时的浓度,积分可得:

$$t = -\frac{1}{k}\ln\frac{c_0}{c} \tag{2-34}$$

$$\ln c = \ln c_0 - kt \tag{2-35}$$

若以 $\ln c$ 对 t 作图,可得一直线,其斜率即为 $-k$。当反应物浓度达到起始浓度一半时,即 $c = 0.5c_0$ 时所需之时间,称为反应半衰期 $t_{1/2}$,显然有:

$$t_{1/2} = -\frac{1}{k}\ln\frac{c_0}{c} = -\frac{\ln 2}{k} \tag{2-36}$$

由式(2-36)可知,一级反应的半衰期 $t_{1/2}$ 与反应速率常数 k 成反比,与反应物的初始浓度无关,这是一级反应的动力学特征。

蔗糖转化的反应方程式为:

$$C_{12}H_{22}O_{11}(蔗糖) + H_2O \xrightarrow{+H^+} C_6H_{12}O_6(葡萄糖) + C_6H_{12}O_6(果糖)$$

此反应的反应速率与蔗糖的浓度、水的浓度以及催化剂 H^+ 的浓度有关,在催化剂 H^+ 的浓度一定的条件下,反应速率与蔗糖的浓度、水的浓度成正比,即为二级反应。若控制反应体系中的水大量存在,虽然有一部分水分子参与反应被作用掉,但反应过程中水的浓度变化较小,因此,反应速率可近似为只与蔗糖的浓度成正比,变为准一级反应。只要测定不同时间的蔗糖浓度,并作 $\ln c\text{-}t$ 图,即可由斜率求得反应速率常数 k。

然而反应是在不断进行的,要快速分析出反应物的浓度是困难的。但蔗糖及其转化产物都具有旋光性,而且它们的旋光能力不同,故可以利用体系在反应进程中旋光度的变化来度量反应的进程。

测量物质旋光度所用的仪器称为旋光仪(参见本书第三章第四节)。溶液的旋光度与溶液中所含旋光物质的旋光能力、溶剂性质、溶液浓度、样品管长度及温度等有关。当除浓度以外的其他条件都一定的情况下,体系的旋光度 α 仅与浓度有直线关系:

$$\alpha = kc \tag{2-37}$$

式中的比例常数 k 与旋光物质的旋光能力、溶剂性质、溶液浓度、光源的波长以及温度等有关。

物质的旋光能力用比旋光度来度量,比旋光度用式(2-38)表示:

$$[\alpha]_D^{20} = (\alpha \times 100)/(L \times c_A) \tag{2-38}$$

式中,$[\alpha]_D^{20}$ 右上角的"20"表示实验时温度为 20℃;D 为旋光仪所采用的钠灯光源 D 线的波长(即 589 nm);α 为测得的旋光度,(°);L 为样品管长度,dm;c_A 为浓度,

g/100mL。

蔗糖是右旋性物质，比旋光度 $[\alpha]_D^{20}=66.6°$，产物中葡萄糖也是右旋性物质，$[\alpha]_D^{20}=52.5°$，但果糖是左旋物质，$[\alpha]_D^{20}=-91.9°$。由于生成物中果糖的左旋性比葡萄糖右旋性大，所以生成物呈现左旋性质。因此，随着蔗糖的水解，体系的旋光性由初始的右旋不断减小，反应至某一瞬间，体系的旋光度可恰好等于零，而后就变成左旋，直至蔗糖完全转化，这时左旋度达到最大值 α_∞。

设反应开始 $t=0$ 时的旋光度 $\alpha_0=k'_{反}c_0$，反应终止时 $t=\infty$ 时的旋光度 $\alpha_\infty=k'_{产}c_0$。其中 $k'_{反}$、$k'_{产}$ 分别为反应物和产物对应的比例常数，c_0 为反应物蔗糖的初始浓度，也是反应完成后，产物葡萄糖及果糖的最终浓度。设反应进行到 t 时，蔗糖浓度为 c，此时旋光度为

$$\alpha_t = k'_{反}c + k'_{产}(c_0-c) \tag{2-39}$$

则

$$c_0 = (\alpha_0-\alpha_\infty)/(k'_{反}-k'_{产}) = k'(\alpha_0-\alpha_\infty) \tag{2-40}$$

$$c = (\alpha_t-\alpha_\infty)/(k'_{反}-k'_{产}) = k'(\alpha_t-\alpha_\infty) \tag{2-41}$$

将式(2-39) 和式(2-40) 代入式(2-34) 即得：

$$t = \frac{1}{k}\ln\frac{\alpha_0-\alpha_\infty}{\alpha_t-\alpha_\infty} \tag{2-42}$$

$$\ln(\alpha_t-\alpha_\infty) = \ln(\alpha_0-\alpha_\infty) - kt \tag{2-43}$$

显然，如以 $\ln(\alpha_t-\alpha_\infty)$ 对 t 作图，从所得直线的斜率即可求出反应速率常数 k。

三、实验仪器和试剂

仪器：旋光仪，SYC-15B 超级恒温水浴装置，台秤，恒温水浴锅，秒表，50mL 量筒，50mL 锥形瓶、0.1℃ 刻度温度计。

试剂：蔗糖（分析纯），$2mol \cdot dm^{-3}$ 盐酸溶液。

四、实验步骤

1. 开启超级恒温水浴装置，将水温设置为实验所需温度 (30±0.1)℃，打开循环水泵和加热装置，使旋光管的外套管里充满实验所需的恒温水。

2. 旋光仪零点校正

(1) 去离子水是非旋光物质，可以用来校正旋光仪的零点。洗净旋光管，管的一端装上玻璃片及盖子，从另一端向管内注入去离子水，在管口形成一个凸液面，先放上玻璃片，再用螺丝旋帽盖旋紧，勿使漏水或有气泡形成（若有小气泡，将其赶至旋光管的凸颈处），注意不要过分用力，以不漏为准。用纸巾将管外的水擦干，用擦镜纸擦净旋光管两端的玻璃片，然后将旋光管放入旋光仪的光槽中，盖上槽盖。

(2) 打开旋光仪电源，待仪器预热 5～10min 后。调节目镜，使视野清晰，再旋转检偏镜，至能观察到三分视野暗度相等为止。读取旋光度 $\alpha_{仪器零点}$，重复调节检偏镜，读取 $\alpha_{仪器零点}$ 三次。

3. 测量

(1) α_t 的测量：用台秤称取 10g 蔗糖，放入 50mL 锥形瓶中，加入 42mL 去离子水配成溶液。另一锥形瓶内加入 $2mol \cdot dm^{-3}$ 的盐酸 30mL，将两锥形瓶一起放入 (30±0.1)℃ 的水浴锅中水浴恒温 10min 后，取出两锥形瓶。将盐酸溶液迅速倒入蔗糖溶液中，使之充分混合均匀，立即用少量混合液快速润洗旋光管 2 次；迅速将混合液装满旋光管（操作同装去

离子水），旋紧螺帽盖并擦净后，立刻将旋光管放入旋光仪光槽中，盖上槽盖，读取旋光度 α_t，并计时；接着每隔 3min，读取一次旋光度 α_t，直至旋光度变为负值为止。将另一水浴锅温度设置为 60℃，将装有剩余混合试液的锥形瓶置于近 60℃的水浴中，恒温至少 30min 以加速反应。

（2）α_∞ 的测量：将已在近 60℃水浴中恒温 30min 以上的锥形瓶取出，待冷却至实验温度后测其旋光度。用少量剩余试液润洗两遍旋光管后，再装满旋光管，测量旋光度 α_∞，重复调节检偏镜，读取 α_∞ 共三次。

（3）清洗旋光管和锥形瓶备用。

4. 调节超级恒温水浴装置的水温设置至 35℃，重复步骤 3。

注意：超级恒温水浴装置和测量 α_t 时的恒温水浴锅温度均设置为（35±0.1）℃。

测量 α_∞ 时，剩余混合试液仍在近 60℃水浴中恒温至少 30min。

5. 实验结束后，清洗旋光管及相关螺帽，直至旋光管内、外干净为止，用 pH 试纸检查旋光管内、外时，应呈中性（即 pH=6~7）；同时用干净布擦净旋光仪内外，以防旋光管与其端面螺纹粘住或旋光仪内外会被酸液腐蚀。旋光管清洗干净后，需装满去离子水，关闭电源。清洗好其他玻璃器皿，将仪器清理归零。

五、实验数据记录和处理

1. 将实验所测量数据记录于表 2-15 与表 2-16 中。

$t_1=$ _____ ℃

表 2-15　旋光仪零点校正 $\alpha_{仪器零点}$ 和蔗糖完全转化后的 α_∞

$\alpha_{仪器零点1}$	$\alpha_{仪器零点2}$	$\alpha_{仪器零点3}$	平均 $\alpha_{仪器零点}$
$\alpha_{\infty 1}$	$\alpha_{\infty 2}$	$\alpha_{\infty 3}$	平均 α_∞

表 2-16　蔗糖转化反应体系 α_t 测量

时间 t/min	旋光度 α_t	$\alpha_t-\alpha_\infty$	$\ln(\alpha_t-\alpha_\infty)$
0			
3			
6			
…			

2. 以时 t 为横坐标，$\ln(\alpha_t-\alpha_\infty)$ 为纵坐标，作 $\ln(\alpha_t-\alpha_\infty)$-$t$ 曲线。

由图可知蔗糖转化反应为____级反应。

直线斜率 $k'=$ _____。

反应速率常数 $k=$ _____。

半衰期 $t_{1/2}=$ _____。

3. 计算该反应速度常数 k_1' 和 k_2'（注意速度常数的单位），并由两不同温度下的速度常数计算反应的活化能 E_a。

六、思考题

1. 蔗糖转化反应的速率与哪些因素有关？
2. 怎样判断某一化合物是左旋还是右旋？

3. 为什么配蔗糖溶液时只需用粗天平称量？
4. HCl 溶液加入量的多少对反应有何影响？
5. 第一次装样后的剩余试样为什么要加热？加热温度过高对实验会有什么影响？
6. 如何判断反应已经达到终点？
7. 一级反应有哪些动力学特征？
8. 已知蔗糖的比旋光度 $[\alpha]_D^{20}=66.6°$，试估计实验中所测量的蔗糖反应体系的旋光度最初是多少？反应终止时为多少？

七、注意事项

1. 旋光仪的使用

装样时先用少量试样润洗样品管。试样装满样品管后，拧紧端盖，擦净两端玻璃，样品管放入槽内时务必调整管内气泡浮在突出的圆环处，以免影响光路。

若旋光度为负（小于 180°），测读时需注意，游标卡千分数值的方向，应为 17×+千分读数，再减 180°既为测读数据。

测读时，目镜视野区光亮度均匀一致，调节略过度或不足时视野区应呈明暗相间的三部分。见图 2-40。

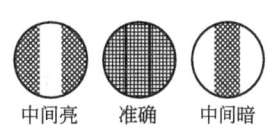

图 2-40　旋光仪目镜视野

测试完毕清洗样品管时，注意防止端盖玻璃片损坏和丢失，洗净后需装满去离子水以备用。

2. 操作

第 1 次装满旋光管后，剩余的试样需在近 60℃ 水浴加热 30min，使反应加速达到终点；温度过高，不仅会使水分大量蒸发而使溶液浓缩，而且有副反应发生，使溶液变黄，影响终点 α_∞ 值的测定。

实验 13　乙酸乙酯皂化反应速率常数的测定

一、实验目的

1. 用电导法测定乙酸乙酯皂化反应速率常数，了解反应活化能的测定方法。
2. 了解二级反应的动力学特征，学会用图解计算法求二级反应的速率常数。
3. 掌握电导率仪的使用方法。

二、实验原理

乙酸乙酯皂化反应是一个典型的二级反应，其反应式为：

$$CH_3COOC_2H_5 + NaOH \longrightarrow CH_3COONa + C_2H_5OH$$

$t=0$	c_0	c_0	0	0
$t=t$	c_0-x	c_0-x	x	x
$t=\infty$	0	0	$x \to c_0$	$x \to c_0$

设在时间 t 时生成物的浓度为 x，当反应物的初始浓度相同时，则该反应的速率方程式为：

$$\frac{dx}{dt}=k(c_0-x)^2 \tag{2-44}$$

积分并整理得速率常数 k 的表达式为：

$$k = \frac{1}{t} \times \frac{x}{c_0(c_0-x)} \tag{2-45}$$

显然，只要测出反应进程中 t 时的 x 值，再将 c_0 代入式（2-45），就可得反应速率常数 k 值。

由于反应物是稀的水溶液，故可假定 CH_3COONa 全部电离。则参加导电的离子有 Na^+、OH^- 和 CH_3COO^- 等，而 Na^+ 在反应前后浓度不变，OH^- 的迁移率远远大于 CH_3COO^-，随着反应的进行，OH^- 不断减小，CH_3COO^- 不断增加，所以体系的电导率不断下降。在一定范围内，可以认为体系电导值的减少量与 CH_3COONa 的浓度 x 的增加量成正比。

令 κ_0 和 κ_t、κ_∞ 分别为 0、t 和 ∞ 时刻的电导率，β 为与温度、溶剂和电解质性质相关的比例常数。则：

$$t = t \text{ 时}, x = \beta(\kappa_0 - \kappa_t) \tag{2-46}$$

$$t = \infty \text{ 时}, c_0 = \beta(\kappa_0 - \kappa_\infty) \tag{2-47}$$

将式（2-46）和式（2-47）代入式（2-45）得：

$$kt = \frac{\beta(\kappa_0-\kappa_t)}{c_0\beta[(\kappa_0-\kappa_\infty)-(\kappa_0-\kappa_t)]} = \frac{\kappa_0-\kappa_t}{c_0(\kappa_t-\kappa_\infty)} \tag{2-48}$$

或写成

$$\frac{\kappa_0-\kappa_t}{\kappa_t-\kappa_\infty} = c_0 k t \tag{2-49}$$

由此可见，已知起始浓度 c_0，恒温下，测得 κ_0、κ_∞ 以及一组 κ_t，利用 $(\kappa_0-\kappa_t)/(\kappa_t-\kappa_\infty)$ 对 t 作图，可得一条直线，直线斜率 $m=c_0k$，从而求得此温度下的反应速率常数 $k=\dfrac{m}{c_0}$。

根据阿伦尼乌斯经验式：

$$E_a = R\frac{T_1 T_2}{T_2-T_1} \ln \frac{k_2}{k_1} \tag{2-50}$$

只要测出两个不同温度下对应的反应速率常数，就可以算出该反应的表观活化能。

三、实验仪器和试剂

仪器：DDS-11A 型数显电导率仪，SASE-01 型乙酸乙酯皂化反应装置，双管皂化反应器 1 套，25mL 比色管，5mL 移液管，10mL 移液管，25mL 移液管，吸耳球。

试剂：$0.02 mol \cdot dm^{-3} CH_3COOC_2H_5$ 溶液，$0.02 mol \cdot dm^{-3}$ NaOH 溶液，$0.01 mol \cdot dm^{-3} CH_3COONa$ 溶液。

四、实验步骤

1. 连接电源，开启仪器后面板上的电源开关，设定恒温水浴槽的温度为 $(25\pm0.05)℃$，开启加热开关和水浴的搅拌开关，设置合适的搅拌速率。

2. 取三支 25mL 的比色管，向管中分别加入 $0.02 mol \cdot dm^{-3}$ NaOH 溶液 12.5mL，再加去离子水至刻度线，得到 3 个 25mL 的 $0.01 mol \cdot dm^{-3}$ NaOH 溶液样品（此溶液的电导率即为 κ_0）；再取另外三支 25mL 的比色管，向管中分别加入 $0.01 mol \cdot dm^{-3} CH_3COONa$ 溶液（此溶液的电导率即为 κ_∞）25mL。分别摇匀，盖上塞子，放置于恒温水槽中恒温 15min。

3. 电导率测定：依次测出六支比色管中溶液的电导率值，分别计算出 $\bar{\kappa}_0$ 和 $\bar{\kappa}_\infty$，由此

得 κ_0 和 κ_∞。（注意：每次测定前，都须用相应的待测液淋洗电极）。

4. 向洁净干燥的双管皂化反应器的左边样品管中移入 $0.02\text{mol}\cdot\text{dm}^{-3}$ NaOH 溶液 30mL，向右边样品管中移入 $0.02\text{mol}\cdot\text{dm}^{-3}$ $CH_3COOC_2H_5$ 溶液 30mL，混合后恒温 15min。

注意：等体积混合后，体积加倍，故 NaOH、$CH_3COOC_2H_5$ 溶液的初始反应浓度应均为 $0.01\text{mol}\cdot\text{dm}^{-3}$。

5. 开启双管皂化反应器的搅拌器并调节转速，然后用洗耳球同时将左右样品管中的溶液快速挤压到反应器中间样品管中，并插入电极，记录初始时刻电导率数值，然后每隔 2min 记录一次数据，直到电导率值变化幅度很小为止（该反应过程约需 40min）。

6. 设定恒温水浴槽的温度为（35 ± 0.05）℃，重复 2、3、4、5 步骤，可获另一温度下反应的相关数据。

7. 实验结束后清理、洗涤相关仪器，并将仪器归零、整理。

五、实验数据记录和处理

1. 将实验所测量数据记录于表 2-17 与表 2-18 中。

表 2-17 κ_0、κ_∞ 的测定数据

项目	κ_0			κ_∞		
编号	1	2	3	1	2	3
电导率(25℃)/(S·m^{-1})						
平均值						
电导率(35℃)/(S·m^{-1})						
平均值						

表 2-18 κ_t 的测定数据

t/min	κ_t(25℃)/(S·m^{-1})	t/min	κ_t(35℃)/(S·m^{-1})
0		0	
2		2	
4		4	
6		6	
8		8	
10		10	
…		…	

2. 将时间 t 所对应的 $(\kappa_0-\kappa_t)/(\kappa_t-\kappa_\infty)$ 相关数据计算后列表。

3. 根据上述列表数据，作出 $(\kappa_0-\kappa_t)/(\kappa_t-\kappa_\infty)$ 相对于时间 t 的一条直线，计算这条直线的斜率 m，根据 $m=c_0 k$ 计算不同温度下的反应速率常数 k_1、k_2。

4. 根据 k_1、k_2，由式(2-50)计算反应的活化能 E_a。

六、思考题

1. 为何本实验要在恒温条件下进行，而且 NaOH 溶液和 $CH_3COOC_2H_5$ 溶液混合前还要预先恒温？

2. 如果 NaOH 溶液和 $CH_3COOC_2H_5$ 溶液的起始浓度不相等，试问应怎样计算？

3. 如果 NaOH 溶液和 $CH_3COOC_2H_5$ 溶液为浓溶液，能否用此法求 k 值？为什么？

七、注意事项

1. 由于 NaOH 溶液易吸收空气中的 CO_2 等发生浓度的改变，所以该溶液应现用现配，并对其进行标定。$CH_3COOC_2H_5$ 在稀溶液中能缓慢水解，会影响 $CH_3COOC_2H_5$ 的浓度，且水解产物 CH_3COOH 又会消耗 NaOH。所以 $CH_3COOC_2H_5$ 水溶液也应在使用时临时配制。乙酸乙酯溶液浓度应同时依据 NaOH 浓度配制，以使两个溶液浓度相同。
2. 由于 $CH_3COOC_2H_5$ 易挥发，故称量时应在称量瓶中准确称取，并操作要迅速。
3. 在测定 κ_0 时，所用去离子水最好先煮沸，以除去 CO_2；25℃和35℃的 κ_0、κ_∞ 测定中，溶液须更换。
4. 测 κ_t 时，溶液混合应同时进行，使之混合均匀。
5. 电导率仪在测定之前需进行校正，测溶液电导率值时应用相应的待测液淋洗以降低误差。
6. 在搅拌的时候，注意搅拌棒勿与电极接触，以防损坏电极。
7. 使用时恒温水浴槽水位不能过低，以防加热棒干烧而导致危险发生。
8. 皂化反应管洗涤时一定要轻拿轻放，以防止打碎玻璃管。
9. 注意不可用纸擦拭电导电极上的铂黑。

实验 14 丙酮碘化反应动力学参数的测定

一、实验目的

1. 掌握测量原理和分光光度计的使用方法。
2. 测定丙酮碘化反应的反应级数、速率常数和活化能。
3. 验证丙酮碘化反应对碘是零级反应。

二、实验原理

在酸溶液中，丙酮碘化反应是一个复杂反应，其反应式为：

$$CH_3COCH_3 + I_2 \xrightarrow{H^+} CH_3COCH_2I + I^- + H^+$$

假定其速率方程为：

$$\nu = -\frac{dc_A}{dt} = -\frac{dc_{I_2}}{dt} = kc_A^p c_{I_2}^q c_{H^+}^r \tag{2-51}$$

式中，ν 为反应速率；k 为反应速率常数；c_A、c_{I_2}、c_{H^+} 分别为丙酮、碘和氢离子的浓度，$mol \cdot dm^{-3}$；指数 p、q、r 分别为丙酮、碘、氢离子的反应级数。反应速率、速率常数以及反应级数均可由实验测定。

因为碘在可见光区域内有一个吸收带，而在这个吸收带中丙酮和盐酸等都没有明显的吸收，所以可以采用分光光度法直接观察碘的浓度变化情况，跟踪该反应的进程。

在本实验条件下，实验将证明丙酮碘化反应对碘是零级反应，即 $q=0$，其反应速率与碘的浓度无关。由于该反应并不停留在一元碘化丙酮上，还会继续反应下去，故必须控制反应的进行，为此，丙酮和酸的用量应大大过量，而碘的用量相对很少，在反应过程中，丙酮和酸的浓度基本保持不变，可视作常数，式(2-51)可简化为：

$$\nu = -\frac{dc_{I_2}}{dt} = (kc_A^p c_{H^+}^r)c_{I_2}^0 = k' \quad (2\text{-}52)$$

$$k' = kc_A^p c_{H^+}^r$$

积分得：
$$c_{I_2} - c_{I_2,0} = k't \quad (2\text{-}53)$$

因而，直到碘全部消耗完以前，反应速率基本保持不变。将 c_{I_2} 对 t 作图，得一直线，其斜率的负数，即为反应速率常数 k'。

若测得两个或两个以上温度所对应的速率常数，依据阿伦尼乌斯经验式：

$$E_a = R\frac{T_1 T_2}{T_2 - T_1}\ln\frac{k_2}{k_1} \quad (2\text{-}54)$$

若两个温度下的 c_A、c_{H^+} 均相同，则 $k_2/k_1 = k_2'/k_1'$，就可以估算反应的活化能 E_a。

本实验中，通过测定溶液对蓝光的吸收来确定碘的浓度。溶液的吸光度 A 与碘浓度 c_{I_2}（mol·dm^{-3}）的关系为：

$$A = Kc_{I_2}d \quad (2\text{-}55)$$

式中，K 为吸收系数，与溶剂、溶质的性质以及测量用的光波波长有关；d 为光所通过的溶液的厚度。当溶质、溶剂、波长以及溶液厚度一定时，K、d 均为常数，所以上式可以写成：

$$A = Bc_{I_2} \quad (2\text{-}56)$$

式中，常数 B 可以通过测定已知浓度的碘溶液来求得。

对于复杂反应，知道反应速率方程的具体形式后，就可以对反应的机理做某些推测。

三、实验仪器和试剂

仪器：722N 型可见分光光度计，SYC-15B 超级恒温水槽，2cm 比色皿，秒表，移液管，50mL 容量瓶，100mL 磨口锥形瓶等。

试剂：4mol·dm^{-3} 丙酮溶液，1mol·dm^{-3} 盐酸溶液，0.01mol·dm^{-3} 碘溶液，去离子水等。

四、实验步骤

1. 常数 B 的测定

(1) 接通超级恒温水浴装置的电源，设置恒温温度为 (35±0.2)℃。

(2) 开启分光光度计，调节波长为 560nm，并用去离子水校正零点。

(3) 取 0.01mol·dm^{-3} 碘溶液 10mL，放入 50mL 容量瓶中，加去离子水稀释至刻度。放入恒温槽内恒温 10min。

(4) 将上述试样少量润洗 2cm 比色皿三次，再将试样装入比色皿中，测定其吸光度 A，重复三次。

2. 测反应速率常数

(1) 在 50mL 容量瓶中加入 4mol·dm^{-3} 丙酮 5mL、1mol·dm^{-3} 盐酸 10mL、去离子水 25mL，摇匀，放置于恒温槽内恒温 10min。

(2) 移取 0.01mol·dm^{-3} 碘溶液 10mL，移入另一只棕色的 50mL 容量瓶内，放置于恒温槽内恒温 10min。

(3) 取一个 250mL 的锥形瓶，也放置于恒温槽内恒温 10min。

(4) 将上述两个容量瓶中已恒温的试样迅速混合（先将盛有丙酮和盐酸溶液的容量瓶中

的溶液倒入恒温好的锥形瓶中,然后将盛有碘溶液的容量瓶的碘溶液倒入锥形瓶中,快速振荡混匀)。

(5) 用少量的混合液迅速润洗比色皿三次,再将混合液迅速装入已润洗的比色皿中,开始计时。在分光光度计上每隔一定时间读数一次,即可以30s或60s读一次吸光度,保证在吸光度读数基本不变之前,即碘消耗完之前,能均匀获得10~12个数据。

3. 室温下重复上述过程。

4. 关闭恒温水槽和分光光度计,清理仪器。

五、实验数据记录和处理

1. 将实验所测量数据记录于表2-19和表2-20中。
温度 $T=$ _____ ℃

表2-19 常数 B 的测定

平行测量 吸光度三次	A_1	A_2	A_3	A 平均值

表2-20 反应速率常数的测定

t/s									
A									

2. 计算常数 B。

3. 利用常数 B,计算不同时刻、不同温度下碘的浓度。

4. 用作图法分别计算室温、35℃下丙酮碘化反应的速率常数 k'。

5. 计算丙酮碘化反应的活化能。

六、思考题

1. 在动力学实验中,正确计时是很重要的。本实验中,从反应开始到计时开始,其间有一段不算很短的操作时间,这对实验结果有无影响?为什么?

2. 本实验中影响精确度的主要因素是什么?

实验15 K₂FeO₄在碱性介质中的化学反应动力学研究

一、实验目的

1. 掌握采用分光光度计进行波段扫描得到溶液最大吸光波长,及绘制标准曲线进行浓度标定的方法。

2. 考察 K_2FeO_4 在碱性介质中的分解曲线,验证其是否为准一级反应。

3. 求得反应的速率常数与半衰期。

二、实验原理

高铁酸盐[Fe(Ⅵ)]是铁的高氧化态化合物,具有较高的氧化还原电位、较大的电化学理论容量、合成原料来源丰富,放电产物 $Fe_2O_3 \cdot nH_2O$ 对环境无污染,且可以用做废水处理的絮凝剂。因此高铁酸盐可以用作废水和生活用水的处理剂,及有机合成反应中的氧化剂,还是一种新型的绿色电极材料。为了解高铁酸盐作为电极材料的性能,在不同的碱性介质中用分光光度法来研究 K_2FeO_4 的水解反应。

K_2FeO_4 在碱性介质中具有可见吸收光谱的特性。在高铁酸盐的分解过程中，K_2FeO_4 首先要溶于水中，在水中将水分子氧化，生成 Fe_2O_3 沉淀及强碱性的溶液，分解反应如下：

$$4FeO_4^{2-} + 4H_2O \rightleftharpoons 2Fe_2O_3 + 8OH^- + 3O_2 \tag{2-57}$$

已知 FeO_4^{2-} 在水溶液中的分解反应速率为：

$$dc_{FeO_4^{2-}}/dt = kc_{FeO_4^{2-}}^m c_{H_2O}^n \tag{2-58}$$

式中，$dc_{FeO_4^{2-}}$ 为 K_2FeO_4 的变化浓度；dt 为变化的时间；k 为反应速率常数；c 为物质的摩尔浓度，$mol \cdot dm^{-3}$。

在实验中 $c_{FeO_4^{2-}} = 0.5 \sim 3.5 mmol \cdot dm^{-3} \ll c_{H_2O}$，因此水的浓度变化可以忽略不计，即 c_{H_2O} 视作常数，所以上述方程可简化为：

$$dc_{FeO_4^{2-}}/dt = k' c_{FeO_4^{2-}}^m \tag{2-59}$$

若 $m=1$，根据一级反应积分式可得

$$\ln c_0 - \ln c = k't \tag{2-60}$$

若以 $\ln c$ 对 t 作图，可得一直线，其斜率即为 $-k'$。

当反应物浓度达到起始浓度的一半时，其半衰期 $t_{1/2}$ 为：

$$t_{1/2} = \frac{1}{k'} \ln \frac{c_0}{c} = \frac{\ln 2}{k'} \tag{2-61}$$

通过考察 K_2FeO_4 在碱性介质中的分解曲线，即能验证其是否为准一级反应。

根据朗伯-比尔定律，物质在一定波长处的吸光度与浓度之间有线性关系。因此，只要选择适合的波长测定溶液的吸光度，即可求出浓度。在紫外-可见光谱法中，通常应以被测物质吸收光谱的最大吸收峰处的波长作为测定波长，选用适当的参比溶液，测量试液的吸光度，然后再用工作曲线法或比较法求得分析结果。

工作曲线法又称标准曲线法，它是实际工作中使用最多的一种定量方法。工作曲线的绘制方法是：配置4个以上浓度不同的待测组分的标准溶液，以空白溶液为参比溶液，在选定的波长下，分别测定各标准溶液的吸光度。以标准溶液浓度为横坐标，吸光度为纵坐标，在坐标纸上可作出一条吸光度与浓度成正比的直线，称作工作曲线（或标准曲线）。

由于受到各种因素的影响，实验测出的各点可能不完全在一条直线上，采用最小二乘法来确定直线回归方程，则可以得到比较准确的结果。工作曲线可以用一元线性方程表示，即

$$y = a + bx \tag{2-62}$$

式中，x 为标准溶液的浓度；y 为相应的吸光度；b 为直线斜率；a 为直线的截距。斜率 b 可由式(2-63)求出

$$b = \frac{\sum_{i=1}^{n}(x_i - \bar{x})(y_i - \bar{y})}{\sum_{i=1}^{n}(x_i - \bar{x})^2} \tag{2-63}$$

式中，$\bar{x}$、$\bar{y}$ 分别为 x 和 y 的平均值；x_i 为第 i 个点的标准溶液的浓度；y_i 为第 i 个点的吸光度（以下相同）。

截距 a 可由式(2-64)求出

$$a = \frac{\sum_{i=1}^{n} y_i - b \times \sum_{i=1}^{n} x_i}{n} = \bar{y} - b\bar{x} \tag{2-64}$$

工作曲线线性的好坏可以用回归直线的相关系数来表示，相关系数 γ 可用式（2-65）求得

$$\gamma = b \sqrt{\frac{\sum_{i=1}^{n}(x_i-\bar{x})^2}{\sum_{i=1}^{n}(y_i-\bar{y})^2}} \tag{2-65}$$

相关系数接近 1，说明工作曲线线性好，一般要求所做工作曲线的相关系数 γ 要大于 0.999。

三、实验仪器和试剂

仪器：N_2S 型分光光度计，精密电子天平，称量纸，药匙，一次性吸管，标签纸，比色皿，50mL 和 5mL 移液管，250mL、100mL、10mL 烧杯，100mL 容量瓶，50mL 量筒，搅拌棒，废液杯，洗瓶，秒表，卷纸，擦镜纸等。

试剂：$10 mol \cdot dm^{-3}$ NaOH 溶液，K_2FeO_4（分析纯），去离子水等。

四、实验步骤

1. 特征吸收波长的确定

（1）用 50mL 移液管、100mL 烧杯和 100mL 容量瓶将 $10 mol \cdot dm^{-3}$ 的 NaOH 溶液稀释成 $5 mol \cdot dm^{-3}$ 的 NaOH 溶液 100mL。

（2）在 N_2S 型分光光度计上用去离子水校正基线，光谱扫描范围 400~700nm，扫描速度为快速，采样间隔 1nm，选用连续扫描模式。

（3）用 5mL 移液管，移取 $10 mol \cdot dm^{-3}$ NaOH 溶液 5mL，移入 10mL 洗净烘干的小烧杯中，称量约 0.005~0.010g 的 K_2FeO_4 倒入烧杯中，用搅拌棒搅拌并碾碎，将其溶解于 $10 mol \cdot dm^{-3}$ NaOH 溶液中。

（4）将上述溶液倒入干净的玻璃比色皿中，放入分光光度计样品室，由 400~700nm 进行光谱扫描。

（5）根据测得的结果得到最大吸光波长。

2. 标准曲线的绘制

（1）调整 N_2S 型分光光度计波长至 K_2FeO_4 溶液的最大吸光波长处，并用去离子水校正。

（2）在 10mL 洗净烘干的小烧杯中称量约 0.002g 的 K_2FeO_4，记录其准确质量，加入 $10 mol \cdot dm^{-3}$ NaOH 溶液 10mL，使其溶解，将该溶液倒入干净的玻璃比色皿中，放入分光光度计样品室，读出吸光度值。

（3）分别称量约 0.004g、0.006g、0.008g、0.010g、0.012g、0.014g、0.016g 的 K_2FeO_4，记录准确质量后，重复上一步骤，得到一系列标准溶液的吸光度值。

3. K_2FeO_4 水解反应动力学实验（室温下）

（1）将配置好的 $5 mol \cdot dm^{-3}$ NaOH 溶液 100mL，倒入 250mL 洗净烘干的烧杯中，称取 0.050~0.060g 的 K_2FeO_4，溶于该溶液（用搅拌棒将颗粒碾碎溶解，溶液中若仍有极细小颗粒不溶属正常）。

（2）用比色皿盛取上述溶液，放入分光光度计样品室，待吸光度数据跳动稳定后，每隔 4min 记录一次，记录 8~10 个数据。

五、实验数据记录和处理

1. 用测得的 K_2FeO_4 标准溶液吸光度值与溶液浓度绘制溶液的标准曲线，并得到其回归方程，并求得相关系数（表 2-21）。

表 2-21 标准曲线数据记录表格

标准溶液浓度/(mol·dm^{-3})								
吸光度 A								

2. 根据测得的吸光度数据与标准溶液回归方程，得到碘的浓度 c，以 $\ln c$ 对 t 作图，判定 K_2FeO_4 在碱性介质中的分解是否是准一级反应，并测定动力学反应速率常数与半衰期（表 2-22）。

表 2-22 反应动力学数据记录表格

t/min								
A								
c/(mol·dm^{-3})								
$\ln c$								

六、思考题

1. 本实验中影响反应速率和半衰期精确度的主要因素是什么？
2. 确定动力学反应级数的方法有哪些？
3. 测定反应动力学时需要跟踪反应物的浓度，那么测定反应物浓度的方法有哪两大类？本实验采用的是哪一类？它有什么优点？

第三节 电 化 学

实验 16 离子迁移数的测定——界面移动法

一、实验目的

1. 掌握界面移动法测定离子迁移数的实验方法。
2. 加深对电解质溶液、离子迁移数有关概念的理解。

二、实验原理

离子迁移数测定的方法有多种，如希托夫法和界面移动法，其中界面移动法具有直观和准确度较高等优点。

电流在电解质溶液中的传导是由正、负离子共同承担，通过离子的定向迁移完成的。

当电流通过电解质溶液时，溶液中的正离子和负离子分别向阴极和阳极迁移。由于各种离子的迁移速度不同，各自所传递的电量也必然不同。每种离子所传递的电量与通过溶液的总电量之比，称为该离子在此溶液中的迁移数。若正负离子传递的电量分别为 q_+ 和 q_-，通过溶液的总电量为 Q，则正负离子的迁移数分别为：

$$t_+ = q_+/Q, t_- = q_-/Q \tag{2-66}$$

某种离子的迁移数不仅与该种离子的性质、浓度有关，还与溶液中其他共存离子的性质、浓度有关，与溶剂及温度等也有关。浓度的不同使离子间的作用强度不同，离子迁移数会发生变化。对含一种电解质的溶液，若正、负离子的价数相同，则所受的影响也大致相同，迁移数的变化不大；若价数不同，则价数大的离子的迁移数减小比较明显。温度改变，离子迁移数也会发生变化，但温度升高，正、负离子的迁移速率差别较小；同一种离子在不同电解质溶液中迁移数是不同的。

利用界面移动法测迁移数的实验有两种：一种是用两种指示离子，造成两个界面；另一种是用一种指示离子，只有一个界面。本实验采用后一种方法，以 Ni^{2+} 作为指示离子，测量某浓度的 HCl 溶液中氢离子的迁移数。

实验在图 2-41 所示的迁移管中进行。在一截面均匀的垂直放置的带有体积刻度的迁移管内，充满浓度为 c 的 HCl 溶液，阳极为 Ni 电极，阴极为 Ag 电极。通以电流后，H^+ 向上迁移，Cl^- 向下迁移，阳极的 Ni 氧化产生 Ni^{2+}，进入溶液生成 $NiCl_2$，逐渐顶替 HCl。由于溶液要保持电中性，离子的迁移速率是相等的，所以溶液中产生明显的分界面（图 2-41 中 aa'），上面是 HCl 溶液，下面是 $NiCl_2$ 溶液。若持续不断通电，则此界面将随着向上迁移而移动（图 2-41 中 bb'），界面的位置可通过界面

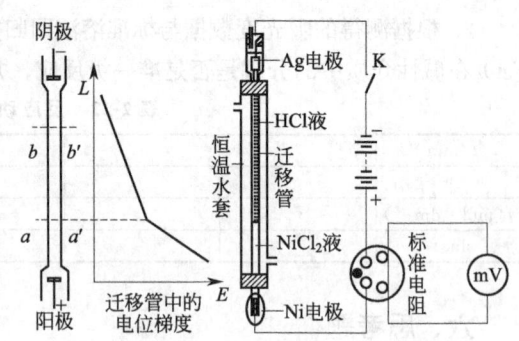

图 2-41 界面移动法测定离子迁移数装置

上下溶液性质的差异测定。实验中，利用 HCl 溶液与 $NiCl_2$ 溶液的 pH 不同，用甲基橙指示剂显示界面。

在正常条件下，界面保持清晰，界面以上的一段溶液保持均匀，上迁移的平均速率等于界面向上移动的速率。在通电时间 t 内，界面扫过的体积为 V，H^+ 输运电荷的数量为在该体积中 H^+ 带电荷的总数，即

$$Q_{H^+} = c_{H^+} VF \tag{2-67}$$

$$t_{H^+} = \frac{Q_{H^+}}{Q} = \frac{c_{H^+} VF}{It} \tag{2-68}$$

式中，c_{H^+} 为 H^+ 的浓度；F 为法拉第常数；Q 为电荷量，C。

本实验方法是直接测定电解时溶液界面在迁移管中移动的距离来求出迁移数，因此实验的关键是获得清晰的界面。为此，实验中必须防止对流和扩散。所以，实验温度不能太高，迁移管内温度应均匀；时间不能太长；电流密度不能太大，迁移管要比较细，以减小两液体的接触面。另外，为了使界面保持清晰，使界面上下的电解质不相混合，需要选择一个合适的指示离子（也即跟随离子），其淌度要小于被测离子。本实验选择 Ni^{2+} 的为指示离子，就是 Ni^{2+} 的淌度较小：

$$U_{Ni^{2+}} < U_{H^+} \tag{2-69}$$

通电时，H^+ 向上迁移后被 Ni^{2+} 顶替，在管中形成界面。由于溶液要保持电中性，且任一截面都不会中断传递电流，H^+ 迁移走后的区域，Ni^{2+} 紧紧跟上，两种离子的迁移速率几近相等，即

$$r_{Ni^{2+}} = r_{H^+} \tag{2-70}$$

由此可得

$$U_{Ni^{2+}} \left(\frac{dE}{dL}\right)_{Ni^{2+}} = U_{H^+} \left(\frac{dE}{dL}\right)_{H^+} \tag{2-71}$$

结合式(2-69)得:
$$\left(\frac{dE}{dL}\right)_{Ni^{2+}} > \left(\frac{dE}{dL}\right)_{H^+} \tag{2-72}$$

即在 $NiCl_2$ 溶液中的电位梯度是较大的,如图 2-41 所示。

因此,若 H^+ 因扩散作用落入 $NiCl_2$ 溶液区域时,它就不仅比 Ni^{2+} 迁移速率快,而且比界面以上的 HCl 溶液层内的 H^+ 也要快,故能很快地赶回到 HCl 层内。同样,若任何 Ni^{2+} 进入电位梯度较低的 HCl 溶液区域中,它的迁移速率进一步减小,一直到它们重又落后于 H^+,落入 $NiCl_2$ 溶液区域时为止,这样,界面在通电过程中保持清晰。

如果溶液中有多种离子存在,则通过的总电量 Q 为:
$$Q = \sum q_i \tag{2-73}$$

每种离子传递的电量与总电量之比称为离子的迁移数,i 离子的迁移数为:
$$t_i = q_i / Q \tag{2-74}$$

且有
$$\sum t_i = 1 \tag{2-75}$$

其中
$$q_i = z_i c_i V F \tag{2-76}$$

式中 z_i 为离子所荷电价;c_i 为离子浓度;V 为在某通电时间(t)段内,界面扫过的体积;F 为法拉第常数。

三、实验仪器和试剂

仪器:离子迁移管,直流稳压电源,数字式直流电压测量仪,超级恒温水浴装置,标准电阻,秒表,Ni 电极,Ag 电极,洗瓶,废液杯,一次性塑料吸管,导线。

试剂:HCl 溶液(已标定浓度,并加入甲基橙显红色)。

四、实验步骤

1. 打开超级恒温水浴装置的电源,设置水浴温度为 30℃,打开循环水泵开关和加热器开关,直至水温达到设定温度并恒定。

2. 用砂纸打磨电极至光亮为止,去离子水淋洗迁移管和电极,再用已加入少量甲基橙的 HCl 溶液淋洗迁移管 3 次。

3. 用一次性塑料吸管吸满溶液,将其伸入迁移管最底端,灌注溶液由底端向上,使整个迁移管中充满溶液;将 Ag 电极轻放于迁移管上端,不可塞得过紧,以免导致电解的气体无法逸出,影响界面的正常移动。

注意:此时最底端应已安装好 Ni 电极,且密封不能漏液;Ni 电极露置在溶液中的长度以 3mm 左右为最佳,太长则界面不清晰或需要很长时间才能达到清晰;溶液注入迁移管内一定要排尽气泡;迁移管上端溶液不要装太满,以免 Ag 电极插入后,溶液溢出弄脏或腐蚀整个装置。

4. 将迁移管垂直固定避免振动,按图 2-41 接好线路,检查无误后,接通电路直流电源,缓慢调节稳流电源旋钮,使标准电阻上的电压在 400~500mV 之间。

5. 当溶液中出现清晰的界面后,待界面移动到 1.5mL 刻度线时(每个刻度间隔为 0.1mL,即 5 小格),立即打开秒表,同时记录下时间和对应的电压值;以后每隔 1min 记录一次时间。同时注意观察界面,每当界面移至 1.4mL、1.3mL、1.2mL、1.1mL、1.0mL 刻度线时,分别记下对应的时间和电压读数值。

6. 当界面移至 1.0mL 后,继续连续记录 3min 的数字式直流电压仪指示的电压值。然后断开电源,过数分钟后,观察溶液界面有何变化;再接通电源,过数分钟后,再观察之;

记录界面发生的变化现象。

7. 实验结束后，将仪器功能键归零后，关闭仪器电源，拆除线路装置，用去离子水洗净电极、迁移管，将废液倒入废液收集桶。

五、实验数据记录和处理

1. 将实验所测量数据记录于表 2-23 和表 2-24 中。

室温：_____℃；　　大气压力：_____kPa；

实验温度：_____℃；　HCl 溶液浓度：_____ mol·dm^{-3}

表 2-23　通电时间-电压记录

时间/min	0	1	2	3	4	5	6	7	…
电压/mV									

表 2-24　HCl 溶液界面移动

界面刻度(体积)/mL	1.5(0)	1.4(0.1)	1.3(0.2)	1.2(0.3)	1.1(0.4)	1.0(0.5)
电压/mV						
时间/s						
电流强度/mA						

2. 计算每分钟所对应的电流强度（表 2-25），在方格纸上作 I-t 图，计算当界面扫过 1.5～1.0mL 刻度线，并从 1.5～1.2mL，1.4～1.1mL，1.3～1.0mL，1.5～1.1mL，1.4～1.0mL 这些界面移动变化中任意选取 3 个变化范围，求对应的时间内曲线所包围的面积（数方格数），求出相应的电量 Q。

表 2-25　电流-时间表

时间/min	0	1	2	3	4	5	6	7	…
时间/s	0	60	120	180	240	300	360	420	
电压/mV									
电流强度/mA									

3. 求出所选择的 3 个界面变化范围间的体积，将体积、时间与电量数据列表。

4. 求出所选择的 3 个界面变化范围间的迁移数，取平均值，并与文献值比较，计算出相对误差。

已知常数：标准电阻阻值 $R=100\Omega$，法拉第常数 $F=96485$ C·mol^{-1}，H$^+$ 的迁移数文献值 $t_{H^+}=0.825$。

六、思考题

1. 解释实验结束阶段关闭电源后以及再次开启电源后，溶液界面的变化情况原因。
2. 实验中，迁移管内上下两部分溶液中 Cl$^-$ 迁移速率和迁移数是否相同？为什么？

实验 17　电导法测定弱电解质的电离常数

一、实验目的

1. 了解溶液的电导、电导率和摩尔电导率的概念。
2. 掌握电导率仪的基本原理及使用方法。

3. 测量电解质溶液的电导率，并计算弱电解质溶液的电离常数。

二、实验原理

电解质溶液是依靠正、负离子的定向迁移来传递电量。而弱电解质溶液中，只有已电离部分的离子才能承担传送电量的任务。在无限稀释的溶液中可认为弱电解质已全部电离，此时溶液的摩尔电导率为 Λ_m^∞（$S \cdot m^2 \cdot mol^{-1}$），根据柯尔劳施离子运动定律，可用离子极限摩尔电导率相加而得。因此，弱电解质的 Λ_m^∞ 可以从电解质 Λ_m^∞ 求出。例如欲求 HAc 的 Λ_m^∞ 则可按式(2-77) 计算。

$$\Lambda_{m,HAc}^\infty = \Lambda_{m,HCl}^\infty + \Lambda_{m,NaAc}^\infty - \Lambda_{m,NaCl}^\infty \tag{2-77}$$

计算不同浓度醋酸溶液的摩尔电导率的关系式为

$$\Lambda_m = \frac{\kappa - \kappa_{H_2O}}{c} \tag{2-78}$$

式中，κ 为醋酸溶液的电导率，$S \cdot m^{-1}$；κ_{H_2O} 为去离子水的电导率；c 为醋酸溶液浓度，$mol \cdot m^{-3}$。

弱电解质的电离度 α 与摩尔电导率的关系为

$$\alpha = \frac{\Lambda_m}{\Lambda_m^\infty} \tag{2-79}$$

对 1-1 型弱电解质，若起始浓度为 $c(mol \cdot dm^{-3})$，则电离平衡常数 K 为：

$$K = \frac{\alpha^2 c/c_0}{1-\alpha} = \frac{\Lambda_m^2 c/c_0}{\Lambda_m^\infty (\Lambda_m^\infty - \Lambda_m)} \tag{2-80}$$

$$c_0 = 1 mol \cdot dm^{-3}$$

因此，根据电导率的测定，可以求得弱电解质的 Λ_m，然后求算出其电离平衡常数 K。

三、实验仪器和试剂

仪器：DDS-11A 型电导率仪，玻璃恒温水浴槽，50mL 移液管，50mL 锥形瓶，大试管。
试剂：去离子水，$0.1mol \cdot dm^{-3}$ 醋酸溶液。

四、实验步骤

1. 调整设置玻璃恒温水浴槽温度为 (25±0.2)℃。
2. 对电导率仪进行校正（注意：实验过程中若改变测定量程，需重新校正）。
3. 用移液管移取 50mL 的 $0.1mol \cdot dm^{-3}$ 醋酸溶液加入 1 支洗净、烘干的大试管中，放入玻璃恒温水浴槽中恒温 5min，测定其电导率（注意：移取不同浓度的溶液和去离子水，需选择不同对应标签的移液管）。
4. 用移液管移取 50mL 的去离子水，注入该大试管中。混合均匀后放入玻璃恒温水浴槽中恒温 5min，测定其电导率。
5. 从前面的大试管中，用移液管移出 50 mL 的溶液后，再移入 50 mL 的去离子水，混合均匀后，放入玻璃恒温水浴槽中恒温 5min，测其电导率。如此操作，共稀释 4 次。
6. 将大试管内醋酸溶液倒入废液桶，洗净试管、电导电极，最后用去离子水淋洗。在大试管内装入约 50 mL 的去离子水，恒温后，测定去离子水的电导率。

五、实验数据记录和处理

1. 将实验所测量数据记录于表 2-26 中。

$t=$ _____ ℃，$\kappa(H_2O)=$ _____ $S \cdot m^{-1}$

表 2-26　实验数据记录

试样	$c/(mol \cdot dm^{-3})$	$\kappa/(\mu S \cdot cm^{-1})$	$10^4(\kappa-\kappa_{H_2O})$ $/(S \cdot m^{-1})$	$10^4 \Lambda_m$ $/(S \cdot m^2 \cdot mol^{-1})$	$10^2 \alpha$	$10^5 K$
c_0						
$c_0/2$						
$c_0/4$						
$c_0/8$						
$c_0/16$						

2. 已知 298.2K 时，无限稀释电解质水溶液的摩尔电导率 $\Lambda_{m,HCl}^{\infty}=0.042595 S \cdot m^2 \cdot mol^{-1}$，$\Lambda_{m,NaAc}^{\infty}=0.0091 S \cdot m^2 \cdot mol^{-1}$，$\Lambda_{m,NaCl}^{\infty}=0.012639 S \cdot m^2 \cdot mol^{-1}$，计算 HAc 的 Λ_m^{∞}。

3. 计算平均电离平衡常数 $\overline{K}$ 和实验的相对误差 η。（已知文献值 $K=1.75 \times 10^{-5}$）

六、思考题

1. 本实验为何要测水的电导率？
2. 为什么测量电解质溶液的电导时，必须用交流电？

实验18　电导法测定难溶盐的溶解度

一、实验目的

1. 了解溶液的电导、电导率和摩尔电导率的概念。
2. 掌握电导率仪的基本原理及使用方法。
3. 测量难溶盐的电导率，并计算其溶解度和溶度积。

二、实验原理

电解质溶液是靠正、负离子的迁移来传递电流。利用电导法能方便地求出微溶盐的溶解度，进而得到其溶解度和溶度积 K_{sp}。

CaF_2 的溶解平衡可表示为：　　$CaF_2 \rightleftharpoons Ca^{2+} + 2F^-$

$$K_{sp}=\frac{c_{Ca^{2+}}}{c^{\ominus}} \times \left(\frac{c_{F^-}}{c^{\ominus}}\right)^2 = 4\left(\frac{c}{c^{\ominus}}\right)^3 \tag{2-81}$$

微溶盐的溶解度很小，饱和溶液的浓度则很低，所以可认为：

$$\Lambda_m^{\infty}(盐)=\frac{\kappa_{盐}}{c} \tag{2-82}$$

式中，c 为饱和溶液中微溶盐的溶解度；$\kappa_{盐}$ 为微溶盐的电导率。

实验中所测定的饱和溶液的电导率值为盐与水的电导率之和：

$$\kappa_{溶液}=\kappa_{水}+\kappa_{盐} \tag{2-83}$$

为此，可由测得的微溶盐饱和溶液的电导率，求出微溶盐的电导率，由式(2-82)计算微溶盐的溶解度及 K_{sp}。

三、实验仪器和试剂

仪器：玻璃恒温水浴槽，电导率仪，电子天平，电加热板，100mL 量筒，250mL 烧杯，大试管或锥形瓶，搅拌棒，洗瓶，废液杯，称量纸，药匙。

试剂：CaF_2（分析纯），超纯电导水，电导率校正液。

四、实验步骤

1. 检查玻璃恒温水浴槽线路，接通电源使其工作，调节设置恒温水浴温度为（25±0.2）℃，记录恒温水浴的实际温度。
2. 参照电导率仪的使用和校正，进行电导率仪的校正和电导率的测定。
3. 测定超纯电导水的电导率。
4. 称取 CaF_2 约 0.5g，放进烧杯中，加入约 80mL 电导水，煮沸 3～5min；静置片刻后，将上层清液倾倒入大试管或锥形瓶中，放置于恒温水浴中恒温 5min，测量并记录电导率。
5. 在烧杯中再加入电导水、煮沸、静置，再倾倒清液入测试容器中，放置于恒温水浴中恒温 5min，测量并记录电导率。如此重复进行，当前、后两次测定的电导率值相差小于 $2\mu S \cdot cm^{-1}$，可近似视作两次测定的电导（率）值相等，表明此时 CaF_2 中的杂质已被清除干净，清液即为饱和的 CaF_2 溶液。

五、实验数据记录和处理

1. 将实验所测量数据记录于表 2-27 中。

室温：_____℃ $\kappa_{电导水}$：_____ $\mu S \cdot cm^{-1}$

表 2-27　实验数据记录

测定 CaF_2 溶液次数	1	2	3	4	5	6
$\kappa_{溶液}/(\mu S \cdot cm^{-1})$						

2. 计算 CaF_2 的 K_{sp}，并将计算结果填入表 2-28 中。

已知 25℃时，无限稀释的 Ca^{2+} 和 F^- 的摩尔电导率为：

$\Lambda_m^\infty(F^-)=55.4\times10^{-4}S \cdot m^2 \cdot mol^{-1}$，$\Lambda_m^\infty(\frac{1}{2}Ca^{2+})=59.8\times10^{-4}S \cdot m^2 \cdot mol^{-1}$

表 2-28　计算结果

$\kappa_{溶液}/(\mu S \cdot cm^{-1})$	$\kappa_{盐}/(\mu S \cdot cm^{-1})$	$c/(mol \cdot m^{-3})$	K_{sp}

六、思考题

1. 测电导时为何要恒温？温度会如何影响电导率测定值？
2. 实验中为何要用镀铂黑电极？使用时注意事项有哪些？

实验 19　原电池电动势的测定

一、实验目的

1. 掌握测定电池电动势的基本方法。
2. 了解对消法的原理，熟悉电位差计的构造和使用方法。

二、实验原理

通过测定电池的电动势可求算某些反应的热力学函数（如 $\Delta_r H_m$、$\Delta_r S_m$、$\Delta_r G_m$ 等）、电解质溶液的平均活度系数、难溶盐的溶度积和溶液的 pH 值等数据。

可逆电池是由两个电极（半电池）组成。在消除了液接界电势的条件下，电池的电动势是两个电极在平衡条件下电势的差值。在本实验中将测定几种金属电极的电极电势。

将待测电极与饱和甘汞电极组成如下电池

$$Hg(l) | Hg_2Cl_2(s) | KCl(饱和溶液) \| M^{n+}(a_\pm) | M(s)$$

其电动势 E 为

$$E = \varphi_+ - \varphi_- = \varphi^{\ominus}_{M^{n+}/M} + \frac{RT}{nF} \ln a_{M^{n+}} - \varphi_{饱和甘汞} \tag{2-84}$$

$$a_{M^{n+}} = \gamma_\pm (c_{M^{n+}}/c^{\ominus}) \tag{2-85}$$

式中，$\varphi_{饱和甘汞} = 0.2412 - 7.6 \times 10^{-4}(t/℃ - 25)$；$\varphi^{\ominus}_{M^{n+}/M}$ 为金属电极的标准电极电势。因此通过实验测定电池的电动势 E 值，再根据 $\varphi_{饱和甘汞}$ 和溶液中金属离子的活度，即可求得该金属电极的标准电极电势 $\varphi^{\ominus}_{M^{n+}/M}$。

电池的电动势不能直接用伏特计来测量，因为测量时电池与伏特计构成了回路，有一定的电流通过，不仅会引起电极的极化，而且电池自身的内阻也会产生电压降，所测的电势差不等于电池的电动势。利用对消法（又称补偿法）可以在电池无电流（或极小电流）通过的条件下测得电池的电动势，此时电池反应是在接近可逆条件下进行的。

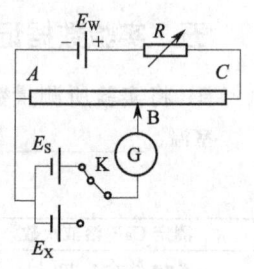

图 2-42 对消法测量电动势原理

对消法测量电动势的原理如图 2-42 所示，是利用外电路（由工作电源 E_W、可变电阻 R 和滑线电阻 AC 组成的工作回路）中产生的反电动势来对抗待测电池的电动势，使测量回路（由待测电池 E_X 或标准电池 E_S、检流计 G 和滑线电阻 AC 组成）中无电流通过，这样待测电池的电动势就等于外电路中的反电动势。测量时，先将开关 K 与标准电池 E_S 接通，将滑线电阻 AC 的抽头 B 固定在与标准电池电动势大小相应的位置，调节可变电阻 R，使检流计 G 中无电流通过，这样就校准了 AC 上的标准电势降。再将开关 K 与待测电池 E_X 接通，固定可变电阻 R，调节滑线电阻抽头 B 的位置，使检流计 G 中无电流通过，则待测电池的电动势就等于滑线电阻上 A、B 两端的电势降。

三、实验仪器和试剂

仪器：SDC 数字电位差综合测试仪，半电池管，饱和甘汞电极，Zn 电极，Cu 电极，饱和 KCl 盐桥。

试剂：$0.01\text{mol} \cdot \text{dm}^{-3}$ $ZnSO_4$ 溶液，$0.1\text{mol} \cdot \text{dm}^{-3}$ $ZnSO_4$ 溶液，$0.01\text{mol} \cdot \text{dm}^{-3}$ $CuSO_4$ 溶液，$0.1\text{mol} \cdot \text{dm}^{-3}$ $CuSO_4$ 溶液，饱和 KCl 溶液。

四、实验步骤

1. 熟悉 SDC 数字电位差综合测试仪测量电动势的方法，详见第三章第五节。
2. 打开电位差综合测试仪电源，预热仪器 5min 后，用内标法进行仪器零点校正。
3. 用细砂纸打磨金属电极至光亮，再用去离子水洗净备用。

4. 准备下列电极（半电池）

(1) Hg(l)|Hg$_2$Cl$_2$(s)|KCl(饱和溶液)(饱和甘汞电极)

(2) Zn(s)|ZnSO$_4$(0.1mol·dm^{-3}); Zn(s)|ZnSO$_4$(0.01mol·dm^{-3})

(3) Cu(s)|CuSO$_4$(0.1mol·dm^{-3}); Cu(s)|CuSO$_4$(0.01mol·dm^{-3})

取 4 个洁净的半电池管，分别加入上述电极所对应浓度的溶液；将已制备好的锌电极和铜电极，分别用电极对应浓度的溶液淋洗后，插入对应浓度溶液的半电池管中；将饱和 KCl 溶液注入小烧杯中，插入饱和甘汞电极。

5. 以饱和 KCl 溶液为盐桥，分别测定下列电池的电动势

(1) Zn(s)|ZnSO$_4$(0.01mol·dm^{-3})‖饱和甘汞电极

(2) Zn(s)|ZnSO$_4$(0.1mol·dm^{-3})‖饱和甘汞电极

(3) 饱和甘汞电极‖CuSO$_4$(0.01mol·dm^{-3})|Cu(s)

(4) 饱和甘汞电极‖CuSO$_4$(0.1mol·dm^{-3})|Cu(s)

(5) Zn(s)|ZnSO$_4$(0.01mol·dm^{-3})‖CuSO$_4$(0.01mol·dm^{-3})|Cu(s)

(6) Zn(s)|ZnSO$_4$(0.1mol·dm^{-3})‖CuSO$_4$(0.1mol·dm^{-3})|Cu(s)

6. 用外标法，进行仪器零点校正。然后重复步骤 5 的测量。

室温下，外标电池（标准电池）的电动势计算公式如下：

$$E_{s,t}/V = 1.01860 - 4.06 \times 10^{-5}(t/℃ - 20) - 9.50 \times 10^{-7}(t/℃ - 20)^2$$

7. 实验结束，仪器归零并关闭电源。清洗半电池管和电极，并用去离子水润洗。

五、实验数据记录和处理

1. 将实验所测量数据记录于表 2.29 中。

室温_____℃

表 2-29 电动势测定记录表

电动势/V \ 电池	1#	2#	3#	4#	5#	6#
内标法						
外标法						

2. 根据内标法所测得的 1#～4# 电池电动势数据，以及饱和甘汞电极的电极电势、离子平均活度系数 $\gamma_\pm$ 和浓度数据分别计算锌、铜的标准电极电势 $\varphi^{\ominus}_{Cu^{2+}/Cu}$、$\varphi^{\ominus}_{Zn^{2+}/Zn}$。

$\gamma_\pm$ 的数据如表 2-30 所示。

表 2-30 离子平均活度系数 $\gamma_\pm$ (25℃)

c (M SO$_4$)	0.1mol·dm^{-3}	0.01mol·dm^{-3}
$\gamma_\pm$(CuSO$_4$)	0.16	0.40
$\gamma_\pm$(ZnSO$_4$)	0.150	0.387

3. 利用教科书中可查的 $\varphi^{\ominus}_{Cu^{2+}/Cu}$、$\varphi^{\ominus}_{Zn^{2+}/Zn}$ 值，分别计算电池 Zn(s)|ZnSO$_4$(0.01mol·dm^{-3})‖CuSO$_4$(0.01mol·dm^{-3})|Cu(s)、Zn(s)|ZnSO$_4$(0.1mol·dm^{-3})‖CuSO$_4$(0.1mol·dm^{-3})|Cu(s)的电动势，并与实验值比较。

六、思考题

1. 测电动势为何要用对消法？对消法的原理是什么？
2. 测量过程中，若 SDC 数字电位差综合测试仪"检零显示"显示"OU.L"（溢出符

号），有可能是哪些原因引起的？

3. 在寻找平衡点时，即在调零点时，为什么要尽量快速完成？

实验 20　电动势法测定难溶盐的溶度积常数

一、实验目的

1. 掌握用电动势法测定微溶盐溶度积的基本原理，测定 AgCl 的溶度积。
2. 进一步掌握电位差计的使用方法。

二、实验原理

由能斯特方程可知，电化学体系中各物质的平衡活度与电池电动势相关，因此可利用电化学装置使一般的化学反应以电化学反应的形式进行，从而可通过测定电池的电动势，根据能斯特方程来求算有关物理量。

对于电池

$$\text{Ag(s)} \mid \text{AgNO}_3(a_1) \parallel \text{AgNO}_3(a_2) \mid \text{Ag(s)}$$

（饱和 NH_4NO_3 盐桥）

其电动势为

$$E = \frac{RT}{F}\ln\frac{a_2[\text{Ag}^+]}{a_1[\text{Ag}^+]} = \frac{RT}{F}\ln\frac{\gamma_2 c_2}{\gamma_1 c_1} \tag{2-86}$$

对于电池

$$\text{Ag(s)} \mid \text{AgCl(s)} \mid \text{KCl}(0.01\text{mol}\cdot\text{dm}^{-3}) \parallel \text{AgNO}_3(0.01\text{mol}\cdot\text{dm}^{-3}) \mid \text{AgCl(s)} \mid \text{Ag(s)}$$

（饱和 NH_4NO_3 盐桥）

其电动势为

$$E = -\frac{RT}{F}\ln\frac{a_{左}[\text{Ag}^+]}{a_{右}[\text{Ag}^+]} \tag{2-87}$$

因为 AgCl 的活度积

$$K_{sp} = a[\text{Ag}^+] \times a[\text{Cl}^-] \tag{2-88}$$

即：

$$a_{左}[\text{Ag}^+] = \frac{K_{sp}}{a[\text{Cl}^-]} \tag{2-89}$$

所以

$$E = -\frac{RT}{F}\ln\frac{K_{sp}}{a[\text{Cl}^-]a_{右}[\text{Ag}^+]} \tag{2-90}$$

整理得

$$\ln K_{sp} = -\frac{FE}{RT} + \ln a[\text{Cl}^-] + \ln a_{右}[\text{Ag}^+]$$

$$= -\frac{FE}{RT} + \ln(0.901 \times 0.01) + \ln(0.902 \times 0.01) \tag{2-91}$$

式中，0.901 和 0.902 分别为 25℃ 时 $0.01\text{mol}\cdot\text{dm}^{-3}$ KCl 溶液和 $0.01\text{mol}\cdot\text{dm}^{-3}$ $AgNO_3$ 溶液的平均离子活度系数。

测得该电池的电动势 E，利用式（2-91）便可求得 AgCl 的活度积 K_{sp}。在纯水中，AgCl 的溶解度很小，故溶度积与活度积相当，所以

$$c_{\text{Ag}^+} = c_{\text{Cl}^-} = \sqrt{K_{sp}}\, c^{\ominus}$$

即 AgCl 在纯水中的溶解度为 $\sqrt{K_{sp}}\, c^{\ominus}$。

三、实验仪器和试剂

仪器：SDC 数字电位差综合测试仪 1 台，半电池管，盐桥，Ag 电极。

试剂：$0.1\,mol\cdot dm^{-3}$ $AgNO_3$ 溶液，$0.01\,mol\cdot dm^{-3}$ $AgNO_3$ 溶液，$0.01\,mol\cdot dm^{-3}$ KCl 溶液，饱和 NH_4NO_3 溶液，浓 HNO_3（加少量 $NaNO_3$），浓氨水，去离子水。

四、实验步骤

1. 电极制备

银丝用浓氨水浸洗后，再用去离子水洗净。然后，将银丝浸入含有少量 $NaNO_3$ 的浓 HNO_3 中片刻（注意浸入时间不要太长），取出用去离子水洗净。将处理好的 2 根银丝浸入同样浓度的 $AgNO_3$ 溶液，测其电池的电动势。如果电动势不接近于 0（允许相差 1~2mV），则银丝必须重新处理。

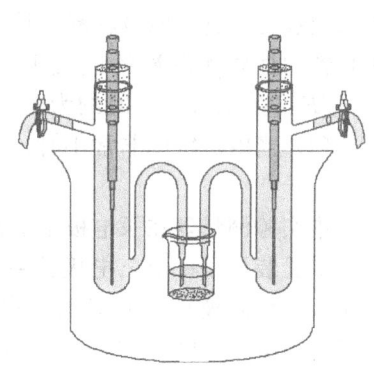

图 2-43 溶度积测定装置

按图 2-43 所示的测定装置组成电池。右方半电池同上，而其左方电极（半电池）的制备方法如下：将新制的银丝插入半电池管中并封好，吸入加有 2 滴（不能多加）$0.1\,mol\cdot dm^{-3}$ $AgNO_3$ 溶液的 $0.01\,mol\cdot dm^{-3}$ KCl 溶液，然后将其插入饱和的 NH_4NO_3 溶液中。

2. 打开电位差综合测试仪电源，预热仪器 5min 后，用内标法进行仪器零点校正；测定电池电动势。

五、实验数据记录和处理

1. 实验数据记录
室温：_____℃；   电池电动势：_____V。
2. 根据所测电动势的数据计算 AgCl 的溶度积。

六、思考题

1. 测量电动势时为什么不用普通伏特计而用电位差计？
2. 测电动势为何要用盐桥？在本实验中，为什么用饱和硝酸铵盐桥而不用氯化钾盐桥？

实验 21　氢超电势的测定

一、实验目的

1. 掌握测量极化曲线的原理和方法，了解超电势的规律。
2. 用恒电流方法测定氢在汞电极上的超电势和极化曲线。

二、实验原理

当有一定电流通过电极时，电极电势偏离原来的可逆电极电势的现象称为极化。电极电势偏离量的绝对值称为超电势（过电位）。引起电极极化的原因主要有浓差极化和活化极化（电化学极化），相应的超电势分别称为浓差超电势和活化超电势。

在电流密度不是很大或有搅拌的情况下，可以忽略浓差极化，则氢在阴极上析出时的超电势主要是活化超电势。活化超电势 η 与通过电极的电流密度 i 之间的关系可分为两种情况来讨论：

(1) 当电流密度不是很小时，活化超电势 η 与通过的电流密度 i 符合塔非尔（Tafel）公式

$$\eta = a + b \lg i \tag{2-92}$$

式中，a 和 b 是常数。其中 a 是电流密度为 $1 A \cdot cm^{-2}$ 时的超电势值，表征电极反应的不可逆程度，它与电极材料的性质、表面状态、溶液的组成和温度等有关；常数 b 一般与电极材料的性质和溶液的组成无关，对许多有洁净表面且未氧化的金属，b 的数值近似为 $2RT/F$，在 298.15K 时约为 120mV。

(2) 当电流密度非常小时，一般地当 $|\eta| < 0.03$ V 时，η 与 i 近似呈线性关系

$$\eta = ki \tag{2-93}$$

本实验测量氢在汞电极上的活化超电势，测量装置及原理如图 2-44 所示。

实验装置是一个三电极体系。由研究电极（汞阴极）和对电极（铂阳极）及电解质溶液组成电解池，稳压电源 E、可变电阻 R 及毫安表与电解池串联组成极化回路（工作回路）；研究电极和参比电极（饱和甘汞电极）及饱和 KCl 溶液组成测量电池，并与高输入阻抗数字式电压表一起组成测量回路。调节可变电阻 R 可改变极化电流，当工作回路中有一定电流通过时，测量回路中几乎无电流通过，即参比电极的电位仍保持原来的可逆电位 $E_{参比,R}$，因此测出参比电极与研究电极之间的电势差为：

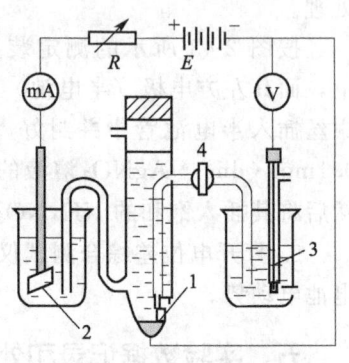

图 2-44 氢超电势测量装置
1—研究电极；2—对电极；
3—参比电极；4—管活塞

$$\Delta E = E_{参比,R} - E_{IR} = E_{参比,R} - (E_{氢,R} - \eta) \tag{2-94}$$

从而可求得相应电流密度下的氢超电势：

$$\eta = \Delta E - E_{参比,R} + E_{氢,R} \tag{2-95}$$

测量氢超电势需注意消除浓差极化和溶液等欧姆电位降的影响，同时还必须控制测量条件以获得较好的重现性。可以用搅拌等方法减小浓差超电势，当电流密度不太大时，氢的浓差超电势可以忽略不计。为了降低溶液的欧姆电位降，可以采用鲁金毛细管连接被测电极和参比电极，使毛细管尖端尽量靠近被测电极，毛细管口距离电极表面一般为 $2d$（d 为鲁金毛细管口的外径）。此外，因为欧姆电位降随着断电立即消失，而活化超电势的消失需要一短暂的时间，所以也可采用使被测电极在瞬间断电，同时迅速测量超电势的方法。

三、实验仪器和试剂

仪器：可调稳压电源，高阻抗数字电压表，毫安表，汞电极，铂片电极，饱和甘汞电极，电解池。

试剂：$0.2 mol \cdot dm^{-3}$ H_2SO_4 溶液，饱和 KCl 溶液。

四、实验步骤

电解池依次用洗液、自来水、蒸馏水、电导水洗净，装好浓度为 $0.2 \ mol \cdot dm^{-3}$ 的 H_2SO_4 电解液。在带有活塞 4 的倒置 U 形管中也装入浓度为 $0.2 \ mol \cdot dm^{-3}$ 的 H_2SO_4 电解

液，然后关闭活塞。

接好极化回路，用 20 mA 左右的电流使汞阴极极化数小时，使溶液及电极纯化。

接好测量回路，调节可变电阻，改变电流，分别测量电流为 0.1mA，0.2mA，0.4mA，0.6mA，0.8mA，1.0mA，1.5mA，2.0mA，2.5mA，3.0mA，4.0mA，5.0mA，7.0mA，9.0mA 时的超电势。

在测量过程中，一套数据必须连续测定，不得中断电流（较短的时间关系不大），否则由于电极表面状态的变化引起极化的改变。在 1min 内被测电势读数如只改变 1~2mV，就可认为是已达稳定值。

另外，在全部测量过程中，活塞 4 一直处于关闭状态（活塞不能涂油，而用电解液润湿之。在使用高阻抗电压表测量时，它仍处于导通状态），以防止 KCl 向被测电极扩散。

五、实验数据记录和处理

1. 根据所用电解液中 H^+ 的活度计算氢电极的平衡电极电势，并查出在实验所处温度下饱和甘汞电极的电极电势。
2. 根据汞电极的直径求出汞电极的表面积，并根据电流强度数值求出电流密度 i。
3. 按照不同的电流密度下所测得的电极电势的数据，计算氢的超电势，并将结果列入表 2-31 中。

表 2-31 计算结果

I/mA	i/(mA·cm^{-2})	lg$i$	E_{IR}/mV	η/V
0.1				
0.2				
...				

4. 作 η-lg$i$ 图。
5. 由 η-lg$i$ 图求出塔菲尔公式中的 a、b，写出超电势 η 与电流密度 i 间的经验公式。

六、思考题

1. 在测量超电势时，为什么要用三个电极？各有什么作用？
2. 为了减少浓差极化和溶液电阻电位降对测量的影响可以采取哪些措施？
3. 测量超电势前，为什么要先通电 2h 使汞电极纯化？实验操作过程中还需要注意什么？
4. 恒电流极化线路有什么特点？

第四节　表面与胶体化学

实验 22　最大气泡压力法测定液体的表面张力

一、实验目的

1. 掌握最大气泡压力法测定液体表面张力的原理和方法，了解影响表面张力测定的因素。
2. 测定不同浓度正丁醇溶液的表面张力。
3. 应用吉布斯吸附等温式计算表面吸附量，由表面张力的实验数据求正丁醇分子的截面积。

二、实验原理

1. 溶液中的表面吸附

由于表面层的分子受力不均匀受到向内的拉力,所以液体表面有自动缩小表面积的趋势。要将体相分子从体系内部拉到表面,扩大液体的表面积,就必须克服液体内部对表面分子的不对称作用力做功,这种功是一种非膨胀功,称为表面功。这种功的大小显然与增加的表面积成正比。在等温、等压条件下,若可逆地使表面积增加 dA,这时对体系所做的功 $\delta W'$ 只是增加了比表面积,即

$$\delta W' = \gamma \times dA \tag{2-96}$$

式中,γ 为表面单位长度上的作用力,称为表面张力,$N \cdot m^{-1}$,其方向垂直于边界线,与表面相切,向着表面中心。若一个封闭体系在等温、等压条件下只是可逆地对体系做表面功 $\delta W'$,则

$$dG = \delta W' = \gamma \times dA \tag{2-97}$$

所以

$$\gamma = \left(\frac{\partial G}{\partial A}\right)_{T,p,n_{B,R}} \tag{2-98}$$

式中,γ 为组成恒定的封闭系统在等温、等压条件下,可逆地改变单位面积所引起的吉布斯自由能的改变值,所以 γ 也称为表面吉布斯自由能,$J \cdot m^{-2}$。

表面张力是液体的重要性质之一,与温度、压力、浓度及其共存的另一相的组成有关。对于液体来说,溶液的表面张力与表面层的组成有着密切的关系。根据能量最低原理,当溶质能降低溶剂的表面张力时,表面层中溶质的浓度比溶液内部大;反之,溶质使溶剂的表面张力升高时,它在表面层中的浓度比在内部的浓度低。这种表面浓度与内部浓度不同的现象叫做溶液的表面吸附。在指定的温度和压力下,溶质的吸附量与溶液的表面张力及溶液的浓度之间的关系遵守吉布斯吸附等温式:

$$\Gamma = -\frac{c}{RT}\left(\frac{d\gamma}{dc}\right)_T \tag{2-99}$$

式中,Γ 为溶质在溶液表层的吸附量,也叫表面超量;γ 为溶液的表面张力;c 为吸附作用达到平衡时溶质在溶液本体中的浓度;T 为热力学温度;R 为摩尔气体常量。吉布斯吸附等温式应用范围很广,但上述形式只适用于稀溶液。

当 $\left(\frac{d\gamma}{dc}\right)_T$ 0 时,则 $\Gamma > 0$ 时,即溶液的表面张力随着溶液浓度的增加而下降时,吸附量为正值,此时溶质在溶液表面层的浓度大于溶液本体中的浓度,称为正吸附;反之,若 $\left(\frac{d\gamma}{dc}\right)_T > 0$,则 $\Gamma < 0$,称为负吸附。因此,只要测定溶液的表面张力,以表面张力对浓度作图,可得到 γ-c 曲线,通过曲线的斜率即可求得某浓度下溶液的表面吸附量 Γ。

能使液体表面张力降低的物质,称为表面活性物质。从分子结构的观点来看,表面活性物质的分子中都含有亲水的极性基团和疏水的非极性基团。在水溶液表面,极性部分指向溶液内部,非极性部分指向空气。表面活性物质分子在溶液表面的排列状况随其浓度不同而不同,随着表面活性物质的分子在界面上的排列愈来愈紧密,则此界面的表面张力也就逐渐减小。当表面上被吸附分子的浓度增大到一定程度时,整个溶液表面完全被表面活性物质分子占据,形成单分子饱和吸附层。

对于单分子层吸附,表面吸附量 Γ 与浓度 c 之间的关系可用朗格缪尔(Langmuir)等

温吸附方程表示，即

$$\Gamma = \Gamma_\infty \frac{ac}{1+ac} \tag{2-100}$$

式中，Γ_∞ 为饱和吸附量；a 为吸附平衡常数。将式(2-100)整理成线性方程：

$$\frac{c}{\Gamma} = \frac{c}{\Gamma_\infty} + \frac{1}{a\Gamma_\infty} \tag{2-101}$$

即以 $\frac{c}{\Gamma}$ 对 c 作图应为一直线，其斜率为 $1/\Gamma_\infty$，若以 N 代表饱和吸附时单位表面层中的分子数，则 $N = \Gamma_\infty L$，L 为阿伏伽德罗（Avogradro）常量。在饱和吸附时，每个被吸附分子在表面上所占的面积，即为分子的横截面积 A_S。

$$A_S = \frac{1}{\Gamma_\infty L} \tag{2-102}$$

2. 最大气泡压力法测定表面张力

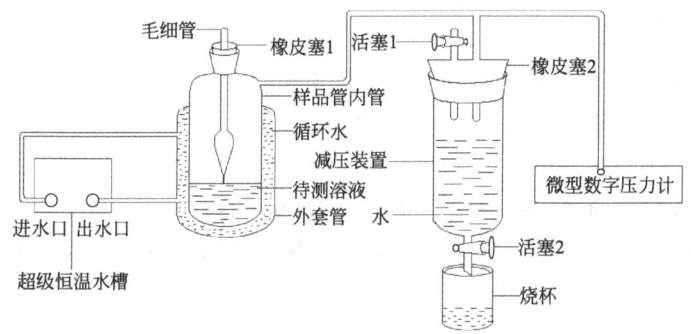

图 2-45　最大气泡法测液体的表面张力装置

本实验采用最大气泡压力法测定液体的表面张力，其测量装置如图 2-45 所示。将待测表面张力的液体装入样品管内管中，使其中的液面与毛细管的端面相切，则液面沿毛细管上升。通过调节减压装置上的活塞 2 使系统缓慢减压，此时由于毛细管内液面上方的压力（即外压）大于样品管内管中液面的压力，故毛细管内的液面逐渐下降，当液面至管口时便形成气泡逸出。此时微型数字压力计的压力差 Δp 即为待测液体在毛细管中所受的附加压力，此附加压力与液体的表面张力成正比，与气泡的曲率半径成反比，即

$$\Delta p = \frac{2\gamma}{R'} \tag{2-103}$$

式中，R' 为气泡的曲率半径。因毛细管半径很小，所以形成的气泡基本上是球形的。气泡刚开始形成时，表面几乎是平的，这时曲率半径最大；随着气泡的形成，曲率半径逐渐变小，直到气泡形成半球形，这时曲率半径 R' 与毛细管半径 r 相等，曲率半径最小，Δp 则为最大；随着气泡的进一步增大，R' 又趋增大，附加压力则变小，直至气泡逸出液面。在此过程中，在微型数字压力计上可以看到压力不断地变化，由微型数字压力计可测量出来最大附加压力 Δp_{max} 值。则

$$\Delta p_{max} = \frac{2\gamma}{r} \tag{2-104}$$

由式(2-104)，得

$$\gamma = \frac{1}{2} r \Delta p_{max} = K \Delta p_{max} \tag{2-105}$$

式(2-105)中，K 为仪器常数，可用已知表面张力的液体作为标准，由实验测定 Δp_{max}，代

入式（2-104）求出 K。本实验以水作为标准（25℃水的表面张力 $\gamma_{H_2O}=0.07197\text{N}\cdot\text{m}^{-1}$），则仪器系数为

$$K=\frac{\gamma_{H_2O}}{\Delta p_{max,H_2O}} \tag{2-106}$$

将式（2-106）代入式（2-105），则待测液体的表面张力为

$$\gamma=\frac{\gamma_{H_2O}}{\Delta p_{max,H_2O}}\Delta p_{max} \tag{2-107}$$

三、实验仪器和试剂

仪器：最大气泡压力法表面张力仪，400 mL 烧杯，微型数字压力计，超级恒温水槽。

试剂：真空硅油脂，不同浓度（$0.05\text{mol}\cdot\text{dm}^{-3}$，$0.1\text{mol}\cdot\text{dm}^{-3}$，$0.3\text{mol}\cdot\text{dm}^{-3}$，$0.5\text{mol}\cdot\text{dm}^{-3}$，$0.7\text{mol}\cdot\text{dm}^{-3}$）的正丁醇溶液。

四、实验步骤

1. 按图 2-45 所示，用硅胶管将各实验部件连接起来。
2. 开启超级恒温水槽，将水温设置为 (25 ± 0.1)℃，打开循环水泵，使外套管里充满恒温循环水。
3. 将微型压力计接通电源，通电预热 5~10min 后待用。
4. 仪器系数的测定：先用去离子水仔细清洗样品管内管和毛细管，然后向样品管内管中加入适量去离子水，将毛细管垂直插入内管并塞紧橡皮塞1，使毛细管端面与去离子水液面恰好相切，恒温。

关好活塞2，在减压装置中加水至其容积的 2/3 处为宜，塞紧橡皮塞2；打开活塞1，使整个体系通大气，将微型压力计调零后备用。

关闭活塞1，打开活塞2，使体系减压，当微型压力计上有压力显示时，关闭活塞2，观察压力计上压力是否变化，若压力计所显示的压力在 2~3min 内不变，则证明体系不漏气，便可进行待测液体表面张力测试；若压力计所显示的压力（取绝对值）在不断变小，则说明体系漏气，应检查各连接部位和活塞、橡皮是否不够密封，可用真空硅油脂处理，再试体系漏气否，直到体系不漏气为止。

打开活塞2，调节水的流量以毛细管产生气泡速率为每分钟逸出 4~5 个为佳，读出微型压力计上显示的 Δp_{max}，重复测定两次，取平均值。

5. 正丁醇溶液表面张力的测定：取 $0.05\text{ mol}\cdot\text{dm}^{-3}$ 正丁醇溶液（1号样品），洗净样品管的内管和毛细管，然后加入适量溶液，待恒温后，按上述步骤测定 Δp_{max}。按上述步骤由低浓度到高浓度，依次测定其余各溶液的 Δp_{max}。
6. 样品全部测完后，需用去离子水将内管和毛细管洗净，再一次测定去离子水的 Δp_{max}，前、后两次测定去离子水的 Δp_{max} 应相同，证明其数据重复性较好。
7. 记录恒温水槽温度和大气压。实验结束后将仪器归零，做好清洁卫生。

实验注意事项：

（1）溶液的表面张力受表面活性杂质影响很大，为此必须保证所用样品的纯度和仪器的清洁。每次测定前，用待测液认真清洗样品管内管和毛细管，毛细管的清洗借助于洗耳球。

（2）测定过程中有时会出现毛细管不冒泡的情况，首先检查装置是否漏气和减压装置中的水是否足量，其次检查毛细管是否有被固体物质堵塞，否则大多是被油脂等污染，需用有

机溶剂清洗干净。

五、实验数据记录和处理

1. 将实验所测量数据记录于表2-32中。

$t=$ _____ ℃

表 2-32 实验数据记录

样品	c/(mol·dm^{-3})	$\Delta p_{max}(1)$/kPa	$\Delta p_{max}(2)$/kPa	Δp_{max}(平均)/kPa	γ/(N·m^{-1})
去离子水					
正丁醇溶液	0.05				
正丁醇溶液	0.1				
正丁醇溶液	0.3				
正丁醇溶液	0.5				
正丁醇溶液	0.7				
去离子水					

2. 计算溶液表面吸附量 Γ（表2-33）。以浓度 c 为横坐标，表面张力 γ 为纵坐标，作 γ-c 曲线，在 γ-c 曲线上任取6点，通过这些点分别作曲线的切线，求得切线的斜率 $-\mathrm{d}\gamma/\mathrm{d}c$，根据式(2-99)求出各浓度点的表面吸附量 Γ，并画出表面吸附量 Γ 与 c 的关系图。

表 2-33 计算结果

c/(mol·dm^{-3})	$-\mathrm{d}\gamma/\mathrm{d}c$	Γ/(mol·m^{-2})	c/Γ

3. 以 c/Γ 对 c 作图，由所得直线的斜率求出饱和吸附 Γ_∞，并按式(2-102)计算正丁醇分子的截面积 A_S（以 Å^2 表示，1Å = 10^{-10} m）。

六、思考题

1. 实验操作中应注意哪些事项？如果气泡逸出速率较快或2、3个堆积着出来，对实验结果有什么影响？如何确定产生气泡的数量？
2. 毛细管的管口为什么必须与液面相切？
3. 如果减压装置漏气，会对实验结果有何影响？

实验23 动态色谱法测定纳米粉体材料的比表面积

一、实验目的

1. 了解动态色谱法测定固体比表面积的基本原理。
2. 用动态色谱法测定纳米粉体材料的比表面积。
3. 掌握比表面测定仪的使用方法。

二、实验原理

比表面积是指单位质量物质的表面积（$m^2 \cdot g^{-1}$），它是多孔物质或固体粉末材料最重要的物性之一，是用于评价其活性、吸附、催化等多种性能的重要物理属性。比表面积大小对物质其他的许多物理及化学性能会产生很大影响，特别是随着颗粒粒径的变小，比表面积成为了衡量物质性能的一项非常重要的参量。比表面积大小性能检测在许多的行业应用中是必需的，如电池材料、催化剂、橡胶中炭黑补强剂、纳米材料等。

比表面积的测试方法根据测试原理不同分为吸附法、透气法和其他方法。透气法是将待测粉体填装在透气管内震实到一定堆积密度，根据透气速率不同来确定粉体比表面积大小，比表面测试范围和精度都很有限；其他比表面积测试方法有粒度估算法、显微镜观测估算法，已很少使用；吸附法比较常用，且精度相对其他方法较高。吸附法的原理就是让一种吸附质分子吸附在待测粉末样品（吸附剂）表面，根据吸附量的多少来评价待测粉末样品的比表面大小。根据吸附质的不同，吸附法分为低温氮吸附法、吸碘法、吸汞法和吸附其他分子方法，使用最广的为以氮分子作为吸附质的氮吸附法。氮吸附法由于需要在液氮温度下进行吸附，又叫低温氮吸附法，这种方法中使用的吸附质氮分子性质稳定、分子直径小、安全无毒、来源广泛，是理想的且是目前主要的吸附法比表面测试吸附质。通过这种方法测定的比表面积我们称之为"等效"比表面积，所谓"等效"的概念是指：样品的比表面积是通过其表面密排包覆（吸附）的氮气分子数量和分子最大横截面积来表征。实际测定出氮气分子在样品表面的平衡饱和吸附量（V），通过不同理论模型计算出单层饱和吸附量（V_m），进而得出分子个数，采用表面密排六方模型计算出氮气分子等效最大横截面积（A_m），即可由式（2-108）求出被测样品的比表面积。

$$S_g = \frac{V_m \times N \times A_m}{22400 \times W} \times 10^{-18} \tag{2-108}$$

式中，S_g 为被测样品比表面积，$m^2 \cdot g^{-1}$；V_m 为标准状态下氮气分子单层饱和吸附量，mL；A_m 为氮分子等效最大横截面积（密排六方理论值 $A_m = 0.162 nm^2$）；W 为被测样品质量，g；N 为阿伏伽德罗常数（6.02×10^{23}）。代入上述数据，得到氮吸附法计算比表面积的基本公式(2-109)：

$$S_g = 4.36 \times V_m / W \tag{2-109}$$

由式(2-109)可看出，准确测定样品表面单层饱和吸附量 V_m 是比表面积测定的关键。

比表面积测试方法有两种分类标准。一是根据测定样品吸附气体量多少方法的不同，可分为动态色谱法、容量法及重量法，重量法现在基本上很少采用；二是根据计算比表面积理论方法不同可分为直接对比法比表面积分析测定、Langmuir 法比表面积分析测定和 BET 法比表面积分析测定等。同时这两种分类标准又有着一定的联系，直接对比法只能采用动态色谱法来测定吸附气体量的多少，而 BET 法既可以采用动态色谱法，也可以采用容量法来测定吸附气体量。本实验采用的是直接对比法来测定纳米粉体的比表面积。

动态色谱法是相对于静态法而言，整个测试过程是在常压下进行，吸附剂是在处于连续流动的状态下被吸附。动态色谱法是在气相色谱原理的基础上发展而来，是由热导检测器来测定样品吸附气体量的多少。连续动态氮吸附是以氮气为吸附气，以氦气与氢气为载气，两种气体按一定比例混合，使氮气达到指定的相对压力，流经样品颗粒表面。当样品管置于液氮环境下时，粉体材料对混合气中的氮气发生物理吸附，而载气不会被吸附，造成混合气体成分比例变化，从而导致热导率变化，这时就能从热导检测器中检测到信号电压，即出现吸附峰（图 2-46）。吸附饱和后让样品重新回到室温，被吸附的氮气就会脱附出来，形成与吸附峰相反的脱附峰。吸附峰或脱附峰的面积大小正比于样品表面吸附的氮气量的多少，可通过定量气体来标定峰面积所代表的氮气量。通常利用脱附峰来计算比表面积。

直接对比法比表面积分析测试是利用动态色谱法来测定吸附气体量，测定过程中需要选用标准样品（经严格标定比表面积的稳定物质）。并连到与被测样品完全相同的测试气路中，通过与被测样品同时进行吸附，分别进行脱附，

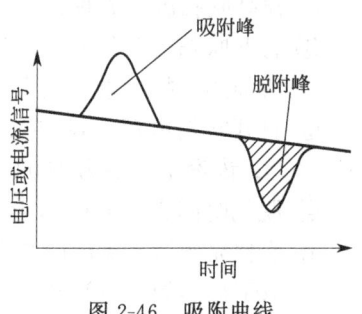

图 2-46　吸附曲线

测定出各自的脱附峰。在相同的吸附和脱附条件下，被测样品和标准样品的比表面积正比于其峰面积大小式(2-110)。

$$S_x = (A_x/A_0) \times (W_0/W_x) \times S_0 \tag{2-110}$$

式中，S_x 为被测样品比表面积；S_0 为标准样品比表面积；A_x 为被测样品脱附峰面积；A_0 为标准样品脱附峰面积；W_x 为被测样品质量；W_0 为标准样品质量。

直接对比法仅适用于与标准样品吸附特性相接近的样品测量。

三、实验仪器和试剂

仪器：3H-2000Ⅲ型全自动氮吸附比表面仪（贝士德仪器科技有限公司），保温杯，氦氮混合气钢瓶。

试剂：液氮，标准比表面活性炭，纳米粉体材料。

四、实验步骤

1. 称样。用玻璃长颈小漏斗将样品装入样品管并称量样品重量（去除样品管毛重）。注意：

① 测样品称样量的多少以体积为准，振动敲平后的体积应控制在样品管装样管容积部分的 1/3～1/2 左右（不得超过样品管装样管容积部分的 2/3，样品管上部至少留 1/3 空间，以使管路中气流通畅）。当待测样品比表面较小时，称样量应稍多一些；当待测样品比表面较大时，称样量则应少一些；

② 标准样品称样重量一般在数百毫克量级（视堆积密度不同而异），称样量的原则为：使标准样品重量与比表面积的乘积和待测样品重量与比表面积的乘积基本相当，即使测试中的信号强度（峰面积）基本相当，相差不是很悬殊为宜。

2. 安装样品管：

① 样品在安装之前需振动平整，以使所剩空间中气流通畅，安装拿取过程中须保持样品管竖直，以防样品堆到样品管一头影响气流；

② 套上铜螺母，再给样品管两个管臂每端各套一个 O 形圈。套 O 形圈时，两手指应捏在靠近管口的位置，套哪端就捏哪端，以防样品管折断伤手，不可给样品管施向两竖管间的力，以防样品管断裂；

③ O 形圈上沿距样品管口约 3mm；

④ 样品管的装样口应安装在装样位的进气口端，否则可能使管壁上粘挂的微量样品粉末被混合气带入仪器内部；

⑤ 使样品管竖直，无左右偏斜，切记将夹紧螺母拧紧，以拧不动为止，以防漏气。

3. 样品吹扫脱气处理：
① 打开吹扫气源气瓶，通过调节减压阀开关使流量为 80～100mL/min 左右；
② 将加热炉接线端口接在主机相应端口上，将加热炉套在样品管上；
③ 打开吹扫电源，设定吹扫控温显示的温度（注意：脱气温度应低于试样安全温度 25℃以上；该设定上限为 150℃，若试样安全温度较高，建议通常设定为 120℃）；
④ 脱气时间为 30min 以上，通常情况下 1h 即可。

4. 吹扫完毕后，关闭吹扫电源。

5. 取下加热炉，应注意安全，防止烫伤。

6. 等待 2～3min 左右，待样品管稍冷却，并且气路内部气体组分稳定后，打开测试电源开关（一般情况电流大小不需要改变，除非遇到比表面非常大的样品，可适当调低电压来降低电流。电流通常为 90～100mA 左右，电流旋钮处于最大位置，电流调节通过电压控制）。注意：在没有通气状态下不得开电，否则会烧坏热导池检测器！

7. 放置恒温杯，倒液氮 1～3cm 深，放置于仪器侧面，将气管部分浸入杯子。

8. 打开软件数据处理系统，检查测试界面右下角的显示是否为"USB 设备正常"（若显示为"USB 设备异常"，关闭软件重新打开或拔掉 USB 数据线重新插上后再打开软件）。设置【显示设置】和【试样设置】。

9. 加注液氮。给各杯先倒少许，待暴沸基本停止，杯体温度基本平衡后，再添加至距杯深 2/3 左右处。每次测试前应检查杯中液氮面位置，若低于 1/3 杯深，则需添加液氮。
注意：液氮为危险品，常压下液氮温度为 −196℃，操作时应穿封闭皮鞋戴低温防冻手套，严禁戴线手套、穿凉鞋或拖鞋操作，以防液氮浸入线手套或进入鞋中将手脚冻伤；液氮杯有液氮时严禁加密封盖，否则易爆炸！

10. 将液氮杯放在升降托上，若样品管上有前次操作遗留的水滴须擦干，以免引入，污染液氮。

11. 通电 5～10min 左右仪器稳定后，检查混气流量、衰减旋钮位置等是否符合要求。

12. 通过粗细调零旋钮调零，然后点击【吸附】，再逐个上升液氮杯（同时上升液氮杯可能使气路内气体急剧冷缩，使空气倒吸入检测器，影响检测器性能），即开始吸附过程。

13. 待吸附平衡（吸附曲线呈近直线状态后至少 2min 后即可认为达吸附平衡），然后点击【完成】，并【确定】。

14. 先调零，然后点击【开始】，等待 5s 测试状态栏显示"系统等待"后，再点击【暂停】停止数据采集，下降第一个液氮杯，换上水杯，待水杯上升停止后，点击【暂停】开始数据采集，开始升温解吸标准样品；待标准样品解吸完成（峰面积停止变化）后，点击【暂停】停止采集，等待 0.5～1min 左右待系统平衡稳定后，下降水杯，调零，下降第二个液氮杯，换上水杯上升，待水杯上升停止后，点击【暂停】开始采集，开始解吸第一个待测样品，依次类推
注意：每个样品解吸完成后，【暂停】，等待 0.5～1min 左右稳定后，先调零，然后开始下降液氮杯，开始样品的解吸，即每个样品下降液氮杯解吸前后，均要【暂停】并调零。

15. 测试过程自动结束，点击【确定】，再点击【结果】查看测试结果，点击【保存】保存测试数据，点击【打印】打印测试报告。

16. 测试过程结束，去掉侧面恒温杯
注意：经过冷冻的恒温管一碰即碎，故在去液氮时防止恒温管碰撞杯体或机箱。将剩余液氮倒回液氮容器，空杯敞口放置，晾干以防锈。

17. 先关闭电源开关；后关闭混合气气源（关闭钢瓶总阀和减压阀阀门。总阀顺时针拧紧为关，减压阀逆时针拧松为关）。

注意：先关电后关气！

18. 拆换样品管（不可在未关电的情况下拆卸样品管！），清理掉废旧样品，整理实验台。注意：若不使用仪器，装样位上应装有样品管，使仪器气路密封，以保持气路内部清洁。

19. 清洗样品管：

① 回收或妥善处理测试完毕的样品；

② 测试后及时用自来水直接冲洗即可清理绝大多数样品管（若冲洗不干净，可用合适的可清理或溶解样品的洗涤液浸泡样品管一段时间后再冲洗；若用超声波清洗机，也可震脱大多数附着在样品管壁的粉末）；

③ 烘干备用（若要求较高，可用蒸馏水冲洗后再烘干）。

五、实验数据记录和处理

将实验所测量数据记录于表 2-34 中。

表 2-34 实验数据记录

项目	质量/mg	表面积/$(m^2 \cdot g^{-1})$	峰面积
标准样品			
测量样品 1			
测量样品 2			
测量样品 3			

六、思考题

1. 动态色谱法可以测定多孔物质的表面积吗？为什么？
2. 实验步骤 3 中，样品加热至 120℃ 左右，通载气吹 30min 以上，是起什么作用？

实验 24　溶胶的制备和电泳

一、实验目的

1. 掌握 $Fe(OH)_3$ 溶胶的制备及纯化方法。
2. 观察溶胶的电泳现象，并了解其电学性质。
3. 掌握电泳法测定 $Fe(OH)_3$ 溶胶 ζ 电势的原理和方法。

二、实验原理

溶胶是一种多组分分散体系，其分散介质可以是气体（气溶胶）、液体（液溶胶）和固体（固溶胶）。一般所说的溶胶是指固体分散在液体中，分散相的胶粒大小在 1～100nm 之间，具有很大的相界面，是热力学不稳定而动力学相对稳定的多相分散体系。

1. 溶胶的制备

溶胶的制备方法分为分散法和凝聚法（如图 2-47 所示）。分散法是用适当方法将粗分散系统中较大的物质颗粒变为胶体颗粒大小的粒子分散；凝聚法是将分子或离子聚结为胶体粒子而得到溶胶。实际的制备过程可能会是两者兼而有之。

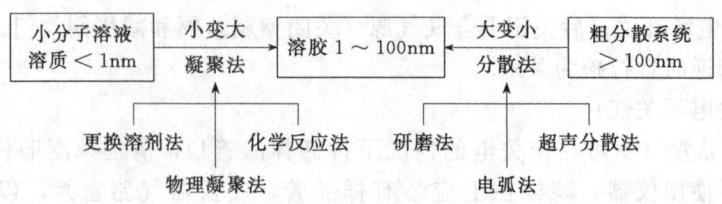

图 2-47 溶胶的制备方法

制备的溶胶体系中往往有许多杂质,而影响其稳定性,可通过渗析和电渗的方法使之纯化。渗析法是用半透膜把溶胶和溶剂隔开,胶体颗粒较大不能通过半透膜,离子和小分子能透过半透膜进入溶剂,因此不断更换溶剂可把溶胶中的杂质除去。若除去的杂质是离子,则用电渗析可提高除杂质的速度。

在胶体分散体系中,由于胶体自身的电离、同晶置换或胶粒对某些离子的选择性吸附,使胶粒的表面带有一定的电荷,其周围的分散介质中分布着数量相等而符号相反的电荷,因此在胶粒的表面相界面上建立了扩散双电层结构。

2. 溶胶的电泳

当处于静止状态时,整个胶体溶液呈电中性。但在外电场的作用下,溶胶中的分散相与分散介质会发生相对移动现象即电动现象。在外加电场作用下,溶胶中的带电胶粒向带相反电荷的电极方向迁移的现象称为电泳。发生相对移动的界面称为切动面,切动面与液体内部的电位差称为电动电势或 ζ 电势。

ζ 电势是表征溶胶特性的重要物理量之一,在研究胶体的性质及其实际应用中有着重要意义。胶体的稳定性与 ζ 电势有直接关系。ζ 电势的绝对值越大,表面胶粒电荷越多,胶粒间排斥力越大,胶体越稳定。ζ 电势的绝对值为零时,胶体的稳定性最差,溶胶发生聚沉。因此,无论在胶体的研究和实际应用中,测定溶胶的 ζ 电势都非常重要。原则上,任何一种胶体的电动现象(电渗、电泳、流动电势、沉降电势)都可用来测定 ζ 电势,但其中最方便的是用电泳现象中的宏观法来测定。也就是通过观察溶胶与另一种不含胶粒的导电液体的界面在电场中移动速度来测定 ζ 电势。ζ 电势与胶粒的性质、介质成分及胶体的浓度有关。

在电泳现象中,胶粒移动的绝对速度($cm^2 \cdot s^{-1} \cdot V^{-1}$)可以用式(2-111)表示:

$$u = \frac{dl}{Et} = \frac{D\zeta}{k\pi\eta} \times \frac{1}{(300)^2} \tag{2-111}$$

$$\zeta = (300)^2 \times \frac{k\pi\eta}{D} u \tag{2-112}$$

式中,D 与 η 分别为介质溶液的介电常数与黏度,P(黏度单位,$1P = 10^{-1} Pa \cdot s$)(在实验电泳结束时测量介质溶液的温度,由于介质溶液是非常稀的氯化钾溶液,故可近似看成水,根据温度从手册中查出水的 D 和 η,即视为介质溶液的 D 和 η);ζ 为胶粒的电动电势,这里 ζ 为静电单位,若用伏特表示,则乘以 300,因静电单位等于 300V;d 为胶体界面在规定时间内移动的距离,cm;l 为两电极之间的距离,cm;E 为加在胶体两端的电压,V;t 为胶体界面移动时间,s;k 是与胶粒形状有关的常数,一般球形胶粒的 k 为 6,片状胶粒的 k 为 4。$Fe(OH)_3$ 胶粒形状为片状,故式(2-112)中 k 取值为 4。

若测得电泳过程中的 u,据此可计算出胶粒的 ζ 电势。

三、实验仪器和试剂

仪器:玻璃电泳仪,WYJ-G_A 高压数显稳压电源,NDM-Ⅱ精密数字直流电压测量仪,电加热板,铂电极,250mL锥形瓶,100mL烧杯,400mL烧杯,800mL烧杯,100mL量筒,10mL量筒,温度计,直尺,软线。

试剂:火棉胶,10% $FeCl_3$ 溶液,1% $AgNO_3$ 溶液,0.005mol·dm^{-3} KCl溶液(介质溶液,与溶胶电导率相同),去离子水。

四、实验步骤

1. $Fe(OH)_3$ 溶胶的制备及纯化

(1) 半透膜的制备。在一个内壁洁净、干燥的250mL锥形瓶中,加入约100mL火棉胶液,小心转动锥形瓶,使火棉胶液黏附在锥形瓶内壁上形成均匀薄层,倾出多余的火棉胶于回收瓶中。此时锥形瓶仍需倒置,并不断旋转,待剩余的火棉胶流尽,使瓶中的乙醚挥发至已闻不出气味为止(此时用手指轻触火棉胶膜,已不黏手)。然后再往瓶中注满去离子水(若乙醚未蒸发完全,加水过早,则半透膜发白),浸泡10min。倒去瓶中的水,小心用手分开膜与瓶壁之间隙。慢慢将去离子水注于膜与瓶壁之间的夹层中,使膜脱离瓶壁,轻轻取出,在膜袋中注入去离子水,检查是否漏水。制好的半透膜不用时,要浸没在去离子水中。

(2) 水解法制备 $Fe(OH)_3$ 溶胶。在400mL烧杯中加入190mL去离子水,加热至沸;边搅拌边用滴管慢慢地滴入10mL 10% $FeCl_3$ 溶液,加完后,继续保持沸腾2~3min。由于水解的结果,得到红棕色的 $Fe(OH)_3$ 溶胶。

(3) 热渗析法纯化 $Fe(OH)_3$ 溶胶。将制得的 $Fe(OH)_3$ 溶胶注入火棉胶半透膜内,用线扎好袋口,置于800mL清洁的烧杯中,杯中加入2~3倍溶胶体积的去离子水,保持水温在60~70℃进行热渗析。每20min换一次去离子水,4次后取出1mL渗析液,用1% $AgNO_3$ 溶液检测是否存在 Cl^-,如果仍存在,应继续换水渗析,直到检测不出为止。将纯化过的 $Fe(OH)_3$ 溶胶移入一清洁干燥的100mL小烧杯中,室温冷却待用。

2. 溶胶电泳 ζ 电势的测定

(1) 用去离子水洗净玻璃电泳仪(图2-48),关闭其活塞,在右端漏斗处先加入少量已渗析过的 $Fe(OH)_3$ 溶胶(注意:不得有气泡),其弯管处若有气泡,则可慢慢打开活塞,排出气体后迅速关闭活塞,切勿使溶胶流过活塞,继续加入胶体至4/5漏斗处。

(2) 在玻璃电泳仪左边的"U"形管中加入10~15mL的0.005mol·dm^{-3} KCl溶液作为介质溶液(注意:介质溶液要适量,过多会影响距离的测量,过少则会使溶胶与电极相接触)。

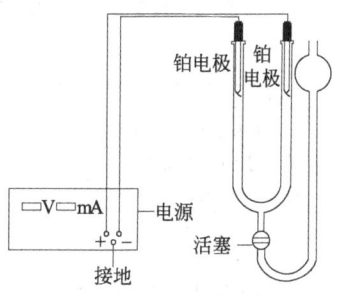

图2-48 胶体电泳装置

(3) 洗净两支铂电极,分别插入玻璃电泳仪"U"形管两端的介质溶液中,用"化曲为直"的方法,将一条软线沿"U"形管中心线测量两铂电极下端金属片之间的距离(注意:不是水平距离,而是U形管的距离),再用直尺量出具体数据。测量三次,取其平均值,该数据为两电极之间的距离 l,单位为cm。

(4) 将高压数显稳压电源的粗、细调节旋钮逆时针旋到底,按"+"、"-"极性将输出线与负载相接,输出线枪式叠插座插入铂电极枪式叠插座尾,再与数字直流电压测量仪连接好,打开数字式直流电压测量仪预热5~10min后备用。

(5) 缓慢打开活塞(注意:活塞打开过大或使电泳仪振动都会导致胶体界面不清晰),使胶体慢慢通过活塞到达电泳仪"U"形管内,这时胶体将介质溶液慢慢往上顶,直到介质溶液淹没两铂电极金属片时，关闭活塞。

（6）观察胶体界面是否清晰，若清晰，则读出"U"形管左右两边胶体界面的初始高度 $h_左$、$h_右$；若界面不清晰，则电泳一段时间，待胶体界面清晰后再读初始界面高度，单位为 cm。

（7）接通高压数显稳压电源，调节粗、细调节旋钮，同时观察数字直流电压测量仪，直到 30V 为止，同时开始计时 t，此时电泳开始，20min 后关闭电源，读出"U"形管左右两边胶体界面在电泳结束时的高度 $h'_左$、$h'_右$。$h_左$、$h'_左$ 或 $h'_右$、$h_右$ 之差为 d，即界面在一定时间内移动的距离，单位为 cm。

（8）实验结束后，将高压数显稳压电源粗、细调节旋钮逆时针旋到底（注意：粗调旋钮调节速度不应过快），关闭电源，断开高压数显稳压电源的负载，取下铂电极，将温度计感温部分放入介质溶液中，测量其温度。由温度查相关数据表，可得介质溶液的黏度 η 和介电常数 D。

3. 注意事项

（1）高压危险，在使用过程中，必须接好负载后再打开电源。
（2）在调节粗调旋钮时，一定要等电压、电流稳定后，再调节下一挡。
（3）输出线插入接线柱应牢固、可靠，不得有松动，以免高压打火。
（4）在调节过程中，若电压、电流不变化，是由于保护电路工作，形成死机，此时应关闭电源再重新按操作步骤操作（此状态一般不会出现）。
（5）不得将两输出线短接，否则不但会危及实验者，还会损坏设备。
（6）若负载需接大地，可将负载接地线与仪器面板黑接线柱（⏚）相连。

五、实验数据记录和处理

1. 将实验所测量数据记录于表 2-35 中。

表 2-35 实验数据记录

电泳电压 E/V		通电时间 t/s	
胶体上升高度 d/cm		介质水的温度 T/℃	
介质水的黏度 η/P		介质水介电常数 D	
两电极间距离 l/cm			平均值/cm=

注：1P=0.1Pa·s。

2. 根据实验结果计算电泳的绝对速度 u：_____ （$cm^2 \cdot s^{-1} \cdot V^{-1}$）
3. 计算 $Fe(OH)_3$ 溶胶的电动电势 ζ：_____ （V）。

六、思考题

1. 何谓胶体？溶胶的稳定条件是什么？
2. 电泳速度的快慢和哪些因素有关？

实验 25 黏度法测定高聚物的摩尔质量

一、实验目的

1. 了解黏度法测定高聚物摩尔质量的基本原理和方法。
2. 掌握用乌氏（Ubbelohde）黏度计测定黏度的原理和方法。

3. 测定聚乙二醇的摩尔质量的平均值。

二、实验原理

在高聚物的研究中，高聚物的摩尔质量不仅反映了高聚物分子的大小，而且直接关系到它的物理性能，是个重要的基本参数。与一般的无机物或低分子的有机物不同，高聚物多是摩尔质量大小不同的大分子混合物，因此通常所测高聚物的摩尔质量是一个平均值。

高聚物在稀溶液中的黏度是它在流动过程所存在的内摩擦的反映。它包括：溶剂分子之间的内摩擦，高聚物分子与溶剂分子间的内摩擦，以及高聚物分子间的内摩擦。其中溶剂分子之间的内摩擦又称为纯溶剂的黏度，以 η_0 表示。三种内摩擦的总和称为高聚物溶液的黏度，以 η 表示。实验证明，在相同温度下，高聚物溶液的黏度一般要比纯溶剂的黏度大一些，即有 $\eta > \eta_0$。为了比较这两种黏度，引入增比黏度的概念，以 η_{sp} 表示：相对于溶剂，其溶液的黏度增加的分数，称之为增比黏度，记作 η_{sp}，即

$$\eta_{sp} = \frac{\eta - \eta_0}{\eta_0} = \frac{\eta}{\eta_0} - 1 = \eta_r - 1 \tag{2-113}$$

式中，η_r 称之为相对黏度，它是溶液黏度与纯溶剂黏度的比值，反映的是整个溶液的黏度行为；η_{sp} 则反映了扣除了溶剂分子之间的内摩擦后，仅为纯溶剂与高聚物分子间以及高聚物分子间的内摩擦。

对于高聚物溶液，增比黏度 η_{sp} 往往随溶液浓度 c 的增加而增加。为此，常常取单位浓度下呈现的黏度来进行比较，从而引入比浓黏度的概念，以 $\frac{\eta_{sp}}{c}$ 表示。又 $\frac{\ln \eta_r}{c}$ 定义为比浓对数黏度。η_{sp} 和 η_r 均为无量纲的量。当溶液无限稀释时，高聚物分子彼此相隔极远，他们之间的相互作用可以忽略不计，此时的比浓黏度趋近于一个极限值，即

$$[\eta] = \lim_{c \to 0} \frac{\eta_{sp}}{c} = \lim_{c \to 0} \frac{\ln \eta_r}{c} \tag{2-114}$$

$[\eta]$ 主要反映了高聚物分子与溶剂分子间的内摩擦作用，称之为高聚物溶液的特性黏度。其数值可通过实验求得。因为根据实验，在足够稀的高聚物溶液中有：

$$\frac{\eta_{sp}}{c} = [\eta] + k[\eta]^2 c \tag{2-115}$$

$$\frac{\ln \eta_r}{c} = [\eta] - \beta[\eta]^2 c \tag{2-116}$$

这样以 $\frac{\eta_{sp}}{c}$ 及 $\frac{\ln \eta_r}{c}$ 对 c 作图得两条直线，这两条直线在纵坐标轴上相交于同一点（如图 2-49 所示），可求出 $[\eta]$。

实验证明，当高聚物、溶剂与温度确定以后，$[\eta]$ 的数值只与高聚物的平均摩尔质量有关，他们之间的关系可用麦克（Mark Houwink）半经验方程表示。

$$[\eta] = K \overline{M}^\alpha \tag{2-117}$$

式中，$\overline{M}$ 为高聚物摩尔质量的平均值；K，α 是与温度、高聚物及溶剂的性质有关的常数，可通过其他实验方法确定。

测定黏度的方法主要有毛细管法、转筒法和落球法。在测定高分子的 $[\eta]$ 时，以毛细管黏度计最为方便。

本实验采用乌式黏度计测定黏度，如图 2-50 所示。通过测定一定体积的液体流经一定

长度和半径的毛细管所需时间获得。当液体在重力作用下流经毛细管时,遵守泊塞勒(Poseuille)定律。

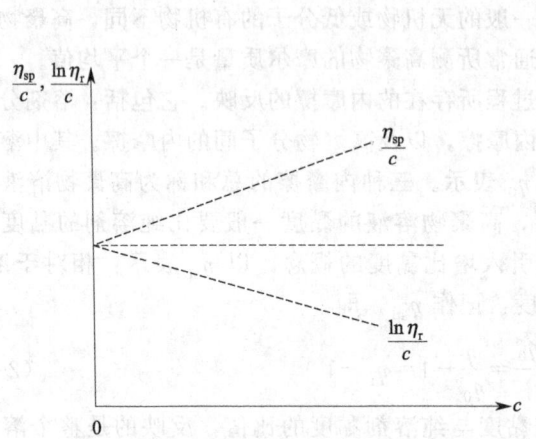

图 2-49 外推法求 $[\eta]$

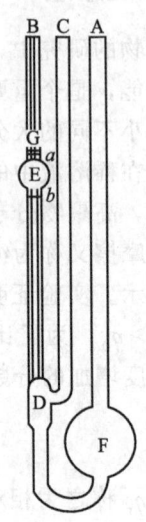

图 2-50 乌式黏度计

$$\eta = \frac{\pi p r^4 t}{8lV} = \frac{\pi \rho g h r^4 t}{8lV} \tag{2-118}$$

式中,η 为液体的黏度,$kg \cdot m^{-1} \cdot s^{-1}$;$p$ 为当液体流动时在毛细管两端间的压力差,即为液体密度 ρ($kg \cdot m^{-1} \cdot s^{-1}$)与重力加速度 g 和流经毛细管液体的平均液柱高度差 h 三者的乘积;r 为毛细管半径,m;V 为流经毛细管液体的体积,m^3;t 为流出时间,s;l 为毛细管的长度,m。

用同一黏度计在相同条件下测定两个液体的黏度时,它们的黏度之比等于密度 ρ 与流出时间 t 之比。即

$$\frac{\eta_1}{\eta_2} = \frac{p_1 t_1}{p_2 t_2} = \frac{\rho_1 t_1}{\rho_2 t_2} \tag{2-119}$$

如果用已知黏度 η_1 的液体作为参考液,则待测液体的黏度 η_2 可通过式(2-119)求得。通常实验测定是在高聚物的稀溶液下进行($c < 1 \times 10 kg \cdot m^{-3}$),溶液的密度与溶剂的密度可近似看作相等,则溶液的相对黏度 η_r 可表示为

$$\eta_r = \frac{\eta}{\eta_0} = \frac{t}{t_0} \tag{2-120}$$

因此,只需测定溶液和溶剂在毛细管中的流出时间就可得到待测液体的相对黏度。

三、实验仪器和试剂

仪器:乌氏黏度计,超级恒温槽,洗耳球,移液管(5mL,10mL),秒表,容量瓶(100mL),橡皮管,夹子,胶头滴管,铁架台,玻璃砂芯漏斗,电热吹风机。

试剂:聚乙二醇(分析纯),去离子水。

四、实验步骤

1. 高聚物溶液的配制。准确称取聚乙二醇 2.5g(精确至 0.001g),放入 100mL 容量瓶

中,加入约 60mL 去离子水,振荡使其全部溶解后,用去离子水稀释至刻度。然后用预先洗净并烘干的玻璃砂芯漏斗过滤后待用。

2. 黏度计的洗涤与安装。所用黏度计必须洁净,有微量的灰尘、油污等会产生局部的堵塞现象,影响溶液在毛细管中的流速,而导致较大的误差。所以做实验之前,应该彻底洗净,先用洗液洗,再用水冲洗,最后用去离子水洗三次,放入烘箱中烘干待用。开启恒温水槽,调节恒温槽温度为 (25 ± 0.05)℃。将清洁干燥的黏度计垂直安装于恒温槽内,G 球及以下部分均没在水中,放置位置要合适,便于观察液体的流动情况。恒温槽的搅拌电动机的搅拌速度应调节合适,不致产生剧烈震动,影响测定的结果。

3. 溶剂流出时间 t_0 的测定。用移液管移取 10mL 去离子水,由 A 管注入黏度计内(图 2-50)。待恒温后,在 C 管和 B 管的上端,均套上干燥洁净的乳胶管,并夹紧 C 管上连接的乳胶管使其不通大气。在连接 B 管的乳胶管上接洗耳球慢慢抽气,待液面升至 G 球的 1/2 左右时停止抽气,然后除去吸耳球,打开 C 管乳胶管上夹子使其通大气,此时液体靠重力自由流下。用眼睛水平注视着正在下降的液面,当液面达到刻度线 a 时,立刻按秒表开始计时,当液面下降到刻度线 b 时,再按秒表,记录溶剂流经下球上下两刻度($\rightarrow b$)之间的时间 t_0。重复三次,每次相差不应超过 0.2s,取其平均值。如果相差过大,则应检查毛细管有无堵塞现象,察看恒温槽温度是否合适。

4. 溶液流出时间的测定。待 t_0 测完后,取出黏度计,倒去其中的水,用电吹风吹干。再用干净的 10mL 移液管移取已经恒温好的聚合物溶液 10mL,注入黏度计内,按步骤 3 测定流出时间 t。再用移液管依次加入 5mL 已恒温的去离子水,用洗耳球从 C 管向其中鼓泡的方法使溶液混合均匀,再用上法测定流出时间。同样,依次加入 5mL、10mL、10mL 已恒温的去离子水,分别稀释成相对浓度 $\frac{1}{2}$、$\frac{1}{3}$、$\frac{1}{4}$ 的溶液,逐一测定它们的流出时间(每个数据重复 3 次,误差不超过 0.2s)。

5. 实验完毕,应洗净黏度计,然后用洁净的去离子水浸泡或倒置使其晾干。

五、数据处理

1. 将实验数据记录于表 2-36 中。

表 2-36 实验数据记录

实验温度_____;　　　　　大气压_____;　　　　　溶液浓度 c_1_____

项目		流出时间			η_r	η_{sp}	$\dfrac{\eta_{sp}}{c}$	$\ln\eta_r$	$\dfrac{\ln\eta_r}{c}$
		测量值			平均值					
		1	2	3						
溶剂					$t_0=$					
溶液	$c=\dfrac{2}{3}$				$t_1=$					
	$c=\dfrac{1}{2}$				$t_2=$					
	$c=\dfrac{1}{3}$				$t_3=$					
	$c=\dfrac{1}{4}$				$t_4=$					

2. 以 $\dfrac{\eta_{sp}}{c}$-c 和 $\dfrac{\ln\eta_r}{c}$-c 分别对 c 作图,并外推到 $c=0$,从截距求出 $[\eta]$ 值。

3. 取 25℃时常数 K、α 值,按式(2-117)计算聚乙二醇的摩尔质量的平均值 $\overline{M}$。对聚乙二醇的水溶液，不同温度下的 K、α 值见表 2-37。

表 2-37　聚乙二醇不同温度时的 K、α 值（水为溶剂）

$t/℃$	$K\times 10^6/(m^3 \cdot kg^{-1})$	α	$\overline{M}\times 10^{-4}$
25	156	0.50	0.019～0.1
30	12.5	0.78	2～500
35	6.4	0.82	3～700
35	16.6	0.82	0.04～0.4
40	6.9	0.81	3～700

六、思考题

1. 乌氏黏度计中的支管 C 有何作用？除去支管 C 是否仍可测定黏度？如果在测定液体流出时间时没有打开支管 C，会对测定的高聚物分子量产生何种影响？

2. 测量时黏度计倾斜放置会对测定结果有什么影响？

3. 在本实验中，有哪些注意事项？引起实验误差的主要原因是什么？

七、注意事项

1. 黏度计必须洁净，如毛细管壁上挂有水珠，需用洗液浸泡（洗液经 2# 砂芯漏斗过滤除去微粒杂质）。

2. 高聚物在溶剂中溶解缓慢，配制溶液时必须保证其完全溶解，否则会影响溶液起始浓度，而导致结果偏低。

3. 本实验中溶液的稀释是直接在黏度计中进行的，所用溶剂必须先在与溶液所处同一恒温槽中恒温，然后用移液管准确量取，并充分混合均匀方可测定。

4. 测定时黏度计要垂直放置，否则影响结果的准确性。

第三章
物理化学实验技术和常用仪器

第一节 温度的测量与控制

温度是表征宏观物质体系状态的一个基本参量，同时也反映了体系中物质内部大量分子和原子平均动能的大小。物体内部分子、原子平均动能的增加或减少，表现为物体温度的升高或降低。物质的物理化学特性都与温度有密切的关系，温度是确定物体状态的一个基本参量，因此准确测量和控制温度在科学实验中非常重要。

温度是一种特殊的物理量，两个物体的温度不能像质量那样互相叠加，两个温度间只有相等或不等的关系。不同温度的物体相接触，必然有能量以热能的形式由高温物体传至低温物体。或者说，两个物体处于热平衡时，其温度相同，这是温度测量的基础。当温度计与被测体系之间真正达到热平衡时，与温度有关的物理量才能用以表征体系的温度。

一、温标

为了表示温度的高低，需要建立温标，即温度间隔的划分与刻度的表示。温标是测量温度时必须遵循的规定。确立一种温标应包括：选择测温仪器、确定基准点以及对分度方法加以固定。

(一) 热力学温标

热力学温标是1848年由开尔文(Kelvin)提出的，通常也称作绝对温标，以K（开）表示。它是建立在卡诺(Carnot)循环基础上的。卡诺循环中温度T_2和T_1仅与热量Q_2和Q_1有关，与工作物质无关，在任何工作范围内均具有线性关系，是理想的、科学的温标。若规定一个固定温度T_1，则另一个温度T_2可由式(3-1)求得。

$$T_2 = \frac{Q_2}{Q_1} T_1 \tag{3-1}$$

理想气体在定容下的压力（或定压下的体积）与热力学温度呈严格的线性函数关系。因此，国际上选定气体温度计，用它来实现热力学温标。氦、氢、氮等气体在温度较高、压强不太大的条件下，其行为接近理想气体。所以，这种气体温度计的读数可以校正成为热力学温标。原则上说，其他温度计都可以用气体温度计来标定，使温度计的校正读数与热力学温标相一致。

热力学温标用单一固定点定义。1948年第九次国际计量大会决定，定义水的三相点的热力学温度为273.16K，水的三相点到绝对零度之间的1/273.16为热力学温标的1度。热力学温标的符号为T，单位符号K。水的三相点即以273.16K表示。

(二) 摄氏温标

摄氏温标使用较早，应用方便。它是以大气压下水的凝固点（0℃）和沸点（100℃）为两个定点，在这两点之间划分为 100 等分，每等分代表 1 度，以℃表示。摄氏温度的符号为 t。

在定义热力学温标时，水三相点的热力学温度本来是可以任意选取的，但为了和人们过去的习惯相符合，规定水三相点的热力学温度为 273.16K，使得水的沸点和凝固点之差仍保持 100 度。这就使热力学温标与摄氏温标之间只相差一个常数。因此，以热力学温标对摄氏温标重新定义，即

$$t/℃ = T/K - 273.15 \tag{3-2}$$

根据这个定义，273.15 为摄氏温标零度的热力学温度值，它与水的凝固点不再有直接联系。不过，其优越性是明显的，开尔文温度与摄氏温度的分度值相同，因此温度差可用 K 表示也可用℃表示。

由于气体温度计的装置复杂，使用不方便。为了统一国际温度量值，1927 年拟定了"国际温标"，建立了若干可靠而又能高度重现的固定点。随着科学技术的发展，又经过多次修订，现在采用的是 1990 年国际温标（ITS-90），其定义的温度固定点、标准温度计和计算的内插公式请参阅中国计量出版社出版的《1990 年国际温标宣贯手册》和《1990 年国际温标补充资料》。

二、温度的测量

国际温标规定，从低温到高温划分为四个温区，在各温区分别选用一个高度稳定的标准温度计来度量各固定点之间的温度值。这四个温度区及相应的标准温度计见表 3-1。

表 3-1　四个温区的划分及相应的标准温度计

温度范围/K	13.81～273.15	273.15～903.89	903.89～1337.58	1337.58 以上
标准温度计	铂电阻温度计	铂电阻温度计	铂铑(10%)铂热电偶	光学温度计

下面介绍几种实验室常见的温度计。

(一) 水银温度计

水银温度计是实验室常用的温度计。水银容易提纯、热导率大、比热容小、膨胀系数较均匀、不易附着在玻璃壁上、不透明。水银温度计的结构简单，价格低廉，具有较高的精确度，可直接读数，使用方便；但是易损坏，损坏后无法修理。水银温度计适用范围为 238.15～633.15K（水银的熔点为 234.45K，沸点为 629.85K）。如果用石英玻璃作管壁，充入氮气或氩气，最高使用温度可达到 1073.15K。如果水银中掺入 8.5% 的铊（Tl）则可以测量到 213.2K 的低温。

1. 水银温度计的读数误差来源

(1) 水银膨胀不均匀　此项较小，一般情况下可忽略不计。

(2) 玻璃球体积的改变　精细的温度计，每隔一段时间需要做定点校正，以作为温度计本身的误差。

(3) 压力效应　通常温度计读数是指外界压力为 10^5 Pa 而言的，当压力改变时，应对压力产生的影响进行校正。对于直径为 5～7mm 的水银球，压力系数的数量级约为 0.1℃/(10^5 Pa)。

(4) 露茎误差　水银温度计有"全浸"与"非全浸"两种。"全浸"指测量温度时，只有温度计水银柱全部浸在介质内时，所示温度才正确。"非全浸"指温度计的水银球及部分

水银柱浸在加热介质中。如果一支温度计是全浸没标定的刻度而在使用时未完全浸没，则由于器外温度与被测介质温度的不同，必然会引起误差。

（5）其他误差　由于温度计水银球与被测介质达到热平衡时需要一定的时间，因此在快速测量时，时间太短容易引起延迟误差。此外还有辐射误差，以及由于刻度不均匀、水银附着及毛细管现象等引起的误差。

2. 水银温度计校正

（1）读数校正　一种方法是以纯物质的熔点或沸点作为标准进行校正。另一种方法是以标准水银温度计为标准，用标准水银温度计和待校正的温度计同时测定某一体系的温度，将对应值一一记录，做出校正曲线。使用时，利用校正曲线对温度计进行校正。

标准水银温度计是由多支温度计组成，各支温度计的测量范围不同，每支都经过计量部门的鉴定，读数准确。

（2）露茎校正　非全浸式水银温度计常刻有校正时浸入量的刻度，在使用时若室温和浸入量均与校正时一致，所示温度是正确的。

全浸式水银温度计使用时应当将水银全部浸入被测体系中，达到热平衡后才能读数。全浸式水银温度计中的水银如不能全部浸没在被测体系中，则因露出部分与体系温度不同，必然存在读数误差，因此必须进行校正。这种校正称为露茎校正。

其校正公式为：

$$t_c = t + kl(t - t_0) \tag{3-3}$$

式中，t_c 为温度的正确值；t 为温度计的读数值；t_0 为辅助温度计的读数值（放置在露出器外水银柱 1/2 位置处）；l 为露出待测体系外部的水银柱长度，称为露茎高度（以温度差值表示）；k 为水银相对于玻璃的膨胀系数，使用摄氏度时，$k = 0.00016$。

3. 使用温度计的注意事项

（1）温度计应尽可能垂直放置，以免温度计内部水银压力不同而引起误差。

（2）防止骤冷骤热，以免引起温度计破裂和变形。

（3）不能将温度计用作搅拌棒使用。

（4）根据测量需要，选择不同量程、不同精度的温度计。

（5）根据测量精度需要对温度计进行各种校正。

（6）温度计插入待测体系后，待体系温度与温度计之间的热传导达到平衡后再读数。

（二）电阻温度计

电阻温度计是利用物质的电阻随温度变化的特性制成的测温仪器。任何物体的电阻都与温度有关，因此都可用来测量温度。但是，能满足温度测量要求的物质并不多。在实际应用中，对该物质不仅要求有较高的灵敏度，而且要求有较高的稳定性和重现性。按感温元件的材料来分，用于电阻温度计的材料有金属导体和半导体两大类。大多数金属导体的电阻值读数随着温度的增高而增大，一般是当温度每升高 1℃，电阻值增加 0.4%～0.6%。金属导体有铂、铜、镍、铁和铑铁合金，目前大量使用的材料为铂、铜和镍。铂制成的为铂电阻温度计，铜制成的为铜电阻温度计，都属于定型产品。半导体材料则具有负的温度系数，其值为（以 20℃为参考点）温度每升高 1℃，电阻值降低 2%～6%。半导体有锗、碳和热敏电阻（氧化物）等。

1. 铂电阻温度计

铂容易提纯，化学稳定性高，电阻温度系数稳定且重现性很好。铂电阻与专用精密电桥或电位差计组成的铂电阻温度计有极高的精确度。因此，在 1968 年国际温标（IPTS-68）

中规定在 13.81~903.89K 温度范围内以铂电阻温度计作为标准温度计。

铂电阻温度计用的是纯铂丝，必须经 933.35K 退回处理。绕在交叉的云母片上。再密封在硬质玻璃管中，内充干燥的氦气，制成感温元件，用电桥法测定铂丝电阻。

2. 热敏电阻温度计

由金属氧化物半导体材料制成的电阻温度计也叫热敏电阻温度计。热敏电阻的电阻值会随着温度的变化而发生显著的变化，是对温度变化及其敏感的元件。热敏电阻温度计对温度的灵敏度比铂电阻、热电偶等其他感温元件高得多。常用的热敏电阻能直接将温度变化转换成电性能，如电压或电流的变化，测量电性能变化就可得到温度变化结果。

热敏电阻与温度之间并非线性关系，但当测量温度范围较小时，可近似为线性关系。实验证明，在使用精密电位差计或电桥进行测量时，分辨率可达 $10^{-4} \sim 10^{-5}$℃。经标定后，很适用于温差测量。其测定温差的精度足以和贝克曼温度计相比，而且还具有热容量小、响应快、便于自动记录等优点。现在，实验室中已普遍用此种温度计制成的温差测量仪代替贝克曼温度计。

（三）热电偶温度计

将两种不同金属导体构成一个闭合回路，如果两个连接点的温度不同，回路中就会产生一个与温差有关的电势差，称为温差电势。这样的一对金属导体称为热电偶（图 3-1），可以利用其温差电势测定温度。

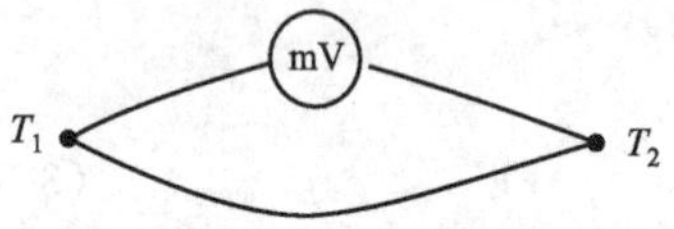

图 3-1 热电偶

对热电偶材料的要求是物理、化学性质稳定，在测定的温度范围内不发生相变现象和化学变化，不易氧化、还原、腐蚀；热电势与温度成简单函数关系，最好是呈线性关系，微分热电势要大，电阻温度系数要比电导率高；易于加工，重复性好；价格便宜。不同材质的热电偶使用温度范围及热电势系数见表 3-2。

表 3-2 热电偶基本参数

材质及组成	新分度号	旧分度号	使用范围/K	热电势系数/(mV·K^{-1})
铁-康铜(CuNi40)	—	FK	0~1073	0.0540
铜-康铜	T	CK	73~573	0.0428
镍铬 10-考铜(CuNi43)	—	EA-2	273~1073	0.0695
镍铬-考铜	—	NK	273~1073	
镍铬-镍硅	K	EU-2	273~1573	0.0410
镍铬-镍铝(NiAl2Si1Mg2)			273~1373	0.0410
铂-铂铑 10	S	LB-3	273~1873	0.0064
铂铑 30-铂铑 6	B	LL-2	273~2073	0.00034
钨铼 5-钨铼 20	—	WR	273~473	

这些热电偶可用相应的金属导线熔接而成。应用时一般将热电偶的一个接点放在待测体系（热端）中，另一接点则放在储有冰水的保温瓶（冷端）中，这样可以保持冷端的温度稳定。有时为了使温差电势增大，提高测量精度，可将几个热电偶串联成热电堆使用，热电堆的温差电势等于各个热电偶热电势之和。

温差电势可以用电位计或毫伏计测量。精密的测量可使用灵敏检流计或电位差计。使用热电偶温度计测定温度，就得把测得的电动势换算成温度值，因此就要做出温度与电动势的校正曲线。

1. 热电偶的校正方法

（1）利用纯物质的熔点或沸点进行校正 由于纯物质发生相变时的温度是恒定不变的，

因此，挑选几个已知熔点或沸点的纯物质分别测定其加热或步冷曲线（温差电势-温度关系曲线），曲线上平台部分所对应的温差电势值即对应于该物质的熔点或沸点，据此作出温差电势-温度（mV-T）曲线，即为热电偶温度计的工作曲线。在以后的实际测量中，对应这套热电偶温度计，就可使用这条工作曲线确定待测体系的温度。

（2）利用标准热电偶校正　将待校热电偶与标准热电偶（已知电势与温度的对应关系）的热端置于相同的温度处，进行一系列不同温度点的测定，同时读取电动势（以 mV 表示），借助于标准热电偶的电动势与温度的关系而获得待校热电偶温度计的一系列 mV-T 关系，制作工作曲线。一般在高温下，常用铂-铂铑作为标准热电偶。

2. 热电偶温度计使用时应注意的问题

（1）易氧化的金属热电偶（铜-康铜）不应插在氧化气氛中，易受还原的金属热电偶（铂-铂铑）则不应插在还原气氛中。

（2）可以和待测物质直接接触的热电偶，一般都直接插在待测体系中；如不能直接接触的，则需将热电偶插在一个适当的套管中。再将套管插在待测体系中，在套管中加适量的石蜡油，以便改进导热性能。

（3）冷端的温度需保证准确不变，一般放在冰水中。

（4）接入测量仪表前，需先判别其"＋""－"端。

（5）选择热电偶时应注意，在使用温度范围内，温差电势与温度最好呈线性关系，并且应选温差电势的温度系数大的热电偶，以增加测量的灵敏度。

（四）温差温度计

有些实验，如燃烧热测量、溶解热测量、凝固点降低法测摩尔质量等，要求测量的温度精确到 0.002℃，显然一般的水银温度计不能满足要求。为此，常用温差温度计测量。

1. 贝克曼温度计

贝克曼温度计是一种移液式的内标温度计，测量范围－20～150℃，专用于精确测量温差。它的最小刻度为 0.01℃，用放大镜可以读准到 0.002℃，测量精度较高；还有一种最小刻度为 0.002℃，可以估读准到 0.0004℃。它与普通温度计的区别在于下端有一个大的水银球，球中的水银量根据不同的起始温度而定，它是借助于温度计顶端的储汞槽来调节的，刻度量程一般只有 5℃。调节时只要把一定的水银移出或移入毛细管顶端的储汞槽就可以了。显然，被测体系的温度越低，水银量就要越大。

贝克曼温度计下端水银球的玻璃很薄，中间的毛细管很细。因此，使用时需要特别小心，不能同任何硬的物件相碰，不要骤冷、骤热。现在实验室已多用精密数字温差仪替代贝克曼温度计。

2. 精密温差测量仪

测量原理为：温度传感器将温度信号转换成电压信号，经过多级放大器组成测量放大电路后变成为对应的模拟电压量。单片机将采样值数字滤波和线性校正，将结果实时输送四位半的数码管显示和 RS232 通信口输出。

（五）SWC-ⅡD 精密数字温度温差仪

1. 仪器特点

除显示清晰、直观，分辨率高，稳定性好，使用安全可靠等特点外，还具备以下特点：

(1) 温度－温差双显示。

(2) 基温自动选择。

(3) 读数采零及超量程显示的功能，使温差测量显示更为直观，无需进行算术计算。温差超量程自动显示 U.L 符号。

(4) 可调报时功能。可以在定时读数时间范围 6～99s 内任意选择。

(5) 有基温锁定功能,避免因基温换挡而影响实验数据的可比性。

(6) 可配备 RS-232C 串行口,便于与计算机连接。

2. 技术指标和使用条件

(1) 技术指标

SWC-II$_D$ 精密数字温度温差仪技术指标见表 3-3。

表 3-3　SWC-II$_D$ 精密数字温度温差仪技术指标

温度测量范围	-50～$+150$℃
温度测量分辨率	0.01℃
温差测量范围	-10～$+10$℃
温差测量分辨率	0.001℃
时间漂移	≤0.0005℃/h
定时读数时间范围	6～99s
输出信号	RS-232C 串行口(选配)
外形尺寸	285mm×260mm×70mm
重量	约 1.5kg

(2) 使用条件

① 电源:220V±10%,50Hz。

② 环境:温度 -10～50℃,湿度≤85%。

③ 无腐蚀性气体的场合。

3. 面板示意图

(1) 前面板(图 3-2)

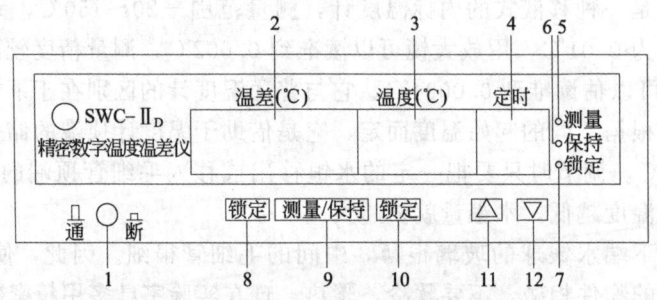

图 3-2　SWC-II$_D$ 精密数字温度温差仪前面板

1—电源开关;2—温差显示窗口(显示温差值);3—温度显示窗口(显示所测物的温度值);
4—定时窗口(显示设定的读数时间间隔);5—测量指示灯(灯亮表明系统处于测量工作状态);
6—保持指示灯(灯亮表明系统处于读数保持状态);7—锁定指示灯(灯亮表明系统处于基温锁定状态);
8—锁定键(按下此键,基温自动选择和采零都不起作用,直至重新开);
9—测量、保持功能转换键(此键为开关式按键,在测量功能和保持功能之间转换);
10—采零键(用以消除仪表当时的温差值,使温差显示窗口显示"0.000");
11,12—数字调节键(△键和▽键分别调节数字的大小)

(2) 后面板(图 3-3)

4. 使用方法

(1) 将传感器探头插入后盖板上的传感器接口(槽口对准)。(注意:为了安全起见,请在接通电源以前进行上述操作!)

(2) 将 220V 电源接入后盖板上的电源插座。

(3) 将传感器插入被测物中(插入深度应大于 50mm)。

(4) 按下电源开关,此时显示屏显示仪表初始状态(实时温度),如图 3-4 所示。

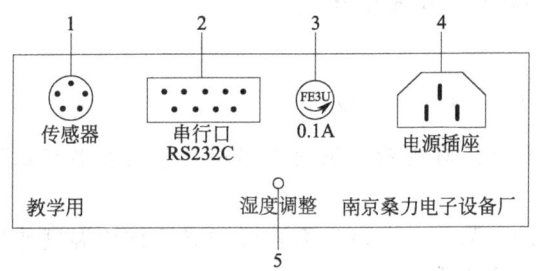

图 3-3　SWC-ⅡD 精密数字温度温差仪后面板
1—传感器插座(将传感器插入此插座);
2—串行口(为计算机接口,根据需要与计算机连接);
3—保险丝;4—电源插座(接 220V 电源);
5—温度调整(生产厂家进行仪表校验时用。
用户勿调节此处,以免影响仪表的准确度)

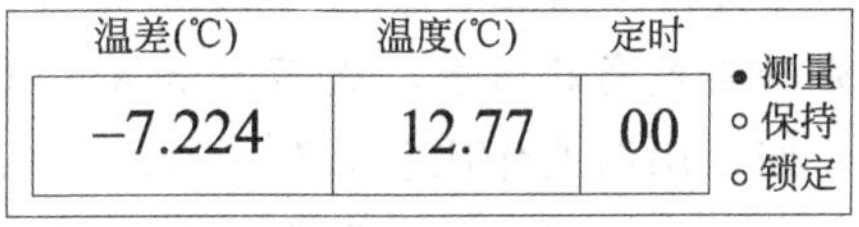

图 3-4　SWC-ⅡD 精密数字温度温差仪显示屏

(5) 当温度显示值稳定后,按一下 采零 键,温差显示窗口显示 "0.000"。稍后的变化值为采零后温差的相对变化量。

(6) 在一个实验过程中,仪器采零后,当介质温度变化过大时,仪器会自动更换适当的基温,这样,温差的显示值将不能正确反映温度的变化量,故在实验时,按下 采零 键后,应再按一下 锁定 键,这样,仪器将不会改变基温, 采零 键也不起作用,直至重新开机。

(7) 需要记录读数时,可按一下 测量/保持 键,使仪器处于保持状态(此时,"保持"指示灯亮)。读数完毕,再按一下 测量/保持 键,即可转换到"测量"状态,进行跟踪测量。

(8) 定时读数

① 按下 △ 或 ▽ 键,设定所需的报时间隔(应大于 5s,定时读数才会起作用)。

② 设定完后,定时显示将进行倒计时,当一个计数周期完毕时,蜂鸣器鸣叫且读数保持约 5s,"保持"指示灯亮,此时可观察和记录数据。

③ 若不想报警,只需将定时读数置于 0 即可。

附注

(1) 温度显示窗口显示传感器所测物的实际温度 T。

(2) 温差显示窗口显示的温差为介质实际温度 T 与基温 T_0 的差值。

(3) 仪器根据介质温度自动选择合适的基温,基温选择标准见表 3-4。

表 3-4　SWC-ⅡD 精密数字温度温差仪基温选择标准

温度 T/℃	基温 T_0/℃	温度 T/℃	基温 T_0/℃
$T<-10$	-20	$50<T<70$	60
$-10<T<10$	0	$70<T<90$	80
$10<T<30$	20	$90<T<110$	100
$30<T<50$	40	$110<T<130$	120

(4) 关于温差测量的说明。

① 基温下 T_0 不一定为绝对准确值，其为标准温度的近似值。

② 被测量的实际温度为 T，基温为 T_0，则温差 $\Delta T = T - T_0$，例如：

$T_1 = 18.077℃$，$T_0 = 20℃$，则 $\Delta T_1 = -1.923℃$（仪表显示值）

$T_2 = 21.342℃$，$T_0 = 20℃$，则 $\Delta T_2 = 1.342℃$（仪表显示值）

要得到两个温度的相对变化量 $\Delta T'$，则

$$\Delta T' = \Delta T_2 - \Delta T_1 = (T_2 - T_0) - (T_1 - T_0) = T_2 - T_1$$

由此可以看出，基温 T_0 只是参考值，略有误差对测量结果没有影响。采用基温可以得到分辨率更高的温差，提高显示值的准确度。

如：用温差作比较 $\Delta T' = \Delta T_2 - \Delta T_1 = 1.342℃ - (-1.923℃) = 3.265℃$ 比用温度作比较 $\Delta T' = T_2 - T_1 = 21.34℃ - 18.08℃ = 3.26℃$ 准确度高。

5. 维护注意事项

(1) 不宜放置在过于潮湿的地方，应置于阴凉通风处。

(2) 不宜放置在高温环境，避免靠近发热源，如电暖气或炉子等。

(3) 为了保证仪表工作正常，没有专门检测设备的单位和个人，请勿打开机盖进行检修，更不允许调整和更换元件，否则将无法保证仪表测量的准确度。

(4) 传感器和仪表必须配套使用（传感器探头编号和仪表的出厂编号应一致），以保证检测的准确度，否则，温度检测准确度将有所下降。

(5) 在测量过程中，一旦按锁定键后，基温自动选择和采零键将不起作用，直至重新开机。

(6) 简单故障及排除方法见表 3-5。

表 3-5　SWC-II$_D$ 精密数字温度温差仪简单故障及排除

故障现象	排除方法
打开电源开关，LED 无显示	检查电源线和保险丝是否接牢
显示屏上数字保持不变	检查仪表是否处于保持状态，按下 测量/保持 键即可
显示屏显示杂乱无章或显示"OU.L"	(1) 表明仪表测量已超量程或温差超量程；(2) 检查传感器插入是否良好，且重新采零
采零 键不起作用	检查是否处于"锁定"状态

三、恒温技术及温度控制装置

物质的物理、化学性质，如黏度、密度、蒸气压、表面张力、折射率等都随温度而变，要测定这些性质必须在恒温条件下进行。一些物理化学常数如化学反应速率系数、反应平衡常数等也与温度有关，这些常数的测定也需要恒温，因此，掌握恒温技术非常必要。

恒温控制可分为两类，一类是利用物质的相变点温度来获得恒温，如液氮（77.3K）、干冰（194.7K）、冰水浴（273.15K）、$NaSO_4 \cdot 10H_2O$（305.6K）、沸水（373.15K）等。这些物质在相平衡时构成一个"介质浴"。将需要恒温的研究体系置于这个介质浴中，就可以获得一个高度稳定的恒温条件。如果介质是高纯度的，则恒温的温度就是该介质的相变温度，而不必另外精确标定。其缺点是恒温温度不能随意调节，温度的选择受到很大限制。另外一类是利用电子调节系统进行温度控制，如电冰箱、恒温槽、烘箱、高温电炉等，此方法控制范围宽，可以任意调节设定温度。

电子调节系统种类很多，但从原理上讲，都必须包括三个基本部件，即变换器、电子调节器和执行系统。变换器的功能是将被控对象的温度信号变换成电信号；电子调节器的功能是对来自变换器的信号进行测量、比较、放大和运算，最后发出某种形式的指令，使执行系统进行加热或制冷（图3-5）。电子调节器按其自动调节规律可分为断续式二位制控制和比例-积分-微分（PID）控制等。

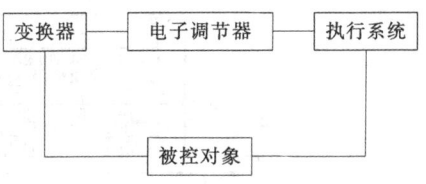

图 3-5　电子调节系统的控温原理

（一）SYP-Ⅱ玻璃恒温水浴装置

1. 仪器特点

（1）控温、搅拌一体，搬运方便，系统操作简单扼要。

（2）采用高温玻璃材料制成，耐温、保温性能好，便于观察，美观实用。

（3）控制设定温度数据双显示，清晰直观。控温均匀，波动小；键入式温度设定可靠，安全方便。

（4）采用自整定PID技术，自动地按设置调整加热系统，恒温控制较为理想。

（5）备有定时提醒报警功能，便于定时观察、记录。

2. 技术指标和使用条件

（1）使用条件

① 电源：交流 220V±10%，50Hz。

② 温度：-5~50℃。

③ 湿度：≤85%。

④ 无腐蚀性气体的场所。

（2）技术指标

① 测量范围：室温~99.9℃。

② 分辨率：0.1℃。

③ 定时时间：10~99s。

④ 功率：1kW。

⑤ 外形尺寸：ϕ345mm×440mm。

⑥ 质量：约8kg。

3. SYP-Ⅱ玻璃恒温水浴装置结构

SYP-Ⅱ玻璃恒温水浴装置主要由玻璃缸体和控温机箱组成，其结构为图3-6。

4. 使用方法

（1）向玻璃缸内注入其容积2/3~3/4的自来水，水位高度大约230mm，将温度传感器插入玻璃缸塑料盖预置孔内（左边），另一端与机箱后面板传感器插座相连接。

（2）用配备的电源线将交流220V与机箱后面板电源插座相连接，然后打开机箱后面板上的电源开关，此时显示器和指示灯均有显示，初始状态如图3-7所示，其中实时温度显示为水温，置数指示灯亮。

（3）设置控制温度：按"工作/置数"键至置数灯亮。依次按"×10"、"×1"、"×0.1"键，设置"设定温度"的十位、个位及小数点后的数字，每按动一次，数码显示由0~9依次递增，直至调整到所需"设定温度"的数值。

（4）设置完毕，按"工作/置数"键，转换到工作状态，工作指示灯亮。需要快搅拌时

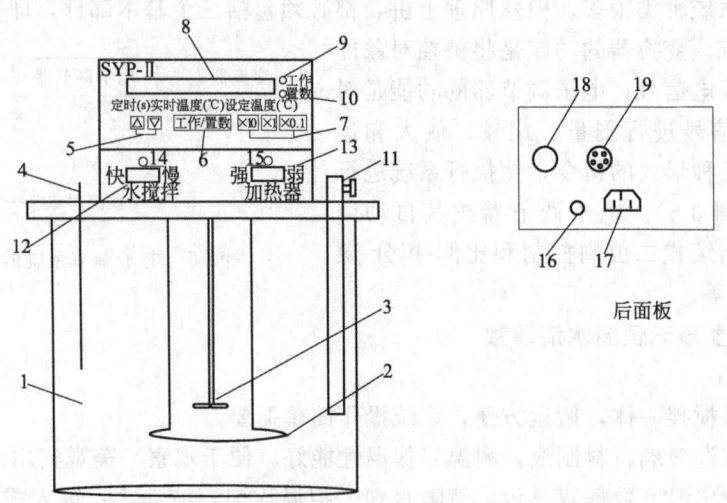

图 3-6 SYP-Ⅱ 玻璃恒温水浴装置结构

1—玻璃缸体；2—加热器；3—搅拌器；4—温度传感器；5—定时设定值增、减键；6—工作/置数转换按键；
7—温度设置键；8—显示窗口；9—工作指示灯；10—置数指示灯；11—可升降支架；
12—水搅拌快慢开关；13—加热器强弱开关；14—水搅拌指示灯；15—加热指示灯；16—保险丝座；
17—电源插座；18—电源开关；19—温度传感器接口

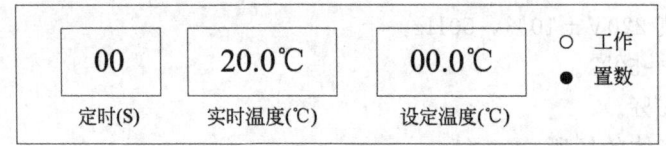

图 3-7 SYP-Ⅱ 玻璃恒温水浴装置显示屏

"水搅拌"置于"快"位置。通常情况下置于"慢"位置即可。升温过程中为使升温速度尽可能快，可将加热器功率置于"强"位置。当温度接近设定温度 2～3℃ 时，将加热器功率置于"弱"的位置，以免过冲，达到较为理想的控温目的。此时，实时温度显示窗口显示示值为水浴的实时温度值。当达到设置温度时，由 PID 调节自整定，将水浴温度自动准确地控制在设定的温度范围内。一般均可稳定、可靠地控制在设定温度的 ±0.02℃ 以内。

注意：① 置数工作状态时，仪器不对加热器进行控制，即不加热。

② 最低设定温度大于环境温度 5℃，控温较为理想。

(5) 定时报警的设置：需定时观测、记录，按"工作/置数"键，至置数灯亮，用定时增、减键设置所需定时的时间，有效设置范围：10～99s。报警工作时，定时时间递减至"01"，蜂鸣器即鸣响 2s，然后，按设定时间周期循环反复报警。无需定时提醒功能时，只需将报警时间设置在 9s 以下即可。报警时间设置完毕，按"工作/置数"键，切换到工作状态，工作指示灯亮。

5. 维护及注意事项

(1) 玻璃缸表面光滑，碰撞易碎，故水浴在搬运过程中，必须轻拿轻放，以免因破裂而引起安全事故。

(2) 不宜放置在潮湿及有腐蚀性气体的场所，应放置在通风干燥的地方。

(3) 长期搁置再启用时，应将灰尘打扫干净后，将水浴试通电，试运行。检查有无漏电现象，避免因长期搁置产生的灰尘及受潮造成漏电事故。

（4）为保证使用安全，严禁无水干烧（即玻璃缸内无水通电加热）！水浴水位不得低于 150mm 才能通电加热，水位过低可能造成"干烧"而损坏加热器。

（5）为保证系统工作正常，没有专门的检验设备的单位和个人请勿打开机盖进行检修，更不允许调整和更换元件，否则将无法保证仪表测控温的准确度。

（6）传感器和仪表必须配套使用，不可互换！互换虽也能工作，但测控温的准确度必将有所下降。

（7）可升降支架根据实际需要调节高低，只需松开螺丝，调整高度再拧紧螺丝即可。

（8）工作完毕，关闭水浴电源开关。为安全起见，拔下电源插头。

(二) SYC-15B 超级恒温水浴装置

1. 仪器特点

（1）水浴槽（不锈钢）加热器工作电源、升温、控温、搅拌一体，搬运方便，系统操作简单扼要。

（2）采用不锈钢材料制成，坚固、耐温、耐用、耐腐蚀、美观实用。

（3）控制设定温度数据双显示，清晰直观。带回差调节，控温均匀，波动小；键入式温度设定可靠，安全方便。

（4）采用先进的数字信号处理技术，利用微处理器对温度传感器的信号进行线性补偿，具有 Watch Dog 功能，测量准确可靠。

2. 技术指标和使用条件

（1）使用条件

① 电源：交流 220V±10%，50Hz，2kVA。

② 温度：-5～50℃。

③ 湿度：≤85%。

④ 无腐蚀性气体。

（2）技术指标

① 测量范围：-50～150℃。

② 测量分辨率：0.1℃。

③ 稳定度：0.1℃。

④ 回差范围：0.1～0.5℃（任选）。

⑤ 循环泵流量：4L/min。

⑥ 功率：1.5kW。

⑦ 水浴容量：15L。

⑧ 外形尺寸：330mm×390mm×470mm。

⑨ 质量：约 8kg。

3. SYC-15B 超级恒温水浴装置结构

SYC-15B 超级恒温水浴装置主要由不锈钢缸体和控温机箱组成，正面透视见图 3-8。

4. 使用方法

（1）向不锈钢水浴缸内注入其容积 2/3～3/4 的自来水，水位高度大约 230mm（不低于 150mm），将温度传感器插入主机箱前中间预置塑料孔内，另一端与控温机箱后面板传感器插座相连接。

（2）用配备的电源线将交流 220V 电源与主机箱后面板电源插座相连接。先将加热器电源开关、搅拌器开关置于"OFF"位置，后按下电源开关，此时显示器和指示灯均有显示。

初始状态见图3-9，其中"恒温"指示灯亮，回差处于0.5。

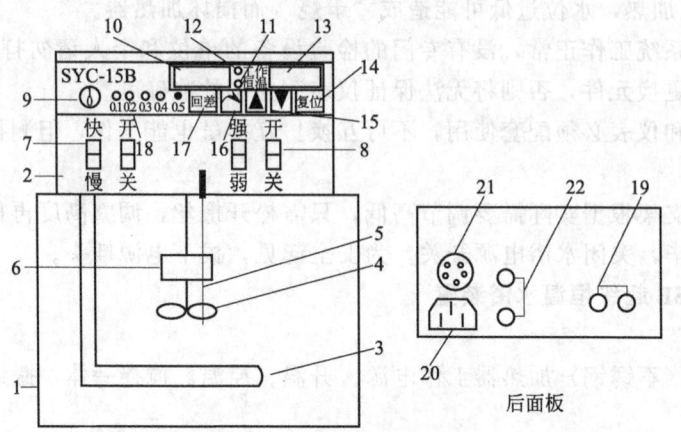

图 3-8　SYC-15B不锈钢超级恒温水浴装置结构

1—不锈钢水浴箱；2—主机箱；3—加热器；4—搅拌器；5—温度传感器；6—循环水泵；7—搅拌器开关；
8—加热器开关；9—控制器开关；10—温度显示窗口；11—工作指示灯；12—恒温指示灯；13—设定温度显示窗口；
14—复位键；15—增、减键；16—移位键；17—回差键；18—回差指示灯；19—循环水接口；
20—电源插座；21—温度传感器接口；22—保险丝座

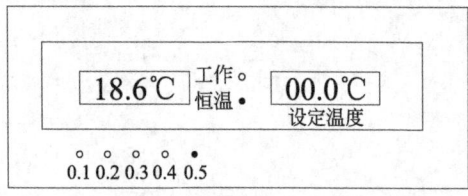

图 3-9　接通电源初始状态

（3）回差值的选择：按 回差 键，回差指示灯将依次显示为0.5、0.4、0.3、0.2、0.1，选择所需的回差值即可。

（4）控制温度的设置：按一下移位键，显示器其中有一位LED闪烁，用增▲、减▼键（图3-8图注15）设定数值的大小，再按移位键，显示器中另一位闪烁，再用增▲、减▼键设定数值的大小。由最高位向最低位依次设定数值。直至所需温度设定完成。

（5）当设置完毕时，仪表即进入自动升温控温状态。工作指示灯亮。当水浴温度达到设定温度时，工作状态自动转换到恒温状态，恒温指示灯亮。此后，控温系统根据回差值设置的大小进行自动控温，两指示灯转换速率也随之而变化。当实际温度≤设定温度－回差时，加热器处于加热状态，工作指示灯亮；当实际温度≥设定温度时，加热器停止加热，工作指示灯熄灭，恒温指示灯亮。

（6）根据实际控制温度需要，调节搅拌速度"快""慢"和加热器电源"强""弱"。一般开始加热时，为使升温速度尽可能快，故需将加热器的电源开关置于"强"的位置。当温度接近设定温度2～3℃时，即将加热器电源开通搅拌开关，直到实验结束。

（7）循环水泵与搅拌器同轴联动，内循环时，用一根备用橡胶管将两接口连接即可。外循环时，用两根橡胶管连接到需恒温的仪器上，具体情况用户可根据实际需要而定。

（8）实验完毕，关闭加热器电源、搅拌器电源、控制器电源开关。为安全起见，拔下后面板插座电源线更好。

5. 维护及注意事项

（1）不宜放置在潮湿及有腐蚀性气体的场所，应放置在通气干燥的地方。

（2）长期搁置再启用时，应将灰尘打扫干净后，将水浴试通电，试运行，检查有无漏电现象，避免因长期搁置产生的灰尘及受潮造成漏电事故。

(3) 为保证使用安全，严禁无水干烧（无水通电加热）！水浴缸内必须放入150mm以上的水才能通电加热。水位过低可能造成"干烧"而损坏加热器。

(4) 为保证系统工作正常，没有专门的检验设备的单位和个人请勿打开机盖进行检修，更不允许调整和更换元件，否则将无法保证仪表控温的准确度。

(5) 传感器和仪表必须配套使用，不可互换！互换虽也能工作，但测控温的准确度必将有所下降。

(6) 复位键：一般不用，只有在因设置错误而需重新设置，或因故死机时才使用。出现上述情况时，只需按一下复位键即可回复到初始状态。

第二节 压力的测量

压力是用来描述体系状态的一个重要参数。许多物理、化学性质，如熔点、沸点、蒸气压等都与压力有关。在化学热力学和化学动力学研究中，压力也是一个很重要的因素。因此，压力的测量具有重要的意义。

物理化学实验中，涉及高压气体钢瓶、常压以及真空系统（负压）。对于不同压力范围，测量方法也不同，所用仪器的精确度也不同。

一、压力的表示方法

物理学上把均匀垂直作用于物体单位面积上的力称为压强，工程上也叫压力。国际单位制（SI）压力的单位是帕斯卡，以"Pa"或"帕"表示。当作用于$1m^2$（平方米）面积上的力为1N（牛顿）时就是1Pa（帕斯卡）。

但是，许多过去常用的压力单位现在还没有完全废除，例如，atm（大气压）、$kg·cm^{-2}$（工程大气压）、bar（巴）等。另外还常选用一些标准液体（例如汞）制成液体压力计，压力大小就直接以液体的高度来表示。它的意义是作用在液柱单位底面积上的液体重量与气体的压力相平衡或相等。例如，1atm可以定义为：在0℃、重力加速度等于$9.80665m·s^{-2}$时，760mm高的汞柱垂直作用于底面积上的压力。此时汞的密度为$13.5951g·cm^{-3}$。因此，1atm又等于$1.03323kg·cm^{-2}$。上述压力单位之间的换算关系见表3-6。

表3-6 常用压力单位换算

压力单位	Pa	$kg·cm^{-2}$	atm	bar	mmHg
Pa	1	$1.019716×10^{-2}$	$0.9869236×10^{-5}$	$1×10^{-5}$	$7.5006×10^{-3}$
$kg·cm^{-2}$	$9.800665×10^{-4}$	1	0.967841	0.980665	753.559
atm	$1.01325×10^{5}$	1.03323	1	1.01325	760.0
bar	$1×10^{5}$	1.019716	6.986923	1	750.062
mmHg	133.3224	$1.35951×10^{-3}$	$1.3157895×10^{-3}$	$1.33322×10^{-3}$	1

除了所用单位不同外，压力还可采用不同的表示方法。常用的有绝对压力、表压和真空度，三者关系如图3-10所示。

当压力高于大气压的时候：

绝对压=大气压+表压　　或　　表压=绝对压-大气压

当压力低于大气压的时候：

绝对压＝大气压－真空度   或   真空度＝大气压－绝对压

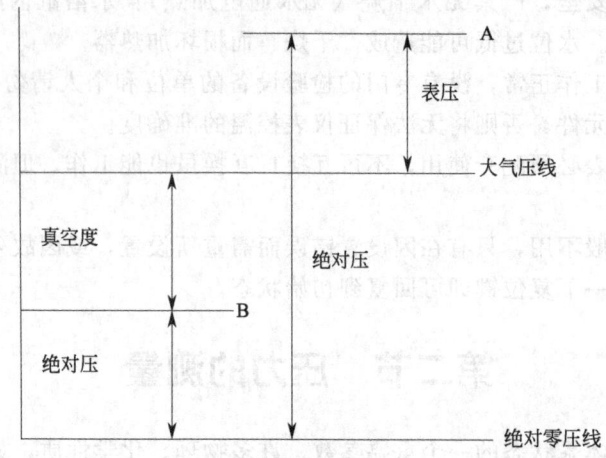

图 3-10 绝对压、表压与真空度的关系

二、压力的测量

(一) 液柱式压力计

液柱式压力计是化学实验中常用的压力计。它构造简单，使用方便，能测量微小压力差，测量准确度比较高，且制作容易，价格低廉，但是测量范围不大，示值与工作液体密度有关，且它的结构不牢固，耐压程度较差。液柱式压力计中最常用的是 U 形压力计。

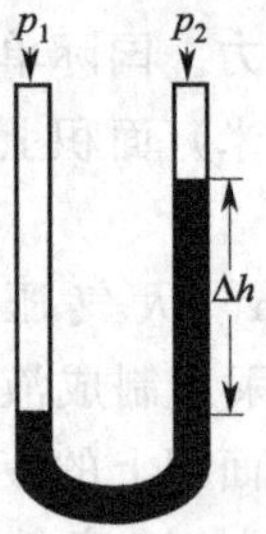

液柱式 U 形压力计由两端开口的垂直 U 形玻璃管及垂直放置的刻度标尺所构成（图 3-11）。管内下部盛有适量工作液体作为指示液。图中 U 形管的两支管分别连接于两个测压口。因为气体的密度远小于工作液体的密度，因此，由液面差 Δh 及工作液体的密度 ρ、重力加速度 g 可以得到下式：

$$p_1 = p_2 + \Delta h \rho g \tag{3-4}$$

图 3-11 液柱式 U 形压力计   或

$$\Delta h = \frac{p_1 - p_2}{\rho g} \tag{3-5}$$

U 形压力计可用来测量：
① 两气体压力差；
② 气体的表压（p_1 为测量气压，p_2 为大气压）；
③ 气体的绝对压力（令 p_2 为真空，p_1 所示即为绝对压力）；
④ 气体的真空度（p_1 通大气，p_2 为负压，可测其真空度）。

(二) DP-A 精密数字压力计

1. 仪器特点

DP-A 精密数字压力计采用先进技术与进口高精高稳元器件，内部采用 CPU 对压力传感器数据进行非线性补偿和零位自动校正，使得仪器具有操作简单、显示直观清晰、在较宽的环境温度范围内保证准确度和长期稳定性等特点，克服了水银 U 形压力计汞有毒等缺点。

DP-A 精密数字压力计具有正负压力检测功能，可替代 U 形水银压力计。

2. 技术指标和使用条件

(1) 技术指标

① 压力测量范围：-100~100kPa。
② 分辨率：0.01Pa。
③ 准确度：0.2级（内控指标0.1级）。
④ 压力过载能力：2倍的最大测量范围。
(2) 使用条件
① 电源：220V±10%，50Hz。
② 环境温度：0~35℃。
③ 相对湿度：≤85% RH。
④ 压力传递介质：除氟化物气体外的各种气体介质均可使用。
⑤ 质量：1.5kg。

3. 使用方法

(1) 该机压力传感器与二次仪表为一体，用 ϕ4.5~5mm 内径的真空橡胶管将仪器后盖板压力接口与被测系统连接。

(2) 将仪表后盖板的电源线接入交流 220V 电网，电源插头与插座应紧配合。

(3) 将面板电源开关置于"ON"的位置，按动"复位"键，显示器 LED 和指示灯亮，仪表处于工作状态，仪器显示压力值。

(4) "单位"键：接通电源，初始状态"kPa"指示灯亮，LED 显示以"kPa"为计算单位的压力值；按一下"单位"键"mmHg"指示灯亮，LED 显示以"mmHg"为计量单位的压力值。

(5) 接通电源，仪表预热 5min 即可正常工作。

(6) 预压及气密性检查：缓慢加压到满量程值，检查传感器及其检测系统是否有泄漏，确认无泄漏后，泄压至零，并在全量程反复 2~3 次，然后正式测试。在测试前必须按一下"采零"开关，使仪表自动扣除传感器零压力值（零点漂移），显示器为"0000"，保证正式测试时显示值为被测介质的实际压力值。

(7) 测试：缓慢加压或疏通，当加正压力或负压力至所需压力时，显示器所显示值即为该温度下所测实际压力值。

注意：尽管仪表作了精细的零点补偿，因传感器本身固有的漂移（如时漂）是无法处理的，因此每测一次后，再测试前必须按一下"采零"键，以保证所测压力值的准确度。

(8) 关机：被测压力泄压后，将"电源开关"置于"OFF"位置，即为关机。

4. 使用与维护注意事项

(1) 本仪器适用交流 220V 电源，电源插头与插座应紧配合。

(2) 此系统采用 CPU 进行非线性补偿，电网干扰脉冲可能会出现程序错误造成死机，此时应按复位键，程序从头开始（注意：一般情况下，不会出现死机，故平时不应按此键）。

(3) DP-A 精密数字压力计，压力测量介质为除氟化物气体外的各种气体介质均可使用。

(4) 本仪表有足够的过载能力，但超过过载能力时，传感器将有永久损坏的可能。

(5) 压力传感器硅膜极薄，切忌固体颗粒或其他硬物进入接嘴内，否则会损坏压力传感器。

(6) 使用和储存时，仪表应放置在通风干燥和无腐蚀性气体的场合。

(7) 没有专门的检测技能和专门的检测设备，切勿随意打开机盖进行检测，更不允许调整或更换元件，否则将无法保证仪器测量的准确度。

（8）DP-A 精密数字压力计具有压力、温度二重检测功能，适用于正、负压力测量，测量环境或系统温度，可同时替代"饱和蒸气压测定"、"最大气泡法测量表面张力"等实验中 U 形水银压力计和温度计。

5. 常见故障及排除方法

（1）按下电源开关后无显示：此时应检查电源插座有无松动现象；保险丝是否完好。

（2）显示器数值异常：可能仪器受电源干扰，程序出现错误，按一下"复位"键，重新启动 CPU。

（3）压力值不能稳定，且迅速回落：检查橡皮管与压力接口是否接好，以及橡皮管的气密性和被测系统的管路连接是否有泄漏现象。

三、气压计

测量大气压的仪器称为气压计。气压计的式样很多，一般实验室常用的是福廷（Fortin）式气压计、数字压力计。

（一）福廷式气压计（动槽式水银气压计）

福廷式气压计的构造如图 3-12 所示。气压计的外部是一黄铜管，管的顶端有悬环，用以悬挂在实验室的适当位置。气压计内部是一根一端封闭的装有水银的长玻璃管。玻璃管封闭的一端向上。管中汞面的上部为真空；管下端插在水银槽内。水银槽底部是一羊皮袋，下端由螺旋支持，转到此螺旋可调节槽内水银面的高低。水银槽的顶盖上有一倒置的牙针，其针尖是黄铜标尺刻度的零点。此黄铜标尺上附有游标尺，转动游标调节螺旋，可使游标尺上下游动。

福廷式气压计是一种真空压力计，其原理是以汞柱所产生的静压力来平衡大气压力，汞柱的高度就可以度量大气压力的大小。在实验室，通常用毫米汞柱（mmHg）作为大气压力的单位。毫米汞柱作为压力单位时，它的定义是：当汞的密度为 $13.5951 g\cdot cm^{-3}$（即 0℃时汞的密度，通常作为标准密度，用符合 ρ_0 表示），重力加速度为 $980.665 cm\cdot s^{-2}$（即纬度 45°的海平面上的重力加速度，通常作为标准重力加速度，用符合 g_0 表示）时，1mm 高的汞柱所产生的静压力为 1mmHg。mmHg 与 Pa 单位之间的换算关系为：

$$1mmHg = 10^{-3}m \times \frac{13.5915 \times 10^{-3}}{10^{-6}} kg\cdot cm^{-3} \times 980.665 \times 10^{-2} m\cdot s^{-2}$$
$$= 133.322 Pa$$

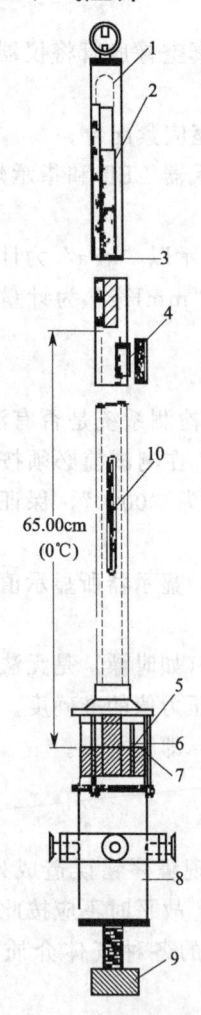

图 3-12 福廷式气压计
1—抽真空玻璃管；2—游标尺；
3—黄铜标尺；4—调节游标螺旋；
5—汞槽；6—牙针；
7—通大气水银面；
8—羊皮袋；9—调节汞面的螺旋；
10—温度计

1. 福廷式气压计的使用方法

（1）铅直调节　气压计必须垂直放置，如果有偏差，会影响读数造成误差。可以拧松下部的 3 个定位螺丝，将气压计铅直悬挂，再旋紧 3 个螺丝，使其固定即可。

（2）调节汞槽内汞面的高度　调节水银槽下部汞面的调整螺旋，使水银槽内水银面缓慢上升至与倒置的牙针尖端刚刚接触，然后用手轻轻叩击气压计金属外套管，使玻璃管上部水银柱顶端形成良好的凸面。稍等几秒钟,待牙针尖与水银面的接触无变动为止。

(二) 数字气压计

DP-A(YW) 精密数字气压温度计专为学生实验室提供环境气压与温度数据,仪器内设有万年历、有不间断内置电池断电保护。气压测量:101.3 ± 30(kPa),0.01kPa分辨率;温度测量:$-20 \sim 100$℃,0.1℃分辨率;万年历功能:显示年、月、日、时、分、秒、星期。

四、气体钢瓶减压阀

在物理化学实验中,常常要用到氧气、氮气等气体。这些气体一般都是储存在专用的高压气体钢瓶中。使用时需通过减压阀使气体压力降至实验所需范围,再经过其他控制阀门细调,使气体输入使用系统。

(一) 氧气减压阀

最常用的减压阀为氧气减压阀,简称氧气表。

1. 氧气减压阀的工作原理

氧气减压阀的工作原理见图 3-13。

氧气减压阀的高压腔与钢瓶连接,低压腔为气体出口,并通往使用系统。高压表的示值为钢瓶内储存气体的压力。低压表的出口压力可由压力调节螺杆控制。

使用时,在打开钢瓶总阀之前,应检查减压阀是否已关好,否则由于高压气的冲击会使减压阀失灵。先打开钢瓶总阀,然后顺时针转到低压表的压力调节螺杆,使其压缩主弹簧并传动薄膜、弹簧垫块和顶杆而将阀门打开。这样进口的高压气体由高压室经节流减压后进入低压室,并经出口通往工作系统。转动调节螺杆,改变阀门开启的高度,从而调节高压气体的通过量并达到所需的压力值。停止用气时,先关钢瓶总阀,到压力表下降到零,再关减压阀。

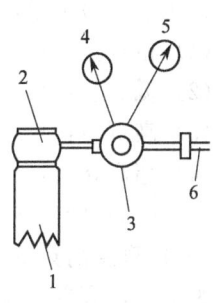

图 3-13 氧气钢瓶及减压阀
1—氧气钢瓶;2—顶端总阀门;
3—减压阀;4—高压表;
5—低压表;6—导气管

减压阀都装有安全阀。它是保护减压阀并使之安全使用的装置,也是减压阀出现故障的信号装置。当由于阀门垫、阀门损坏或由于其他原因,导致出口压力自行上升并超过一定许可值时,安全阀会自动打开排气。

2. 氧气减压阀的使用方法

(1) 按使用要求的不同,氧气减压阀有多种规格。最高进口压力大多为15MPa,最低进口压力不小于出口压力的2.5倍。出口压力规格较多,一般为$0 \sim 0.4$MPa,常用的最高出口压力为4MPa。

(2) 安装减压阀时应确定其连接规格是否与钢瓶和使用系统的接头相一致。减压阀与钢瓶多用半球面连接,靠旋紧螺母使二者完全吻合。因此,在使用时应保持两个半球面的光洁,以确保良好的气密效果。安装前可用高压气体吹出灰尘。必要时也可用聚四氟乙烯等材料作垫圈。

(3) 氧气减压阀应严禁接触油脂,以免发生火灾事故。

(4) 停止工作时,应将减压阀中余气放净,然后拧松调节螺杆以免弹性元件长久受压变形。

(5) 减压阀应避免撞击振动,不可与腐蚀性物质相接触。

(二) 其他气体减压阀

有些气体，如氮气、空气、氩气等气体，可以采用氧气减压阀。但还有一些气体，如氨等腐蚀性气体，则需要专用减压阀。常见的有氮气、空气、氢气、氨、乙炔、丙烷、水蒸气等专用减压阀。

这些减压阀的使用方法及注意事项与氧气减压阀基本相同。但是，应特别指出：专用减压阀一般不用于其他气体。为了防止误用，有些专用减压阀与钢瓶之间采用特殊连接口，例如氢气的采用左牙螺纹，也称反向螺纹，安装和使用时应特别注意。

五、真空技术

真空是指在一定空间内压力小于一个大气压（101.325×10^5 Pa）的气体状态。用真空度来表示气体的稀薄程度。气体越稀薄，压力越低，表示真空度越高（好）；反之，则称真空度低（差）。真空度的高低通常用气体的压力（压强，单位为 Pa）来表示。表示真空度的方法通常有两种：一种是绝对真空度，是以绝对真空作为压力的零基准点所表示单位面积所受压力；另一种是相对真空度，是指被测系统的绝对压力与测量地点大气压力的差值，一般为负值。

在化学实验中通常根据真空获得和测量方法的不同，将真空度划分为以下五个区。

(1) 粗真空：$1.01325 \times 10^5 \sim 1.33322 \times 10^3$ Pa；
(2) 低真空：$1.33322 \times 10^3 \sim 1.33322 \times 10^{-1}$ Pa；
(3) 高真空：$1.33322 \times 10^{-1} \sim 1.33322 \times 10^{-6}$ Pa；
(4) 超高真空：$1.33322 \times 10^{-6} \sim 1.33322 \times 10^{-12}$ Pa；
(5) 极高真空：$<1.33322 \times 10^{-12}$ Pa。

(一) 真空的获得

为了获得真空，就必须设法将气体分子从容器中抽出。凡是能从容器中抽出气体，使气体压力降低的装置均可称为真空泵。由于真空技术应用在许多领域中，对真空度的要求差异很大，有要求数千至数万帕的粗真空，也有像电子加速器装置要求真空度为 10^{-10} Pa 的超高真空。还有，对获得真空的速率（抽气速率）的要求也很不同，如从每秒几立方厘米到每秒几百立方米。因此，产生不同真空度采用不同类型的真空泵和不同的测量仪表。高真空或超高真空的获得和测量往往需要几种泵和不同量程的测量仪器的组合应用来完成。

真空泵可分为"前级泵"和"次级泵"，前级泵是把常压气体抽除至较低压力，而次级泵是将较低压力气体抽除，至更低压力（或更高真空度）。常用的真空泵归纳起来大致有以下五类：

(1) 利用气体本身具有压缩与膨胀性能而获得真空的泵，这种泵是利用机械运动（转动或滑动）使工作室的容积周期性变化而达到抽气目的，称为机械真空泵，如实验室常用的旋片式油封机械真空泵、往复式机械真空泵等。

(2) 利用高速定向运动的蒸气流带走扩散进气流中的被抽气体而获得真空的泵，如汞、油蒸气扩散泵。

(3) 利用将气体电离成离子并在电场的作用下作定向运动而进行抽气的泵，称为离子泵。

(4) 利用物质对气体进行物理吸附或化学吸附作用而降低真空系统中压力的泵，有吸附泵、低温泵等。

(5) 利用某些气体与固体（吸气金属或合金）发生化学反应而令气体分子牢固地与固体

结合，这样获得真空的泵有：钛升华泵、锆铝吸气剂泵等。

（二）油封机械真空泵

油封机械真空泵是指利用油密封运动部件，依靠机械运动令排气腔体容积周期性变化而使气体从系统中排出的真空泵。实验室最常用的是旋片式油泵。

单级旋片泵的结构如图 3-14 所示，主要由定子、旋片和转子组成，只有一个工作室。泵腔里是青钢或钢制的圆筒形定子，定子里面偏心地安装着一个精密加工的实心圆柱作为转子，圆柱的顶部始终保持与定子内壁相接触。两个旋片 S 及 S′ 横嵌在转子圆柱体的直径上，被夹在它们中间的一根弹簧压紧，以使旋片与真空腔密合，在电动机带动下，转子转动时，旋片跟着一起旋转，不断形成进气和排气空间，整个泵体都浸在"真空泵油"内，这一方面是为了使旋片和气缸接触部分不漏气，另一方面也可减少旋片与缸壁间的摩擦，达到润滑密封和散热等目的。

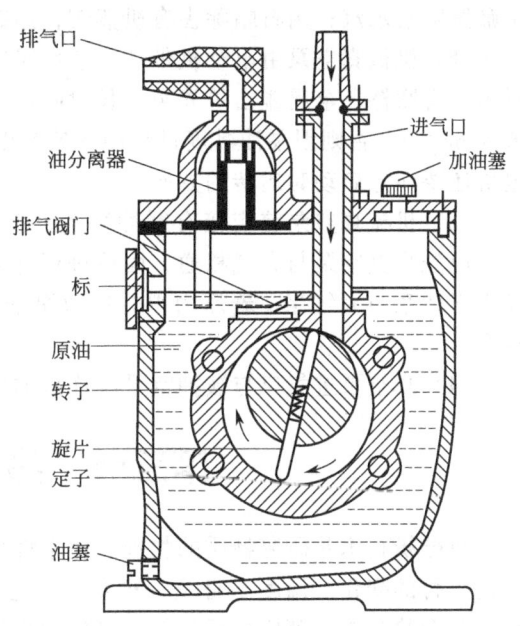

图 3-14 单级旋片泵的结构

机械旋片真空泵的工作原理如图 3-15 所示，旋片 S 及 S′ 将转子和定子之间的空间分隔成三部分。当旋片转至图 3-15(a) 位置时，空气由待抽空的容器经过管子 C 进入空间 A。当 S 随转子转动而离开图 3-15(b) 区域时，A 增大，气体经 C 管被吸入，当继续转到图 3-15(c) 位置时，S′ 将空间 A 与进气管 C 隔断，此后转子继续转动。A 空间的容积又逐步缩小，气体被压缩，直到压强大于 1atm（1atm＝1.01×10^5Pa）时，排气阀就打开。而气体被驱出，这样当转子转动时，两个旋片所分隔的空间不断地吸气和排气，使抽空容器达到一定的真空度，实验室常用旋片式真空泵，抽气速率为 30L·min^{-1}。

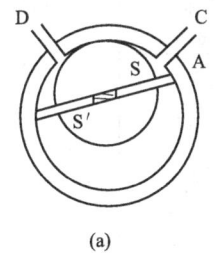 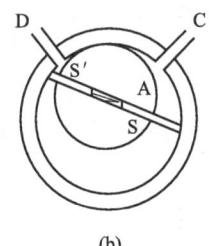 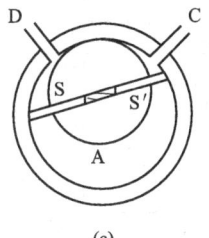 

(a)   (b)   (c)   (d)

图 3-15 机械旋片真空泵工作原理

旋片泵的极限压力一般为 10^{-2}Pa，最好也只能达 10^{-3}Pa。极限压力是指泵在装有标准实验罩并按规定条件下工作，而且在不漏气的条件下，所能达到的稳定最低压力，一般在旋片泵的铭牌上均有此值。但在实际使用中，往往由于工作条件与规定条件不同而使泵的真空度达不到上述数值。由极限压力值可知，旋片泵为一种低真空泵，即其产生的真空度在低真空范围。若要产生高真空则要使用油扩散泵、分子泵或离子泵，此时旋片泵可作为前级泵。

操作使用机械真空泵时必须注意以下几点：

(1) 机械真空泵主要用于抽真空密封容器中的干燥气体或含少量可凝性蒸气的气体，不能用于含氧过高、有爆炸性的、对金属有腐蚀作用的气体，更不能用于含有颗粒状物料或与泵油能进行反应的气体。这些气体会破坏泵油的品质，降低油的密封和润滑作用，甚至会造成泵的机件生锈。一般要在真空泵前加气体净化装置。例如，用无水氯化钙、五氧化二磷分子筛等吸收水汽；用石蜡除去有机蒸气；用硅胶或活性炭吸附其他蒸气等。

(2) 机械真空泵由电动机带动，使用时应注意电动机的电压，运转是否正常。正常运转时不应有摩擦、金属碰击等异声。长时间运转时，要注意泵油的温度不得超过规定温度（一般为65℃），否则因泵油黏度过小而导致其密封性差，造成气体渗漏，降低真空度。对三相电机还要注意启动时运转的方向。

(3) 机械真空泵前应接有缓冲装置，在进口前，应连接三通活塞。开启和关闭真空泵时，应先将真空泵与大气相通，而后进行有关操作。这样，既可保持体系的真空度，又可避免由于体系与大气存在着压力差，以致泵油倒吸进入系统中的可能性，以免严重时损坏真空泵。

(4) 真空泵进气口与被抽空系统连接的橡皮管应用真空橡皮管，并事先洗净。

第三节　热分析方法简介

热分析技术是研究物质的物理、化学性质与温度之间的关系，或者说研究物质的热态随温度进行的变化。温度本身是一种量度，它几乎影响物质的所有物理和化学常数。概括地说，整个热分析内容应包括热转变机理和物理化学变化的热动力学过程的研究。

国际热分析联合会（International Conference on Thermal Analysis，ICTA）规定的热分析定义为：热分析法是在控制温度下测定一种物质及其加热反应产物的物理性质随温度变化的一组技术。根据所测定物理性质种类的不同，热分析技术分类如表3-7所示。其中以差热分析（DTA）和热重分析（TG）的历史最长，使用也最广泛。近年来，微分热重分析（DTG）和差示扫描量热法（DSC）也得到较迅速的发展。

表 3-7　热分析技术分类

物理性质	技术名称	简称	物理性质	技术名称	简称
质量	热重分析法	TG	机械特性	机械热分析	TMA
	热导率法	DTG		动态热	
	逸出气检测法	EGD		机械热	
	逸出气分析法	EGA	声学特性	热发声法	
				热传声法	
温度	差热分析法	DTA	光学特性	热光学法	
焓	差示扫描量热法	DSC	电学特性	热电学法	
尺寸	热膨胀法	TD	磁学特性	热磁学法	

热分析是一类多学科的通用技术，应用范围极广。本章只简单介绍 DTA 和 TG 的基本原理和技术。

一、差热分析法

物质在加热或冷却过程中，当达到某一温度时，往往会发生熔化、凝固、晶型转化、化合、分解、脱水、吸附等物理或化学变化。在发生这些变化时往往伴有焓变，因而产生热效应。记录试样温度随时间的变化曲线，曲线上会发生停顿、转折，可直观地反映出试样是否发生了物理或化学变化,这就是经典的热分析法。但这种方法很难显示热效应很小的变化,为此逐步发展形成了差热分析法(differential thermal analysis,简称 DTA)。

(一) 差热分析法的基本原理

差热分析是在程序控制温度下,测量物质和参比物的温度差与温度关系的一种技术。差热分析曲线是描述试样与参比物之间的温差(ΔT)随温度或时间的变化关系。在差热分析实验中,样品温度的变化是由于相变或反应的放热或吸热效应引起的。一般说来,相变、脱氢还原和一些分解反应产生吸热效应,而结晶、氧化等反应产生放热效应。

图 3-16 为差热分析装置。典型的差热分析装置由温度程序控制单元、差热放大单元和记录单元组成。将试样 S 和参比物 R 一同放在加热电炉中进行程序升温,试样在受热过程中所发生的物理化学变化往往会伴随着焓的改变,从而使它与热惰性的参比物之间形成一定的温度差。差热分析中温差信号很小,一般只有几微伏到几十微伏,因此,差热信号需经差热放大后在记录单元绘出差热分析曲线。根据曲线的位置、形状、大小可得到有关热力学和动力学方面的信息。

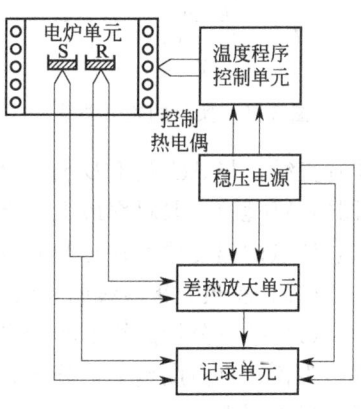

图 3-16　差热分析装置

图 3-17 表示出了差热分析的原理。图 3-17 中两对热电偶反向联结,构成差示热电偶。S 为试样,R 为参比物。在电表 T 处测得的为试样温度 T_S;在电表 ΔT 处测得的即为试样温度 T_S 和参比物温度 T_R 之差 ΔT。所谓参比物即是一种热容与试样相近而在所研究的温度范围内没有相变的物质,通常使用的是 α-Al_2O_3、熔石英粉等。

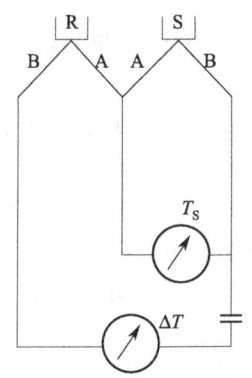

图 3-17　差热分析原理

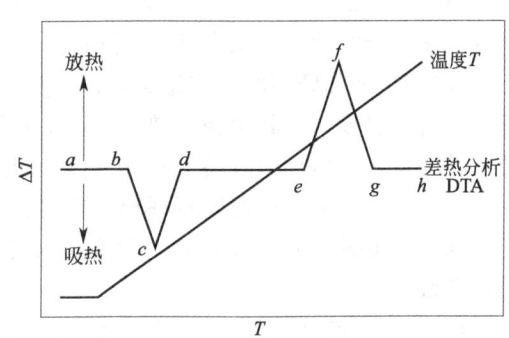

图 3-18　理想的差热分析曲线

图 3-18 为一张理想的差热曲线。图中的纵坐标表示试样与参比物之间的温度差 ΔT;横坐标表示温度 T 或升温过程的时间 t。如果参比物的热容和试样的热容大致相同,而试样又无热效应时,两者的温度差非常微小,此时得到的是一条平滑的基线 ab。随着温度的上升,试样发生了变化,产生了热效应,此热效应就会使试样的温度与参比物的温度不一致,在差热分析曲线上就会出现峰,如图 3-18 中的 efg 和 bcd。热效应越大,峰的面积也就越大。在差热分析中通常规定:峰顶向上的峰为放热峰,它表示试样的温度高于参比物的温度(ΔT 为正);相反,峰顶向下的峰为吸热峰,则表示试样的温度低于参比物的温度(ΔT 为负)。直到变化过程结束,经热传导试样与参比物之间的温度又趋于一致,又复现水平线段(见图 3-18 中的 de、gh)。

图 3-18 中的曲线均属理想状态，实际记录的曲线往往与它有差异。例如，过程结束后曲线一般回不到原来的基线，这是因为试样与参比物的比热容、热导率、装填的疏密程度等不可能完全相同，再加上样品在测定过程中可能发生收缩或膨胀，还有两支热电偶的热电势也不一定完全等同，因而，差热分析曲线的基线就会发生漂移，峰的前后基线不一定在一条直线上。此外，由于实际反应起始和终止往往不是在同一温度，而是在某个温度范围内进行，使得差热分析曲线的各个转折都变得圆滑起来。

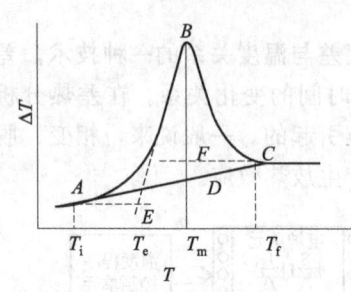

图 3-19 实际的差热曲线

图 3-19 为一个试样的实际放热峰。反应起始点为 A，温度为 T_i；B 为峰顶，温度为 T_m，主要反应结束于此，但反应全部终止实际是 C，温度为 T_f。自峰顶向基线方向作垂直线，与 AC 交于 D 点，BD 为峰高，表示试样与参比物之间的最大温差。在峰的前坡（图中 AB 段），取斜率最大一点向基线方向作切线与基线延长线交于 E 点，称为外延起始点，E 点的温度称为外延起始点温度，以 T_e 表示。ABC 所包围的面积称为峰面积。

（二）差热分析曲线的特性

（1）差热分析曲线上峰的尖锐程度反映了反应自由度的大小。自由度为零的反应，其差热峰尖锐；自由度越大，峰越圆滑。它也和反应进行的快慢有关，反应速度越快、峰越尖锐，反之圆滑。

（2）差热分析曲线上峰包围的面积和反应热有函数关系。也和试样中反应物的含量有函数关系。据此可进行定量分析。

（3）两种或多种不相互反应的物质的混合物，其差热分析曲线为各自差热分析曲线的叠加。利用这一特点可以进行定性分析。

（4）A 点温度 T_i 受仪器灵敏度影响，仪器灵敏度越高，在升温差热分析曲线上测得的值低且接近于实际值；反之 T_i 值越高。

（5）T_m 并无确切的物理意义。体系自由度为零及试样热导率甚大的情况下，T_m 非常接近反应终止温度。对其他情况来说，T_m 并不是反应终止温度。反应终止温度实际上在 fh 线上某一点。自由度大于零，热导率甚大时，终止点接近于 g 点。T_m 受实验条件影响很大，作鉴定物质的特征温度不理想。在实验条件相同时可用来作相对比较。

（6）T_f 很难授以确切的物理意义，只是表明经过一次反应之后，温度到达 T_f 时曲线又回到基线。

（7）T_e 受实验影响较小，重复性好，与其他方法测得的起始温度一致。国际热分析协会推荐用 T_e 来表示反应起始温度。

（8）差热分析曲线可以指出相变的发生、相变的温度以及估算相变热，但不能说明相变的种类。在记录加热曲线以后，随即记录冷却曲线，将两曲线进行对比可以判别可逆的和非可逆的过程。这是因为可逆反应无论在加热曲线还是冷却曲线上均能反映出相应的峰，而非可逆反应常常只能在加热曲线上表现而在随后的冷却曲线上却不会再现。

（9）差热分析曲线的温度需要用已知相变点温度的标准物质来标定。

（三）影响差热分析的主要因素

影响差热分析的因素比较多，其主要的有：①仪器方面的因素：包括加热炉的形状和尺寸、坩埚大小、热电偶位置等。②实验条件：升温速率、气氛等。③试样的影响：试样用量、粒度等。

实验条件、操作因素对实验结果有很大的影响。实验条件的确定通常可从以下几方面加以考虑。

(1) 升温速率 升温速率不仅影响峰温的位置，而且影响峰面积的大小。一般来说，在较快的升温速率下峰面积变大，峰变尖锐。但是过快的升温速率使试样分解偏离平衡条件的程度也大，因而易使基线漂移；更主要的是可能导致相邻两个峰重叠，峰的分辨率下降。较慢的升温速率，基线漂移小，使体系接近平衡条件，得到宽而浅的峰，也能使相邻两峰更好地分离，因而分辨率高，但测定时间长，需要仪器的灵敏度高。一般情况下，选择 5~10℃·min^{-1} 为宜。

(2) 参比物 要得到平稳的基线，参比物的选择很重要。要求参比物在加热或冷却过程中不发生任何变化，应尽可能选择与试样的热容、热导率、粒度等性质比较相近的热惰性物质作为参比物。常用的参比物有 α-Al_2O_3、煅烧过的 MgO 和 SiO_2 等。

(3) 气氛和压力 某些试样或其热分解产物可能与周围的气体进行反应，因此应根据需要选择适当的气氛。另一方面，对于释放或吸收气体的反应，出峰的温度和形状还会受到气体压力的影响。

(4) 试样的预处理及用量 试样用量大，易使相邻两峰重叠，降低了分辨率，因此尽可能减少用量。一般非金属固体试样均应经过研磨，颗粒小可以改善导热条件，但太细可能会破坏试样的结晶度。对易分解产生气体的试样，颗粒应大一些。试样和参比物的装填情况应基本一致，以减小基线的漂移。

二、热重分析

热重分析 (thermogravimetry, TG) 是在程序控制温度下，测量物质的质量随温度或时间变化关系的一种技术，通常是测量试样的质量变化与温度的关系。许多物质在加热过程中常发生质量的变化，如含水化合物的脱水、化合物的分解、固体的升华、液体的蒸发等均会引起试样质量的减少；另一方面，试样与周围气氛的化合又将导致质量的增加。热重分析就是以试样的质量对温度 T 或时间 t 作图得到的热分析结果。

(一) 热重分析的基本原理

进行热重分析的基本仪器为热天平。热天平一般由天平、炉子、程序控温系统、记录系统等组成。有的热天平还配有通入气氛或真空装置。

由热重法记录的质量变化对温度的关系曲线称热重曲线 (TG 曲线)。曲线的纵坐标为质量，横坐标为温度 (或时间)。

图 3-20 所示的热重分析曲线，试样质量为 m_0，在初始阶段有一定的质量损失 ($m_0 - m_1$)，这往往是由于吸附在试样中的物质受热解吸所致。水是最常见的吸附质。图中的 T_1 为一种稳定相的分解温度，即试样质量变化的起始温度；T_2 为终止温度，即试样的质量不再变化的温度；$T_2 - T_1$ 为反应区间，即起始温度与终止温度的温度间隔。在 T_2 到 T_3 温度区间内，存在着另一种稳定相，两者的质量差为 $m_1 - m_2$。TG 曲线上质量基本不变动的部分称为平台，如图 3-20 中的 ab 和 cd。

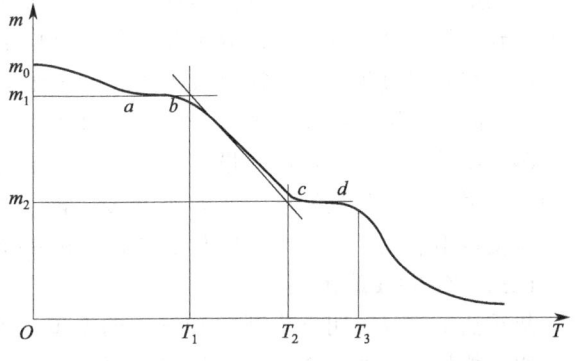

图 3-20 固体热分解反应的典型热重曲线

从热重曲线可得到试样组成、热稳定性、热分解温度、热分解产物和热分解动力学等有关数据。同时还可获得试样质量变化率与温度或时间的关系曲线，即微商热重曲线 DTG。

(m_1-m_2) 为失重量，其失重分数为：

$$\frac{m_1-m_2}{m_0}\times 100\% \tag{3-6}$$

若为多步失重，将会出现多个平台。根据热重曲线上各步失重量可以简便地计算出各步的失重分数，从而判断试样的热分解机理和各步的分解产物。需要注意的是，如果一个试样有多步反应，在计算各步失重率时，都是以 m_0，即试样原始重量为基础的。

从热重曲线可看出热稳定性温度区、反应区、反应所产生的中间体和最终产物。该曲线也适合于化学量的计算。

在热重曲线中，水平部分表示质量是恒定的，曲线斜率发生变化的部分表示质量的变化，因此从热重曲线可求算出微商热重曲线 DTG。

微商热重曲线（DTG 曲线）表示质量随时间的变化率 (dm/dt)，它是温度或时间的函数，

$$dm/dt=f(T \text{ 或 } t)$$

DTG 曲线的峰顶 $d^2m/dt^2=0$，即失重速率的最大值。DTG 曲线上的峰的数目和 TG 曲线的台阶数相等，峰面积与失重量成正比。因此，可从 DTG 的峰面积算出失重量和失重百分率。

在热重法中，DTG 曲线比 TG 曲线更有用，因为它与 DTA 曲线相类似，可在相同的温度范围进行对比和分析，从而得到有价值的信息。

实际测定的 TG 和 DTG 曲线与实验条件，如加热速率、气氛、试样重量、试样纯度和试样粒度等密切相关。最主要的是精确测定 TG 曲线开始偏离水平时的温度即反应开始的温度。总之，TG 曲线的形状和正确的解释取决于恒定的实验条件。

（二）热重曲线的影响因素

热重分析的实验结果受到许多因素的影响，分析各种因素对 TG 曲线的影响是很重要的。影响 TG 曲线的主要因素基本上包括：

(1) 仪器因素 浮力、试样盘、挥发物的冷凝等；
(2) 实验条件 升温速率、气氛等；
(3) 试样的影响 试样质量、粒度等。

在热重分析的测定中，升温速率增大会使试样分解温度明显升高。如升温太快，试样来不及达到平衡，会使反应阶段分不开。合适的升温速率为 5~10℃·min^{-1}。

试样在升温过程中，往往会有吸热或放热现象，这样使温度偏离线性程序升温，从而改变了 TG 曲线位置。试样量越大，这种影响越大。对于受热产生气体的试样，试样量越大，气体越不易扩散。再则，试样量大时，试样内温度梯度也大，将影响 TG 曲线位置。总之，实验时应根据天平的灵敏度，尽量减小试样量。试样的粒度不能太大，否则将影响热量的传递；粒度也不能太小，否则开始分解的温度和分解完毕的温度都会降低。

（三）TG-DTA 联用

热重法不容易表明反应开始和终了的温度，也不容易指明有一系列中间产物存在的过程，更不能指示无质量变化的热效应。而 DTA 可以解决以上问题，但不能指示质量变化。为了相互补充，取长补短，将 TG-DTA 集成在同一台仪器上进行同步记录。这样，热效应发生的温度和质量变化就可同时记录下来。

第四节 光学测量技术及仪器

光与物质相互作用可以产生各种光学现象（如光的折射、反射、散射、透射、吸收、旋光、物质受激辐射等），通过分析研究这些光学现象，可以提供原子、分子及晶体结构等方面的大量信息。所以，不论在物质的成分分析、结构测定还是光化学反应等方面，都离不开光学测量。任何一种光学测量系统都包括光源、滤光器、盛样品器和检测器这些部件，它们可以用各种方式组合以满足实验需要。下面介绍物理化学实验中常用的几种光学测量仪器。

一、阿贝折射仪

折射率是物质的重要物理常数之一，许多纯物质都具有一定的折射率，如果其中含有杂质则折射率将发生变化而出现偏差，杂质越多偏差越大。因此通过折射率的测定，可以测定溶液的组成，鉴定液体的纯度。折射率的数据也用于研究物质的分子结构，如计算摩尔分子折射度和极性分子的偶极矩。阿贝折射仪是测定物质折射率的常用仪器，其折光率的测量，所需试样量少，只要数滴液体即可测试；测量精度高（精度可达±0.0001），重现性好；测定方法简便，无需特殊的光源设备，普通的日光以及其他白光都可以使用；棱镜有夹层，可通以恒温水流以保持所需的恒定温度。所以阿贝折射仪是物理化学实验室中的常用仪器之一。

(一) 阿贝折射仪的原理

当一束单色光从介质 A 进入介质 B（两种介质的密度不同）时，光线在通过界面时改变了方向，这一现象称为光的折射，如图 3-21 所示。

光的折射现象遵从折射定律，入射角 α 与折射角 β 有如下关系：

$$\frac{\sin\alpha}{\sin\beta}=\frac{n_B}{n_A}=n_{AB} \tag{3-7}$$

式中，α 为入射角；β 为折射角；n_A、n_B 为交界面两侧两种介质的折射率；n_{AB} 为介质 B 对于介质 A 的相对折射率。

若介质 A 为真空，因规定 $n=1.0000$，则 $n_{AB}=n_B$，称为介质 B 的绝对折射率。但介质 A 通常为空气，空气的绝对折射率为 1.00029，这样所得到的各物质的折射率称为常用折射率，也称作对空气的折射率。对同一物质的这两种折射率的关系为：

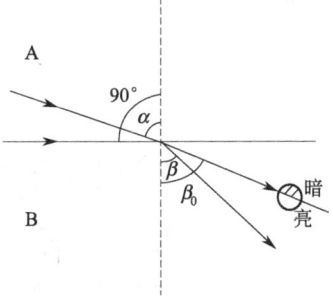

图 3-21 光的折射现象和全反射临界角

$$绝对折射率 = 常用折射率 \times 1.00029$$

根据式(3-7)可知，当光线从一种折射率小的介质 A 射入折射率大的介质 B 时（$n_B > n_A$），入射角恒大于折射角（$\alpha > \beta$）。当入射角增大时，折射角也增大。设当入射角 α 增加到 90°时，折射角相应的增加到最大数值 β_0，称为临界角。因此，当在两种介质的界面上以不同角度射入光线时（入射角 α 从 0°～90°），光线经过折射率大的介质后，其折射角 $\beta \leqslant \beta_0$。其结果是大于临界角的部分无光线通过，成为暗区；小于临界角的部分有光线通过，成为亮区。临界角成为明暗分界线的位置，如图 3-21 所示。

根据式(3-8)可得：

$$n_A = n_B \frac{\sin\beta}{\sin\alpha} = n_B \sin\beta_0 \tag{3-8}$$

因此，在固定一种介质时，临界折射角 β_0 的大小与被测物质的折射率有简单的函数关系，阿贝折射仪就是根据这个原理而设计的。

（二）阿贝折射仪的结构

阿贝折射仪的内部光路系统如图 3-22 所示。它的主要部分是由两个折射率为 1.75 的玻璃直角棱镜所构成，上部为测量棱镜（3），是光学平面镜；下部为辅助棱镜（2），其斜面是粗糙的毛玻璃。它们在其对角线的平面上重叠，两者之间仅留微小缝隙（约 0.1~0.15mm 厚度），用于装待测液体，并使液体展开连续散布成一极薄液层。当光线从反射镜（1）反射来的入射光进入辅助棱镜（2）时，由于棱镜（2）的对角线平面是粗糙的毛玻璃，光线在此毛玻璃上产生漫散射，以各种角度透过缝隙中的待测液层，并从各个方向进入测量棱镜（3）而产生折射，其折射角均落在临界角 β_0 之内。因为棱镜的折射率大于待测液体的折射率，因此入射角从 0°~90° 的光线都通过测量棱镜（3）发生折射。具有临界角 β_0 的光线从测量棱镜（3）出来反射到目镜（7、8）上，此时若将目镜十字线调节到适当位置，则会看到目镜上呈半明半暗状态。折射光都应落在临界角 β_0 内，成为亮区，其他部分为暗区，构成了明暗分界线。

根据式(3-8)可知，若已知棱镜的折射率 $n_{棱}$，通过测定待测液体的临界角 β_0，就能求得待测液体的折射率 $n_{液}$。实际上测定 β_0 值很不方便，当折射光从棱镜出来进入空气产生折射，折射角为 β_0'。$n_{液}$ 与 β_0' 之间的关系为：

$$n_{液} = \sin r \sqrt{n_{棱}^2 - \sin^2 \beta_0'} - \cos r \sin \beta_0' \tag{3-9}$$

式中，r 为常数；$n_{棱} = 1.75$。测出 β_0' 即可求出 $n_{液}$。因为在设计折射仪时已将 β_0' 换算成 $n_{液}$ 值，故从折射仪的标尺上可直接读出液体的折射率。

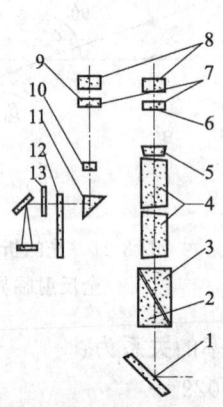

图 3-22 阿贝折射仪光路系统
1—反射镜；2—辅助棱镜；3—测量棱镜；4—消色散棱镜；
5、10—物镜；6、9—分划板；7、8—目镜；11—转向棱镜；
12—照明度盘；13—毛玻璃

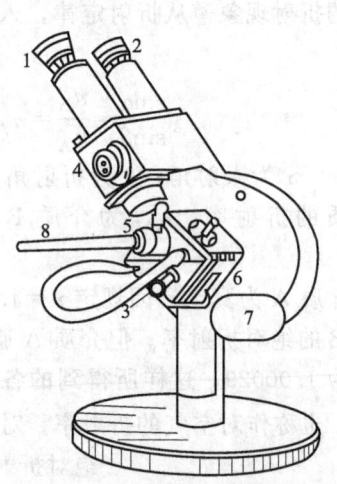

图 3-23 阿贝折射仪外形
1—目镜；2—放大镜；3—恒温水入口；
4—色补偿器；5、6—棱镜；
7—反射镜；8—温度计

在实际测量折射率时，使用的入射光不是单色光，而是使用由多种单色光组成的普通白光，因不同波长的光的折射率不同而产生色散，在目镜中看到一条彩色的光带，而没有清晰的明暗分界线。为此在阿贝折射仪上安置了一套消色散棱镜（又称为补偿棱镜棱镜，4），通过调节两组消色散棱镜，使测量棱镜出来的色散光线消失，得到清晰的阴暗分界线。随后由物镜（5）将阴暗分界线成像于分划板（6）上，经目镜（7、8）放大后成像于观察者眼中。

读数的具体光路是：光线由小反光镜（14）经过毛玻璃（13）到照明度盘（12）上，经转向棱镜（11）及物镜（10）将刻度成像于分划板（9）上，再经目镜（7、8）放大后成像。

经过消色散棱镜的作用，使原色散光线还原到钠光的 D 线，因而此时测得的液体的折射率相当于用单色光钠光 D 线所测定的折射率 n_D。为了使测量时在恒定的温度下进行，在辅助棱镜和测量棱镜外有水夹套，可由超级恒温槽送入恒温水，温度可在插入夹套中的温度计读出，阿贝折射仪的外形如图 3-23 所示。

（三）阿贝折射仪的使用方法

（1）仪器安装　将阿贝折射仪置于光线充足处，但应避免阳光的直接照射，以免液体试样受热迅速挥发。将超级恒温槽与其相连接，使恒温水通入棱镜夹套内，检查折射仪棱镜上的温度计的读数是否符合要求，一般选用（20.0±0.1）℃或（25.0±0.1）℃。

（2）加样　旋开测量棱镜和辅助棱镜的闭合旋钮，使辅助棱镜的磨砂斜面处于水平位置，若棱镜表面不清洁，可滴加少量丙酮，用擦镜纸顺着单一方向轻擦镜面（注意：不可来回擦）。待镜面洗净干燥后，用滴管滴加数滴试样于辅助棱镜的毛镜面上，迅速合上辅助棱镜，旋紧闭合旋钮。若液体易挥发，动作要迅速，或先将两棱镜闭合，然后用滴管从加液孔中注入试样（注意：切勿将滴管折断在孔内）。

（3）对光　转动棱镜手轮，使刻度盘标尺上的示值为最小，于是调节反射镜，使入射光进入棱镜组。同时，从测量望远镜中观察，使视场最亮。调节目镜，使视场准丝最清晰。

（4）粗调　转动手轮，使刻度盘标尺上的示值逐渐增大，直至观察到视场中出现彩色光带或黑白分界线为止。

（5）消色散　转动消色散手轮，使视场内呈现一清晰的明暗分界线。

（6）精调　再仔细转动手轮，使明暗分界线正好处于十字线的中心（图 3-24）。

（7）读数　从读数望远镜中读出刻度盘上的折射率数值，读数应准确至小数点后第四位（最后一位为估读数

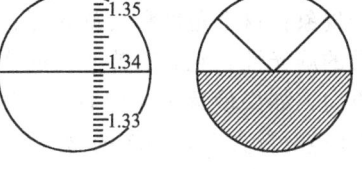

图 3-24　目镜下视野

字）。为了使读数准确，一般应将试样重复测量三次，每次相差不能超过 0.0003，然后取平均值。

（8）仪器校正　折射仪刻度盘上标尺的零点有时会发生移动，须加以校正。校正的方法是用一种已知折射率的标准液体，一般是用纯水，按上述的方法进行测定，将平均值与标准值比较，其差值即为校正值。纯水在 20℃时的折射率为 $n_D^{20}=1.3330$，在 15℃到 30℃之间的温度系数为 $-0.0001℃^{-1}$。在精密的测量工作中，须在所测范围内用几种不同折射率的标准液体进行校正，并画出校正曲线，以供测试时对照校核。

测定完毕后，打开棱镜，用擦镜纸轻轻擦干，不论在任何情况下，不允许用擦镜纸以外的任何东西接触棱镜，以免损坏它的光学平面。

（四）阿贝折射仪的使用注意事项

阿贝折射仪是一种精密的光学仪器，使用时应注意以下几点：

（1）使用阿贝折射仪前，一定要清楚它的正确使用方法及使用注意事项，否则不但得不到正确数据，也会损坏仪器。

（2）阿贝折射仪最关键的部件是一对棱镜，使用时要注意保护棱镜。清洗时只能用擦镜纸而不能用其他纸；加试样时，不能将滴管或其他硬物碰到镜面。滴管口要烧光滑，以免不小心碰到镜面造成划痕。

(3) 对腐蚀性液体，如强酸、强碱和氟化物等，不得使用阿贝折射仪。

(4) 在每次滴加样品前，均应洗净镜面；使用完毕后，应在镜面上加几滴丙酮，并用擦镜纸轻轻擦干，最后用两层擦镜纸夹在两棱镜镜面之间，以免镜面损坏。

(5) 仪器用完后要放净金属套中的水，拆下温度计并装在盒中。

(6) 仪器要保持清洁，镜上不允许积有灰尘。

(7) 读数时，有时在目镜中观察不到清晰的明暗分界线，而是畸形的现象，这是两棱镜间未充满液体的缘故；若出现弧形光环，则可能是由于光线未经过棱镜而直接照射到聚光透镜上。

(8) 阿贝折射仪不能测定折射率在1.3～1.7范围以外的液体，也看不到明暗分界线。

(9) 折射仪不要被日光直接照射或靠近热的光源（如灯泡），以免影响测定温度。如果要测酸性液体的折射率，可用浸入式折射仪；当要求准确性更高时，可用普氏（Pulfrich）折射仪，有关这些仪器可参考有关书籍。

二、旋光仪

(一) 旋光仪的基本原理

1. 旋光现象、旋光度和比旋光度

一般光源发出的光，其光波在垂直于传播方向的一切方向上振动，这种光称为自然光，或称非偏振光；而只在一个方向上有振动的光称为平面偏振光。当一束平面偏振光通过某些物质时，其振动方向会发生改变，此时光的振动面旋转一定的角度，这种现象称为物质的旋光现象；这个角度称为旋光度，以 α 表示。物质的这种使偏振光的振动面旋转的性质称为物质的旋光性，凡具有旋光性的物质称为旋光物质。当偏振光通过旋光物质时，对着光的传播方向，如果使偏振光向右（即顺时针方向）旋转的物质称为右旋物质；如果使偏振光向左（即逆时针方向）旋转的物质称为左旋物质。

旋光度是旋光物质的一种物理性质，除主要决定于物质的立体结构外，还因实验条件的不同而有很大的不同。因此，人们又提出"比旋光度"的概念，作为量度物质旋光能力的标准。规定以钠光 D 线作为光源，温度为293.15K时，一根10cm长的样品管中，装满每毫升溶液中含有1g旋光物质溶液后所产生的旋光度，称为该溶液的比旋光度，即

$$[\alpha]_t^D = \frac{10\alpha}{Lc} \tag{3-10}$$

式中，D 表示光源，通常为钠光 D 线；t 为实验温度；α 为旋光度；L 为液层厚度，cm；c 为被测物质的质量浓度（以每毫升溶液中含有样品的质量表示）。为区别右旋和左旋，常在左旋光度前加"－"。如蔗糖的比旋光度 $[\alpha]_t^D = 52.5°$，表示蔗糖是右旋物质；而果糖的比旋光度 $[\alpha]_t^D = -91.9°$，表示果糖是左旋物质。

2. 旋光仪的构造和测试原理

旋光度是由旋光仪进行测定的。旋光仪的主要元件是两块尼柯尔（Nicol）棱镜。尼柯尔棱镜是由两块方解石直角棱镜沿斜面用加拿大树胶黏合而成，如图3-25所示。

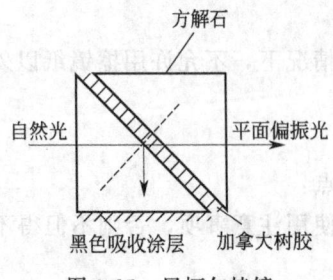

图 3-25 尼柯尔棱镜

当一束单色光照射到尼柯尔棱镜时，分解为两束相互垂直的平面偏振光，一束折射率为1.658的寻常光，一束折射率为1.486的非寻常光，这两束光线到达加拿大树脂黏合面时，折射率大的寻常光（加拿大树脂的折射率为1.550）被全反

射到底面上的黑色涂层中被吸收,而折射率小的非寻常光则通过棱镜,这样就获得了一束单一的平面偏振光。用于产生平面偏振光的棱镜称为起偏镜,如让起偏镜产生的偏振光照射到另一个透射面与起偏镜透射面平行的尼柯尔棱镜,则这束平面偏振光也能通过第二个棱镜,如果第二个棱镜的透射面与起偏镜的透射面垂直,则由起偏镜出来的偏振光完全不能通过第二个棱镜。如果第二个棱镜的透射面与起偏镜的透射面之间的夹角在 0°~90°之间,则光线部分通过第二个棱镜,此第二个棱镜称为检偏镜。通过调节检偏镜,能使透过的光线强度在最强和零之间变化。如果在起偏镜与检偏镜之间放有旋光性物质,则由于物质的旋光作用,使来自起偏镜的光的偏振面改变了某一角度,只有检偏镜也旋转同样的角度,才能补偿旋光线改变的角度,使透过的光的强度与原来相同。旋光仪就是根据这种原理设计的。

旋光仪的简单构造如图 3-26 所示,其中 9 为钠光灯;2、7 为两块尼柯尔棱镜,2 为检偏镜,7 为起偏镜;6 为一块小石英片(半阴角器件);4 为旋光管(盛放被测溶液);3 为圆形标尺刻度盘,当旋转 3 时,刻度盘随同转动,旋转的角度可以从盘上读出。

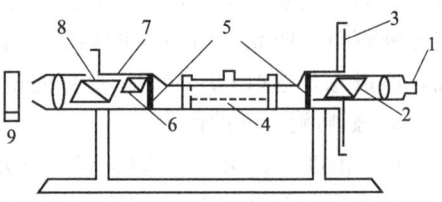

图 3-26 旋光仪构造
1—目镜;2—检偏镜;3—圆形标尺;
4—旋光管;5—窗口;6—半阴角器件;
7—起偏镜;8—半阴角调节;9—灯

若调节起偏镜与检偏镜垂直,则目镜中观察到的视野呈黑暗。若是在旋光管中盛以待测旋光度的溶液,则由于经过起偏镜的偏振光在经过旋光管后又被偏转了某一定角度,因此必须将检偏镜相应地也旋转一定的角度,目镜的视野才会又呈黑暗。但由于人的眼力对鉴别两次全黑相同的误差较大(可差 4°~6°),因此一般仪器中常用半阴法来提高观察的精确度。为此设计了一种在视野中分出三分视界的装置,原理是在起偏镜后放置一块狭长的石英片作为半阴角器件,由起偏镜透过来的偏振光通过石英片时,由于石英片的旋光性,使偏振又旋转了一个角度 α,光的振动方向如图 3-27(a) 所示。OA 是通过起偏镜的偏振光的振动方向,OA' 是通过起偏镜后再通过石英片旋转一个角度后振动方向,此时左右两侧的亮度相同而与中部不同,两偏振方向的夹角 α 称为半阴角($\alpha = 2° \sim 3°$)。如果旋转检偏镜使透射光的偏振面 OB 与 OA' 垂直,则经过石英片的偏振光不能透过检偏镜,因此目镜视野中将是:中间狭长部分黑暗而两旁较亮,如图 3-27(b) 所示(只经过起偏棱镜的光线振动方向为 OA,仍可有

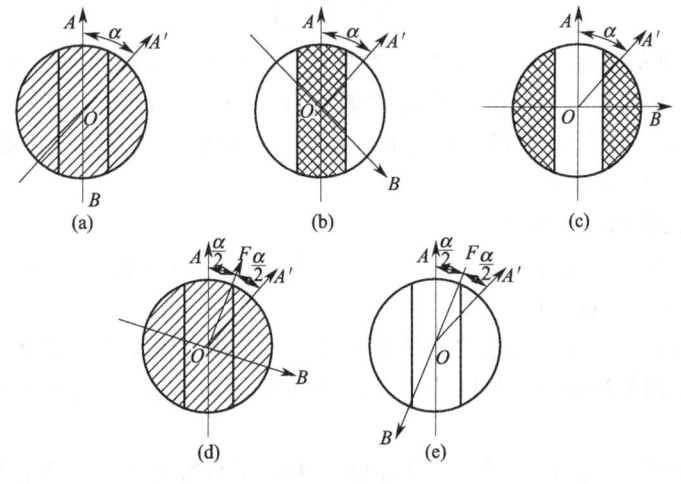

图 3-27 三分视野

部分经过)。若旋转检偏镜使 OB 与 OA 垂直,则在目镜视野中将观察到：中间狭长部分较明亮,而两旁黑暗,如图 3-27(c) 所示。如果调节检偏镜位置使 OB 的位置恰在图 3-27(b) 与 (c) 所示情况之间,则可以使视野的三部分明暗相同,如图 3-27(d) 所示。此时 OB 恰好垂直于半阴角的分界线 OF,由于视力对这种明暗相等的三分视野易于判断,因此测定时先在旋光管中盛去离子水,读出三分视野明暗相同时的读数作为零点。当旋光管中盛待测旋光度的溶液后,由于 OA、OA' 的振动方向都被转过某一角度,因此也必须相应地把检偏镜转过一定角度,才会又使得三分视野的明暗相同,所得读数与零点之差为被测溶液的旋光度。如果调节检偏镜的位置使 OB 与 OF 重合,如图 3-27(e) 所示,则三分视野中的明暗也应该相同。但是,这种情况下,OA 与 OA' 在 OB 上的分光比 OB 与 OF 垂直时的分光增大,三分视野更为明亮。因为人的眼睛对弱照度的变化比较敏感,调节亮度相等的位置更为精确,所以总是选取 OB 与 OF 垂直的情况来作为测定旋光度的标准。

3. 影响旋光度的因素

(1) 浓度的影响　由式 (3-10) 可知,对于具有旋光性物质的溶液,当溶剂不具旋光性时,旋光度与溶液浓度和溶液厚度成正比。

(2) 温度的影响　温度升高会使旋光管膨胀而长度加长,从而导致待测液体的密度降低。另外,温度变化还会使待测物质分子间发生缔合或解离,使旋光度发生改变。通常温度对比旋光度的影响,可用下式表示：

$$[a]_\lambda^t = [\alpha]_D^t + Z(t-20) \tag{3-11}$$

式中,t 为测定时的温度,℃；Z 为温度系数。

不同物质的温度系数不同,一般在 $-0.01 \sim -0.04 \text{℃}^{-1}$ 之间,为此在实验室测定时必须恒温,旋光管上装有恒温夹套,与超级恒温槽连接。

(3) 浓度和旋光管长度对比旋光度的影响　在一定的实验条件下,常将旋光物质的旋光度与浓度视为正比关系,因此将比旋光度作为常数。而旋光度和溶液浓度之间并不是严格地呈线性关系,因此严格讲,比旋光度并非常数。在精密的测定中,比旋光度和浓度间的关系可用下面的三个方程之一表示：

$$[a]_\lambda^t = A + Bc$$
$$[a]_\lambda^t = A + Bc + Dc^2$$
$$[a]_\lambda^t = A + \frac{Bc}{D+c}$$

式中,c 为溶液的浓度；A、B、D 为常数,可以通过不同浓度的几次测量来确定。

旋光度与旋光管的长度成正比。旋光管通常有 10cm、20cm、22cm 三种规格。经常使用的是 10cm 长度的旋光管。但对旋光能力较弱或者较稀的溶液,为提高准确度,降低读数的相对误差,需用 20cm 或 22cm 的旋光管。

(二) 圆盘旋光仪的使用方法

(1) 调节目镜焦距　首先打开钠光灯,稍等几分钟,待光源稳定后,从目镜中观察视野,如不清楚可调节目镜焦距。

(2) 仪器零点校正　选用合适的样品管并洗净,充满去离子水 (应无气泡),放入旋光仪的样品管槽中,调节检偏镜的角度使三分视野消失,读出刻度盘上的刻度,并将此角度作为旋光仪的零点。

(3) 旋光度测定　零点确定后,将样品管中去离子水换为待测溶液,按同样方法测定,此时刻度盘上的读数与零点时读数之差即为该样品的旋光度。读数是正的为右旋物质,读数是负的为左旋物质。

(三) 旋光仪使用的注意事项

(1) 旋光仪在使用时,需通电预热几分钟,但钠光灯使用时间不宜过长。
(2) 旋光仪是比较精密的光学仪器,使用时,仪器金属部分切忌沾污酸碱,防止腐蚀。
(3) 光学镜片部分不能与硬物接触,以免损坏镜片。
(4) 不能随便拆卸仪器,以免影响精度。

三、分光光度计

(一) 吸收光谱原理

分光光度计是一种利用物质分子对不同波长的光具有吸收特性而进行定性或定量分析的光学仪器。

物质中分子内部的运动可分为电子的运动、原子的振动和分子自身的转动,因此具有电子能级、振动能级和转动能级。当分子被光照射时,将吸收能量引起能级跃迁,即从基态能级跃迁到激发态能级,而三种能级跃迁所需能量是不同的,需用不同波长的电磁波去激发。电子能级跃迁所需的能量较大,一般在 1~20eV,吸收光谱主要处于紫外及可见光区,这种光谱称为紫外及可见光谱。如果用红外线(能量为 1~0.025eV)照射分子,此能量不足以引起电子能级的跃迁,而只能引发振动能级和转动能级的跃迁,得到的光谱为红外光谱。若以能量更低的远红外线(0.025~0.003eV)照射分子,只能引起转动能级的跃迁,这种光谱称为远红外光谱。由于不同物质结构对上述各能级跃迁所需能量都不一样,因此对光的吸收也就不一样,各种物质都有各自的吸收光谱,因而就可以对不同物质进行鉴定分析,这是光度法进行定性分析的基础。

根据朗伯-比尔定律,当入射光波长、溶质、溶剂及溶液的温度一定时,溶液的光密度和溶液层厚度及溶液的浓度成正比,若溶液层的厚度一定,则溶液的光密度只与溶液的浓度有关:

$$T = \frac{I}{I_0} \tag{3-12}$$

$$A = -\lg T = \lg \frac{1}{T} = \varepsilon l c \tag{3-13}$$

式中,c 为溶液浓度;A 为某一单色波长下的光密度(又称吸光度);I_0 为入射光强度;I 为透射光强度;T 为透光率;ε 为摩尔吸收系数;l 为液层厚度。在待测物质的厚度 l 一定时,光密度与被测物质的浓度成正比,这就是光度法定量分析的依据。

(二) 分光光度计的构造原理

分光光度计的类型及基本结构如下所述。

(1) 单光束分光光度计　单光束分光光度计结构如图 3-28 所示。每次测量只能允许参比溶液或样品溶液的一种进入光路中。这种仪器的特点是结构简单,价格便宜,主要是用于定量分析。仪器缺点是测量结果受电源的波动影响较大,容易给定量结果带来较大误差。此外,这种仪器操作麻烦,不适于作定性分析。

(2) 双光束分光光度计　双光束分光光度计结构如图 3-29 所示。由于两光束同时分别通过参比溶液和样品溶液,因而可以消除光源强度变化带来的误差,目前较高档仪器都采用这种方式。

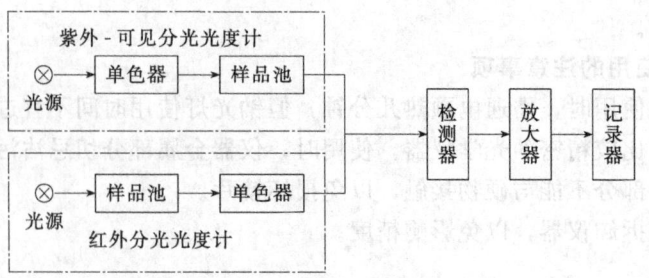

图 3-28　单光束分光光度计结构

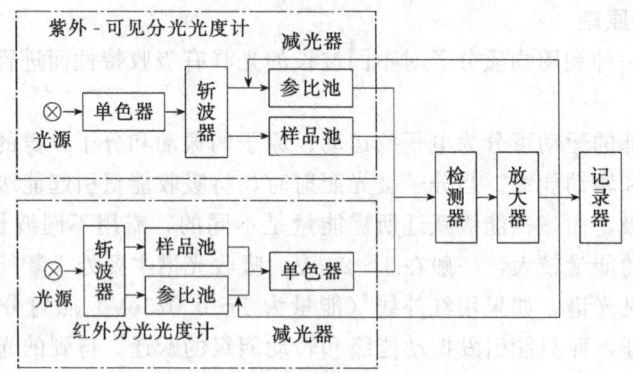

图 3-29　双光束分光光度计结构

(3) 双波长分光光度计　双波长分光光度计结构如图 3-30 所示。在可见-紫外类单光束和双光束分光光度计中，就测量波长而言，都是单波长的，它们测得参比溶液和样品溶液吸光度之差，而双波长分光光度计由同一光源发出的光被分成两束，分别经过两个单色器，从而可以同时得到两个不同波长（λ_1 和 λ_2）的单色光。它们交替地照射同一液体，得到的信号是两波长处吸光度之差 $\Delta A = A_{\lambda_1} - A_{\lambda_2}$，当两个波长保持 1～2nm 同时扫描时，得到的信号将是一阶导数，即吸光度的变化率曲线。

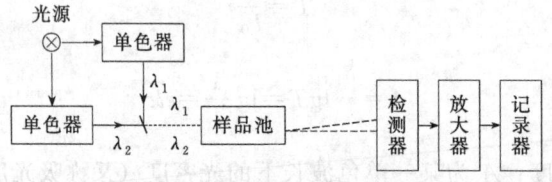

图 3-30　双波长分光光度计结构

用双波长法测量时，可以消除因吸收池的参数不同、位置不同、污垢及制备参比液等带来的误差。它不仅能测量高浓度样品、多组分样品，而且能测量一般分光光度计不宜测定的浑浊的样品。测定互相干扰的混合样品时，操作简单且精度高。

（三）**722N 型可见分光光度计**

1. 基本结构与光路系统

722N 可见分光光度计采用光栅自准式色散系统和单光束结构光路，使用波长为 330～800nm。该仪器由光源室、单色器、样品室、光电管暗盒、电子系统及数字显示器等部件构成。

722N 可见分光光度计内部的光路系统如图 3-31 所示。从钨卤素灯发出的连续辐射光经滤色片选择后，由聚光镜聚光后投向单色器进狭缝，此狭缝正好位于聚光镜及单色器内准直镜的焦平面上，因此进入单色器的复合光通过平面反射镜反射及准直镜准直变成平行光射向色散元件光栅，光栅将入射的复合光通过衍射作用形成按照一定顺序均匀排列的连续的单色光谱，此单色光谱重新返回到准直镜上，由于仪器出狭缝设置在准直镜的焦平面上，这样，从光栅色散出来的光谱经准直镜后利用聚光原理成像在出狭缝上，出狭缝选出一定带宽的单色光通过聚光镜落在试样室被测样品上，样品吸收后透射的光经光门射向光电池接收。

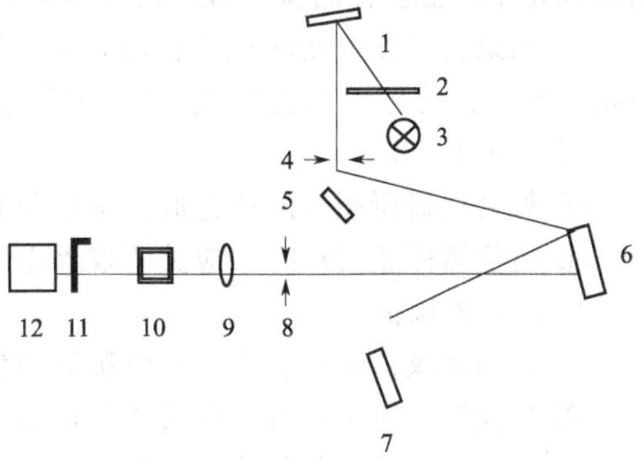

2. 仪器键盘说明

图 3-31　722N 可见分光光度计光路系统
1—聚光镜；2—滤色片；3—钨卤素灯电源；
4—进狭缝；5—反射镜；6—准直镜；7—光栅；
8—出狭缝；9—聚光镜；10—样品架；
11—光门；12—光电池

本仪器液晶键盘共有 4 个键，分别为：T/A/C/F，SD，▽/0%，△/100%。

(1) T/A/C/F 键　每按此键来切换 T、A、c、F 之间的值。T 为透射率（Trans），A 为吸光度（Absorbance），c 为浓度（Conc.），F 为斜率（Factor）。

(2) SD 键　该键具有 2 个功能。

① 用于 RS232 串行口和计算机传输数据（单向传输数据，仪器发向计算机）。

② 当处于 F 状态时，具有确认的功能，即确认当前的 F 值，并自动转到 C，计算当前的 c 值（$c = F \times A$）。

(3) ▽/0% 键　该键具有 2 个功能。

① 调零：只有在 T 状态时有效，打开样品室盖，按键后应显示 000.0。

② 下降键：只有在 F 状态时有效，按本键 F 值会自动减 1，如果按住本键不放，自动减 1 会加快速度，如果 F 值为 0 后，再按键它会自动变为 1999，再按键开始自动减 1。

(4) △/100% 键：该键具有 2 个功能。

① 只有在 A、T 状态时有效，关闭样品室盖，按键后应显示 0.000 \ 100.0。

② 上升键：只有在 F 状态时有效，按本键 F 值会自动加 1，如果按住本键不放，自动加 1 会加快速度，如果 F 值为 1999 后，再按键它会自动变为 0，再按键开始自动加 1。

3. 使用方法

① 仪器在未通电源前应进行安全性检查：电源电压是否正常，接地线是否牢固可靠，在得到确认后方可接通电源使用。

② 将灵敏度旋钮设置 "1" 挡（放大倍率最小）。

③ 接通电源，打开仪器电源开关，指示灯亮，选择 "T/A/C/F" 键置于 "T"，波长调至测试用波长，仪器预热 20~30min。

④ 打开试样室盖（光门自动关闭），按 "▽/0%" 键，使数字显示为 "0.00"，盖上试样室盖，将比色皿架处于去离子水或蒸馏水校正位置，使光电管受光，按动 "△/100%" 键，使数字显示为 "100.0"。

⑤ 如果显示不到 "100.0"，则可适当增加微电流放大器的倍率挡数，但尽可能倍率置低挡使用，这样仪器将有更高的稳定性。但改变倍率后必须按④重新校正 "0" 和 "100%"。

⑥ 预热后，按④连续几次调整 "0" 和 "100%"，仪器就可进行测定工作。

⑦ 吸光度或称光密度 A 的测量：将选择开关 "T/A/C/F" 置于 "A"，然后将被测样

品移入光路,盖上样品室,液晶盘显示值即为被测样品的吸光度值。

⑧ 如果大幅度改变测试波长时,在调整"0"和"100%"后稍等片刻(因光能量变化急剧,光电管受光后响应缓慢,需一段光响应平衡时间),当稳定后,重新调整"0"和"100%"即可工作。

⑨ 每台仪器所配套的比色皿,不能与其他仪器上的比色皿调换使用。

⑩ 当仪器停止工作时,应关闭仪器电源开关,拔掉电源插头,罩上仪器防尘罩。

4. 仪器的维护

① 为确保仪器稳定工作,在电源波动较大的地方,建议使用交流稳压电源。

② 当仪器停止工作时,应关闭仪器电源开关,再切断电源。

③ 为避免仪器积灰和沾污,在停止工作的时间里,应用防尘罩罩住仪器,同时放置数袋防潮剂。

④ 仪器工作数月或搬动后,要检查波长的准确度,以确保仪器的使用和测定精度。

(四) **N2S 型可见分光光度计**

1. 基本结构

N2S 型可见分光光度计采用全息光栅系统和单光束结构光路,使用波长为 325～1000nm,其外形与光路系统如图 3-32 与图 3-33 所示。

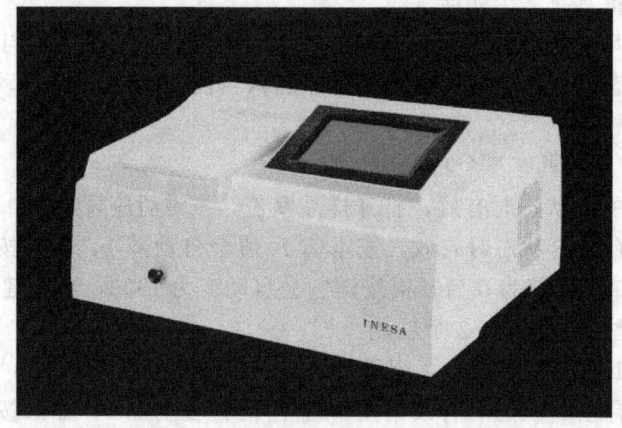

图 3-32　N2S 型分光光度计的外形

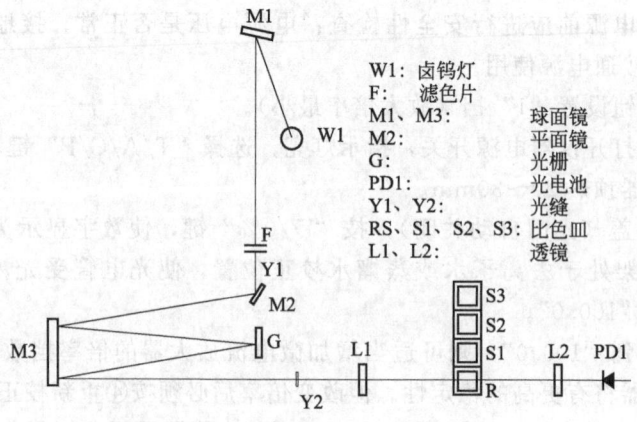

图 3-33　N2S 型分光光度计光路系统

由钨灯（W1）和球面镜 M1 组成本仪器的光源系统，其作用是把钨灯发出的光能量聚合在单色器的入射狭缝上。光源灯切换由微机控制步进电机带动球面镜 M1 转动来完成。由入射狭缝 S1 和出射狭缝 S2、平面反射镜 M2、准直镜 M3、光栅 G 及滤色片组 F 形成本仪器的单色器系统。样品室内可同时放置 4 个比色皿于比色池架 R、S1～S3 上，组成仪器的样品室单元，透镜 L1、L2 将光斑会聚至比色池架和光电池上，R 放置参比样品，S1～S3 放置标准样品或待测样品。

该光学系统采用自准直排列，波长改变采用齿轮来实现，以保证获得优质光谱线。可在出射狭缝口得到不同波长的单色光谱线，也称为单色光束。

2. 使用方法

（1）开机自检　把仪器接通电源，显示屏幕出现欢迎界面，稍后微机进行系统自检，仪器进入初始化状态。

注：初始化过程中请勿打开样品室门！

（2）放置参比与待测样品　选择测试用的比色皿，把盛放参比和待测的样品放入样品架内。

（3）键盘操作　本系列的键盘操作是通过触摸显示屏弹出的键盘实现的。分为数字键盘和字母键盘。

(a) 数字键盘

(b) 字母键盘

图 3-34　键盘

数字键盘：【CE】—数字清零；【Cancel】—取消本次输入；【Enter】—确认此次输入数据

字母键盘：【CE】—数字清零；【Cancel】—取消本次输入；【Enter】—确认此次输入数据；【←】—清除前面一格字符/退格

（4）光谱测量

① 参数设置。在屏幕右方主功能区内选中［光谱测量］后，即可进入此功能块。优先显示的是参数设置功能界面。［光谱测量］的其他标签可以互相切换使用。

a. 测量模式。有三种选择：T（透射比）、ABS（吸光度）、E（能量）。如选择［E（能量）］项，连续按［E（能量）］键，就是调整前置放大器倍率：1，2，3，4。

b. 记录范围。该记录范围对应不同的测量模式，可根据用户的需要通过按选记录范围后进行输入和修改。字段左面为测量下限，字段右面为测量上限。其中，T 范围（$-1.00\%T \sim 200.0\%T$）；ABS 范围（$-0.301A \sim 4.0000A$）；E 范围（$0.000E \sim 300.0E$）

c. 扫描范围。按选扫描范围后的输入框，弹出数字键盘，直接键入起始波长和结束波长。波长值的定义顺序：从左至右为起始波长和结束波长。

d. 扫描速度。分为三挡：快速、中速、慢速。

e. 采样间隔。分为五挡：0.1nm、0.5nm、1nm、2nm、5nm。

f. 扫描次数。根据用户的不同需要选择。按选扫描次数后的输入范围为1~3次。

g. 显示模式。分为连续和重叠两种。连续模式：屏幕上只显示一条谱线；重叠模式：屏幕显示谱线数与扫描次数相同。如扫描次数大于2次，每次扫描完成后需按［测试/停止］键再进行扫描。

② 参数设置界面其他功能键说明：

【基线校准】校准基线参数，为得到更准确的测试结果提供保障。

【AUTO ZERO】调零功能按键。

【测试】参数设置完成后，准备就绪进入测试按钮。画面将会跳转到曲线显示界面。

【调用】将已经存储过的曲线文件，从存储功能中调用出来。点击后画面将会跳转到存取列表界面。

③ 操作

a. 所有参数设定完成后，用配对比色皿分别倒入参比样品和待测样品。

b. 打开样品室将它们分别放置比色皿架，盖好样品室门，再按【基线校准】键进行基线校准。屏幕提示：正在校准……按【停止校准】键可以停止。

c. 基线校正结束后，再按【测试】键，仪器开始扫描。此时屏幕将会跳转到曲线显示界面，操作【开始】按钮进行测试，将有测试曲线结果显示在屏幕上。通过触摸曲线，将会有曲线光标显示，可以进行粗调，实时反馈数据信息。

d. 峰谷显示。一段测试曲线完成后，在曲线显示界面中点选峰谷显示标签，画面将会跳转至峰谷显示界面。峰谷显示界面，请先选择峰谷灵敏度，本仪器可供选择三挡灵敏度：低、中、高，按选将会循环显示三挡。请选择合适的灵敏度挡位后，页面将会显示当前灵敏度下本次测试曲线的峰值谷值，并可通过翻页功能查看更多的峰值谷值。如显示峰/谷数目太多，请降低峰/谷检测灵敏度。

(5) 定量分析

① 参数设置。在屏幕右方主功能区内选中［定量测量］后，即可进入此功能块。此模块提供在不同测量方式下建立浓度曲线的功能。优先显示的是参数设置功能界面。［定量测量］的其他标签可以互相切换使用。

a. 测量波长：按测量波长后的输入框，弹出数字键盘，直接设定用户需要的测量波长，仪器自动移动到您所需要的测量波长处。

b. 测量单位：对测量单位的设定，共有8项可供选择。

c. 测量方法：测量方法有三种，分别为K系数、单点标定、多点标定。选中某测量方法项后，即进入某测量方法。该方法有关参数将同时显示。

d. 参数设定框：用户选择相应的测量方法后，可在参数设定框内点选需要修改的参数。例如K系数法中，可修改K、B数值；单点标定中，可修改浓度数值；多点标定中，可修改标定点数，至多标定点数为9个。

② K系数法。K系数法是工作曲线法的简单应用，它是由系统测量出样品的吸光度值，然后将此数值代入指定的公式计算出样品浓度值的方法。

a. 在测量方法中选择【K系数法】，在输入框选择标准曲线的斜率k值和截距b值，按选【测试】进入 K 系数法界面。可通过点选"标签参数设置"重新设置参数。

b. 已经设定了 K、B 值后，先在当前光路的样池中放入空白样品，使用【AUTO ZERO】键对当前工作波长进行吸光度零校正，然后取出校零用的空白样品。吸光度零校正后按【测试】键进入未知样品浓度测量。

K 系数法界面功能键说明：

【AUTO ZERO】调零功能按键。

【测试】测试当前样品池内的样品浓度。

【首页】【尾页】将数据页面回到第一页和最后一页。

【前页】【后页】将数据页面前后页翻动。

③ 多点标定。多点标定法是测量出已知浓度的一系列标样样品的吸光度，来建立工作曲线，再根据建立的工作曲线来测量未知浓度的一种定量测量方法。

a. 在输入框选择标准曲线的标定点数（至少 3 个，至多可以设置 9 个点数），按选【标定】进入多点参数设置界面。

b. 按选【设置浓度】标定当前样品池的已知浓度，按选【测试】得到浓度指数，按选【下一个】继续标定。

c. 设置完所有标定点数后，按选【下一个】，原【设置浓度】图标将会转换成【显示曲线方程】，按选后将会得到标样曲线。

d. 如果已经设置完全多点标定，建立方程体系，可按【开始测试】进入多点标定的测试界面。

e. 已经设定了标定曲线方程后，先在当前光路的样池中放入空白样品，使用【AUTO ZERO】键对当前工作波长进行吸光度零校正，然后取出校零用的空白样品。吸光度零校正后按【测试】键进入未知样品浓度测量。

(6) 动力学测量

① 参数设置。在屏幕右方主功能区内选中［动力学测量］后，即可进入此功能块。优先显示的是参数设置功能界面。

a. 测量模式。分为两种：即【T】透射比（$T\%$）、【Abs】吸光度（ABS）。

b. 测量波长。按选测量波长后的输入框，输入测量波长值。

c. 测量时间。该值最大不超过 180min 或 3600s。

d. 时间单位。设【分】min 和【秒】s 两种。

e. 记录范围。该记录范围对应于不同的测量模式，可根据用户的需要输入和修改，字段左面为测量下限，字段右面为测上限。其中：$T\%$ 范围为（$-1.0000\%T \sim 200.0\%T$）、ABS 范围为（$-0.301A \sim 4.0000A$）。

参数设置其他功能按键说明：

【AUTOZERO】调零基线。

【测试】参数设置完毕后，进行动力学测试。

【调用】从存取列表内调用方程曲线文件，界面将会跳转至存取列表。

② 曲线显示

a. 当把所需参数输入结束后，用配对比色皿分别倒入参比样品和待测样品。打开样品室将它们分别放置比色皿架 R、S1，盖好样品室门，然后按下【AUTO ZERO】键。屏幕提示：调零中……，仪器在自动调整 $0\%T$（暗电流）及 $100\%T$（满度）。

b. 自调结束屏幕提示消失后，手动将比色皿架移至 S1，再按【测试/停止】键，仪器进入测试工作状态。

曲线显示其他功能按键说明：

【标尺修改】按【标尺修改】键进入标尺修改功能区，屏幕自动反显所需修改字段，可随意点选屏幕上需要修改的标尺起止区域。

修改完毕后，按【ENTER】键确认，屏幕将按新设定坐标被刷新。其主要功能为将所需范围内的图形部分放大或缩小。

【开始】\【停止】按选【开始】键进行测试，请稍作等待，等曲线出现后才可以使用【停止】按键。

【←】和【→】微调曲线光标，实时反映曲线信息。

【存储】将当前测试曲线存储至存取列表中，页面将会跳转至存取列表。

③ 存取列表

a. 在参数设置中按选【调用】。以及曲线显示界面中按选【存储】，画面都将会跳转至存取列表界面。

b. 本仪器共可存储10条曲线（仅限动力学测量功能）不与其他功能的存取列表共用。

c. 先选中文件的地址，才能进行（存储读入重命名删除）的操作。

存取列表界面功能键说明：

【存储】首先选择文件名地址，按选【存储】后，将会跳出字母键盘，键入想要保存的文件名后，按【ENTER】确认。当前曲线将会被存储。文件名最多8个字符。对已存入文件的序列号，若选择该序列号，原文件将被覆盖，新文件自动生成。

【读入】首先选择文件名地址，按选【读入】后，画面将会切至曲线显示，同时输出希望读入的曲线数据显示于屏幕上。

【重命名】首先选择文件名地址，按选【重命名】后，将会跳出字母键盘，键入想要重新命名的文件名后，按【ENTER】确认，新的文件名将会生成。

【删除】首先选择文件名地址，按选【删除】后，选中的该文件将会被删除。

(7) 日常维护

① 为确保仪器稳定工作，在电源波动较大的地方，建议使用500W以上的交流稳压电源。当仪器停止工作时，应关闭仪器电源开关，再切断总电源。

② 使用环境保持清洁，仪器的主机在不使用时可用防尘罩盖起来，以防灰尘堆积，长时间存放时应放在恒温干燥的室内为佳。

③ 清洁仪器外壳宜用温水和软布轻擦表面，切忌使用乙醇、乙醚、丙酮等有机溶液。仪器不使用时，请用防尘罩保护。仪器中所有的镜面千万不能用手或软硬物体去接触，一旦留下痕迹，造成镜面污染引起杂散光增大降低有效能量，以至造成人为仪器损坏。

④ 每次使用仪器后应对样品室、比色皿架进行清洁，防止样品试剂对仪器零件的腐蚀。比色皿每次使用后应以石油醚进行清洗，并用擦镜纸擦拭干净，放置于比色皿盒中备用。

⑤ 仪器不能长久搁置不用，这样反而降低寿命，若一段时间不用，建议每周开机1~2次，每次约30min。

⑥ 应按计量使用规定，定期对仪器的波长进行检测，以确保仪器的使用和测定精度。仪器搬运时应小心轻放，仪器外壳上不可放置重物。

⑦ 仪器中除光源室外，任何光路部分的螺钉和螺母，都不得擅自拆动，以防止光路偏差影响仪器正常工作。

第五节 电化学测量技术及仪器

电化学是物理化学的一个重要分支，它所涉及的原理方法和测量技术在化学、化工、能源、材料、环境、生物等科学领域有着广泛的应用。

电化学实验是物理化学实验的重要组成部分。电化学测量技术在物理化学实验中占有重要的地位，是常用的测量技术之一，可用它来测量电解质溶液的许多物理、化学性质（如电解质溶液的电导率、离子迁移数、解离度和电解质溶液中活度及活度因子等）；测量氧化还原体系的有关热力学函数（如标准电极电势、焓变、熵变、自由能变等）；测量电极过程动力学参数（如过电位、交换电流密度和反应速率常数等），从而推测电极反应历程，并阐明电极与溶液界面状况对电极过程动力学的影响。本部分内容仅介绍电化学基本的测量技术和方法。

一、电解质溶液电导率和离子迁移数的测量方法和应用

(一) 电导率的测量

电解质溶液的电导被定义为电阻的倒数，反映电解质溶液导电能力的大小。电导是电化学中一个重要的参量。电导的测量在物理化学中有着重要的意义。因为电导反映了电解质溶液中离子的状态及其运动行为，在稀溶液中电导与离子浓度呈线性关系，因而被广泛应用于分析化学和化学动力学过程的测试中。

电导的测量实际是测量电阻，然后再通过计算电阻的倒数来求得的。一般利用惠斯通电桥测电阻，为避免电极由于发生极化现象导致电极附近的电解质溶液浓度发生变化，需要使用适当频率的交流电源。

溶液电导的测量是通过一对金属电极组成的电导池进行的。当温度一定时，被测溶液呈现在测量电极之间的电导 G 与溶液电导率 κ 及电极面积 A 成正比，与两个电极间的距离 l 成反比：

$$G = \kappa \frac{A}{l} = \kappa / K_{cell} \tag{3-14}$$

定义测量电极间相隔的距离和电极面积之比值（$K_{cell} = l/A$）为电导池常数，单位为 m^{-1}。电导池常数是电导池的特征值，但要精确测定电导池中的 l 与 A 值是困难的，一般用间接的方法来测求 K_{cell} 值。将一已知电导率的标准溶液（通常用一定浓度的 KCl 溶液）装入电导池中，在指定温度下，测其电导值 G，再根据式(3-14)求算电导池常数。

电导的单位是西门子（S），电导率的单位则是 $S \cdot m^{-1}$。

如果把含有 1mol 电解质的溶液置于相距为 1m 的电导池的两极之间，这时所具有的电导为摩尔电导率 Λ_m。若电解质溶液的浓度为 c（$mol \cdot L^{-1}$），则 Λ_m 与 c 的关系为：

$$\Lambda_m = \frac{\kappa}{c} \tag{3-15}$$

因此，测定一定浓度的 KCl 水溶液的摩尔电导率 Λ_m，并查得该浓度下的 κ 值，也可求得电导池常数。

1. 电导率仪

实验室中测定溶液电导常用的仪器是电导仪或电导率仪。目前，多使用数字式的电导率仪，它的工作原理是：由振荡器产生的交流电压加在电导池的电极上，经运算放大器组成的

放大、检波电路变换为直流电压,经集成 A/D 转换器转换为数字信号,经测量结果用数字显示出来。该仪器装有电容补偿调节器,可以消除电导池分布电容对测量结果的影响。同时,由于水溶液的电导率是随温度的变化而变化的,其温度系数一般为 1‰~2‰左右,为此仪器还设有温度补偿调节器,将此调节器调节到实验温度,则仪器的显示值将为 25℃时的电导率。如果要测定实际温度时溶液的电导率值,就不需要温度补偿,但是应将温度补偿旋钮指向 25 刻度线的位置。

2. 电导率测定的应用

(1) 测定净化水的纯度 一般的水具有相当大的电导率,这是因为其中含有一些电解质,普通蒸馏水电导率大约为 1×10^{-3} S·m^{-1},去离子水和高纯度的"电导水"的电导率可小于 1×10^{-4} S·m^{-1},纯水的电导率理论计算值为 5.5×10^{-6} S·m^{-1}。因此,通过测定水的电导率,就可以知道水的纯度。

(2) 测量难溶盐的溶解度 某些难溶盐($BaSO_4$、$AgCl$、$PbSO_4$等)的溶解度很小,其浓度很难用普通的分析方法直接测定,但利用电导率测定方法可间接求得其溶解度。

(3) 电导滴定 电导滴定是通过滴定过程中溶液电导变化并出现转折,来确定滴定终点的方法。此法对于有颜色的溶液或加了指示剂但在终点时颜色变化仍然不明显的体系,可收到良好的效果。此法的特点是:不需要加入指示剂,不需要在接近终点时细心地查找终点,不用担心滴过终点。

(4) 其他方面的应用 电导测量方法的应用较为广泛,除上述外,还可以测定弱电解质的解离度和解离常数;可以测定水的离子积;可用来测定某些反应的速率常数;还可以测定水溶性表面活性剂的临界胶束浓度等。

(二) 离子迁移数的测定

离子迁移数在工业电解中具有重要意义,由迁移数的大小可以判断某种离子传导电荷量的份额及电极附近某种离子浓度变化的情况,进而控制电解条件。测定离子迁移数的常见方法有希托夫(Hittorf)法、界面移动法和电势法。本书中采用的实验方法是界面移动法。

(三) DDS-11A 型数显电导率仪

DDS-11A 型数显电导率仪是一种数字显示精密台式电导率仪,常用于测量各种液体介质的电导率,广泛适用于科研、生产、教学和环境保护等许多学科和领域。

1. 使用方法

① 首先检查仪器功能键是否归零,若未归零,先归零,然后插上电源插头。

② 打开仪器电源开关,预热约 10min。

③ 校准仪器。首先估计测试样品的电导率,然后选择合适的测试挡位(该仪器有 0~2.0μS·cm^{-1}、2~200μS·cm^{-1}、200~2000μS·cm^{-1}、2000~20000μS·cm^{-1}、20000~2×10^5 μS·cm^{-1}五个挡位)。旋转测量选择钮到需要的挡位为止,旋转温度调节旋钮到实验需要的温度,按压校准/测量键,使仪器处于校准状态,将浸泡在去离子水中的电导电极拿出,轻轻将水甩干(注意:请不要用纸巾去擦拭铂黑电极),调节常数旋钮到显示窗口数据为仪器上标明的数据为止。注意:只要换测试挡位,就要重新进行校正;应根据测试样品电导率大小进行挡位选择。

④ 样品测量。按压校准/测量键到测量状态为止,首先用待测样品润洗电导电极 2~3次,将电导电极垂直浸没入样品溶液中,电极的金属部分必须全部浸没,至金属部分以上 1~2cm 为止,观察仪器数据显示窗口,待数值不再变动或稳定后,读出样品的电导率值,并记录下来,注意电导率的单位(由于本仪器选择的电导电极的电极常数为 1 的类型,所以

其测量值=显示值×1)。注意：每次测量样品后，都要及时用去离子水清洗干净电极，待下次测量用。

⑤ 实验结束后，首先用去离子水反复冲洗电极，到干净为止，然后将其浸没于去离子水中。

⑥ 将仪器各功能键归零，再关掉仪器电源开关，拨出电源插头。

2. 仪器维护和注意事项

① 电极应置于清洁干燥的环境中保存。

② 电极在使用和保存过程中，因受介质、空气侵蚀等因素的影响，其电导池常数会有所变化。电导池常数发生变化后，需重新进行电导池常数测定，仪器应根据新测得的常数进行常数校正。

③ 测量时，为保证样液不被污染，电极应用去离子水（或二次蒸馏水）冲洗干净，并用样液适量冲洗。

（四）FE30 梅特勒电导率仪

FE30 梅特勒电导率仪是梅特勒-托利多公司生产的一款紧凑型高品质台式电导率仪，可获得快速可靠的测量结果，比 DDS-11A 电导率仪精密度更高。该仪器适合不同的行业应用，例如食品饮料、水处理和环境分析行业等。FE30 梅特勒电导率仪的使用方法介绍如下。

1. 电导电极的清洗

从支架上取下电导电极，用去离子水冲洗，注意电极的外部和孔内都要洗净，然后用洁净纸吸干电极上的去离子水，放回支架上备用。

2. 仪器的校正

(1) 将仪器接通电源，按下"退出"键，仪器即打开。长按"退出"键 3s 以上，仪器即关闭。

(2) 参数设置

① MTC 温度设置。当仪表未检测到温度探头时，它将自动切换为手动温度补偿模式，并显现 MTC。

要设定 MTC 温度，按"设置"键，至屏幕显示 MTC 温度并闪烁，使用▼或▲键来增大或减少温度值。按"读数"键以确认温度设置。默认值为 25℃。

② 设置温度补偿系数。温度设置结束，当前的标准溶液组开始闪烁，按 2 次"读数"键之后，温度补偿系数（%/℃）出现，可以按▼或▲键以增加或减小此系数。按"读数"键确认选择设置或按"退出"键退回测量状态。

③ 设置参比温度。当"Ref. T. 25℃"出现且数字"25"闪烁时，使用▼或▲键在 25℃和 20℃中选定一个温度。按"读数"键确认选择设置或按"退出"键退回测量状态。

④ 设置 TDS 因子。当 TDS 因子值出现并闪烁时，使用按▼或▲键以增加或减小此数值。按"读数"键确认选择设置或按"退出"键退回测量状态。

⑤ 电极常数设置。当右下角 cc 图标出现并闪烁时，使用按▼或▲键增加或减小此数值。按"读数"键确认选择设置或按"退出"键退回测量状态。注意：电极常数可调节的数值范围在 0.01~10.00cm^{-1} 之间。

⑥ 校准设置。使用 FiveEasy 电导率仪时，需要选择标准溶液。

按"设置"键，当前 MTC 温度值闪烁，按"读数"键确定。当前的校准组开始闪烁，校准液组中的各个标准液开始逐个显示在屏幕上，使用▼或▲键来选择您需要的标准组溶液，并按"读数"键确认。

所选标准液组中的标准液数值开始闪烁，您必须使用▼或▲键来选择您需要的标准溶液，并按"读数"键保存。然后退回到测量界面。

仪表内置的标准溶液组：

a. 梅特勒-托利多标准液组：$84\mu S \cdot cm^{-1}$、$1413\mu S \cdot cm^{-1}$、$12.88\mu S \cdot cm^{-1}$。

b. 中国标准液组：$146.5\mu S \cdot cm^{-1}$、$1408\mu S \cdot cm^{-1}$、$12.85\mu S \cdot cm^{-1}$、$111.3\mu S \cdot cm^{-1}$。

每一种标准溶液的自动温度补偿程序是固化在仪表中的。

（3）校准 将电导电极放入相应的标准液中，按"校准"键开始校准。默认状态下，FiveEasy 电导率仪将自动到达校准终点。如需手动终点判断，按"读数"键仪表显示屏锁定并显现电极常数 3s，然后返回样品测量状态。

（五）XJ1780A POWER SUPPLY 离子迁移直流电源

（1）插上仪器电源插头，在打开仪器电源之前，请先将 A、B 端子的 VOLTAGE 旋钮、CURRENT 旋钮逆时针旋到底。

（2）按下仪器电源开关（ON），首先顺时针调节所使用的 A 或 B 端子对应的 CURRENT 旋钮，直到接线端左边指示灯由红灯变绿灯为止，之后慢慢顺时针调节上 VOLTAGE 旋钮，同时观察 NDM-Ⅱ精密数字直流电压测量仪上数据，直至实验所需电压为止。

（3）观察离子迁移情况，此时若线路连接正确，银电极上会有气泡产生。

（4）实验结束后，请将各功能键逆时针旋到底，再关闭电源，拔掉插头。

二、电池电动势和电极电势的测量方法

将化学反应设计成原电池，通过测定原电池电动势 E 及其温度系数 $\left(\dfrac{\partial E}{\partial T}\right)_p$，就可以计算化学反应的热力学函数变 $\Delta_r G_m$、$\Delta_r S_m$、$\Delta_r H_m$ 和电池可逆放电时的反应热 $Q_{r,m}$：

$$\Delta_r G_m = -zFE \tag{3-16}$$

$$\Delta_r S_m = zF\left(\dfrac{\partial E}{\partial T}\right)_p \tag{3-17}$$

$$\Delta_r H_m = -zFE + zF\left(\dfrac{\partial E}{\partial T}\right)_p \tag{3-18}$$

$$Q_{r,m} = zFT\left(\dfrac{\partial E}{\partial T}\right)_p \tag{3-19}$$

式中，z 为电池反应转移的电子数；T 为热力学温度，K。

测得原电池的电动势，利用能斯特方程还可以计算难溶盐的溶度积及电解质溶液的活度因子等热力学数据：

$$E = E^\ominus - \dfrac{RT}{zF}\ln\prod_B a_B^{\nu_B} \tag{3-20}$$

（一）对消法测定原电池电动势

电池电动势的测量必须在可逆条件下进行。所谓可逆条件，一是要求电池本身的电池反应可逆；二是在测量电池电动势时电池几乎没有电流通过，即测量回路中 $I\to 0$。当有限电流通过时，在电池内阻上要产生电位降，从而使得电极间的电位差较可逆电池电动势要小。因此，只有在没有电流通过电池时两电极间的电位差才与可逆电池电动势相等。不能直接用伏特计来测量一个可逆电池的电动势，就是因为使用伏特计时必须使有限的电流通过回路才能驱动指针旋转使伏特计显示，这样电池中就发生化学反应，所得结果必然不是可逆电池的电动势，而只是不可逆电池两极间的电位差。

波根多夫（Poggendorf）对消法（或称抵消法、补偿法）是人们常采用的测定可逆电池电动势的方法。常用的仪器为电位差计。电位差计是按照对消法测量原理而设计的一种平衡式电压测量仪。它与标准电池、检流计等相配合，成为测量电压的基本仪器。

对消法测量电池电动势的原理如图 3-35 所示。图中，E_N 是标准电池，它的电动势精确值是已知的。E_X 为待测电池，G 为检流计，R_N 为标准电池电动势补偿电阻，它的大小是根据工作电流来选择的。R_X 是待测电池电动势补偿电阻，它是由已知电阻值的各进位盘组成，可以调节 R_X 的数值，使其电压降与 E_X 相补偿。R 是调节工作电流的电阻，E_W 是工作电源用的电池，K 是转换开关。

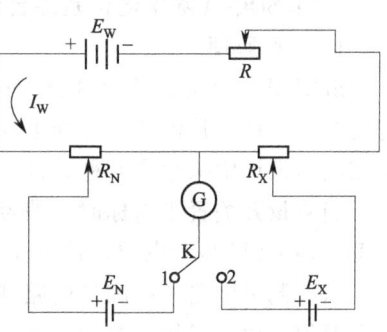

图 3-35　对消法测量电池电动势原理
E_W—工作电源；E_N—标准电池；
E_X—待测电池；R_X—待测电池
电动势补偿电阻；R—调节电阻；
R_N—标准电池电动势补偿电阻；
K—转换开关；G—检流计；I_W—工作电流

由图 3-35 可知，电位差计由三个回路（工作电流回路、标准回路和测量回路）组成。

（1）工作电流回路，也称为电源回路。从工作电源 E_W 正极开始，经电阻 R_N、R_X，再经工作电流调节电阻 R，回到工作电源负极。其作用是借助于调节 R 使 R_N 上产生一定的电位降。

（2）标准回路，也称为校准回路，是校准工作电流回路。从标准电池的正极开始（此时换向开关 K 扳向 1 方），经电阻 R_N，再经检流计 G 回到标准电池的负极。其作用是校准工作电流回路以标定补偿电阻 R_N 上的电位降。通过调节 R 使 G 中电流为零，此时 R_N 段上的电位降与标准电池的电动势 E_N 相对消，即大小相等而方向相反。校正后的工作电流 I_W 为某一定值，即 $I_W = E_N/R_N$。

（3）测量回路。从待测电池的正极开始（此时换向开关 K 扳向 2 方），经检流计 G，再经电阻 R_X，回到待测电池的负极。其作用是用标定好的 R_X 的电位降来测量未知电池的电动势。在保持校准后的工作电流 I_W 不变，即固定 R 不变的条件下，调节 R_X，使得 G 中电流为零。此时 R_X 上产生的电位降与待测电池的电动势 E_X 相对消，即 $E_X = I_W R_X$，则

$$E_X = E_N \frac{R_X}{R_N} \tag{3-21}$$

由式(3-21)可以看出，当标准电池电动势 E_N 和标准电池电动势补偿电阻 R_N 的数值确定后，只要测出待测电池电动势补偿电阻 R_X 的数值，就能测出待测电池电动势 E_X。

从以上工作原理可见，应用对消法测量电动势有以下优点：

（1）不需要测量出线路中所流过电流 I_W 的数值，只要测得 R_N 与 R_X 的比值即可。

（2）在两次平衡中检流计都指零，回路中无电流通过，也就是说电位差计既不从标准电池中吸收能量，也不从待测电池中吸收能量，表明测量时没有改变被测对象的状态，因此在被测电池的内部就没有电压降，测得的结果是待测电池的电动势，而不是端电压。

（3）测量结果之准确性依赖于标准电池的电动势 E_N 及被测电动势之补偿电阻 R_X 与标准电动势之补偿电阻 R_N 之比值的准确性，由于标准电池的电动势的值十分准确，并且具有高度的稳定性，而电阻元件 R_K、R_N 也可以制造得具有很高的准确度，所以应用高灵敏度的检流计，可以使测量结果极为准确。

(二) SDC-Ⅱ数字电位差综合测量仪

1. 工作原理

SDC-Ⅱ数字电位差综合测试仪是采用对消法测量原理设计的一种电位测量仪器,它将普通电位差计、检流计、标准电池及工作电池合为一体,保持了普通电位差计的测量结构,并在电路设计中采用了对称设计,保证了测量的高精确度。

当测量开关置于内标时,拨动精密电阻箱通过恒电流电路产生电位数模转换电路送入CPU,由CPU显示电位,使电位显示为1V。这时,精密电阻箱产生的电压信号与内标1V电压送至测量电路,由测量电路测量出误差信号,经数模转换电路再送入CPU,由检零显示误差值,由采零按钮控制并记忆误差,以便测量待测电动势时进行误差补偿。

当测量开关置于外标时,由外标标准电池提供标准电压,拨动精密电阻箱和补偿电位器产生电位显示和检零显示。测量电路经标定后即可测量待测电势。

2. 使用方法

(1) 开机 用电源线将仪表后面板的电源插座与220V电源连接,打开电源开关(ON),预热15min。

(2) 以内标为基准进行测量

① 校验

a. 用测试线将被测电池的电极按"+"、"−"极性与"测量插孔"连接。

b. 将"测量选择"旋钮置于"内标"。

c. 将"10^0"位旋钮置于"1","补偿"旋钮逆时针旋到底,其他旋钮均置于"0",此时,"电位指标"显示"1.00000" V。

d. 待"检零指示"显示数值稳定后,按一下 采零 键,此时,检零指示应显示"0000"。

② 测量

a. 将"测量选择"置于"测量"。

b. 调节"$10^0 \sim 10^{-4}$"五个旋钮,使"检零指示"显示数值为负且绝对值最小。

c. 调节"补偿旋钮",使"检零指示"显示为"0000",此时,"电位显示"数值即为被测电动势的值。

注意!测量过程中,若"检零指示"显示溢出符号"OU.L",说明"电位显示"显示的数值与被测电动势值相差过大。

(3) 以外标为基准进行测量

① 校验

a. 将已知电动势的标准电池按"+"、"−"极性与"外标插孔"连接。

b. 将"测量选择"旋钮置于"外标"。

c. 调节"$10^0 \sim 10^{-4}$"五个旋钮和"补偿"旋钮,使"电位指示"显示的数值与外标电池数值相同。

d. 待"检零指示"数值稳定后,按一下 采零 键,此时,"检零指示"显示为"0000"。

② 测量

a. 拔出"外标插孔"的测试线。再用测试线将被测电池电极按"+"、"−"极性接入"测量插孔"。

b. 将"测量选择"置于"测量"。

c. 调节"$10^0 \sim 10^{-4}$"五个旋钮,使"检零指示"显示数值为负且绝对值最小。

d. 调节"补偿旋钮",使"检零指示"为"0000",此时,"电位显示"数值即为被测电动势的值。

(4) 关机　首先关闭电源开关（OFF），然后拔下电源线。

3. 维护注意事项

(1) 置于通风、干燥、无腐蚀性气体的场合。

(2) 不宜放置在高温环境，避免靠近发热源。如电暖气或炉子等。

(3) 为了保证仪表工作正常，没有专门检测设备的单位和个人，请勿打开机盖进行检修，更不允许调整和更换元件，否则将无法保证仪表测量的准确度。

(4) 若波段开关旋钮松动或旋钮指示错位，可撬开旋钮盖，用备用扳手对准槽口拧紧即可。

（三）标准电池、盐桥和参比电极

1. 标准电池

用对消法测定电动势时，需要一个电动势已知却稳定不变的辅助电池，即标准电池。标准电池是一种电位非常稳定、温度系数很小的可逆电池，通常在直流电位差计中用作标准参考电压，一般能重现到 0.1mV。

标准电池分饱和式和不饱和式两类。前者可逆性好，因而电动势的重现性和稳定性均比较好，但是电动势的温度系数较大，使用时需要进行温度校正，一般用于精密测量。后者温度系数较小，但可逆性较差，在精度要求不太高的测量中使用，可免去烦琐的温度校正步骤。

物理化学实验室中常用饱和式标准电池，韦斯顿（Weston）标准电池是最常用的一种，是镉汞可逆电池，其结构如图 3-36 所示。

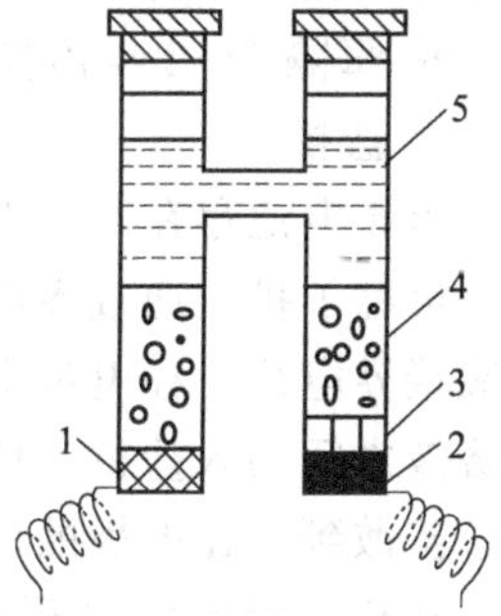

(1) 构造　韦斯顿（Weston）饱和式标准电池是由一个 H 形玻璃管组成，正极为汞和硫酸亚汞（Hg_2SO_4）的糊状物，上铺少量晶体 $CdSO_4 \cdot \frac{8}{3}H_2O$，负极为含质量分数 12.5% Cd 的镉汞齐，其上铺 $CdSO_4 \cdot \frac{8}{3}H_2O$ 晶体。管底各有一根铂丝与正负极相接。H 形管内充以饱和 $CdSO_4$ 溶液，管的顶部由塞子封闭。

图 3-36　韦斯顿标准电池
（饱和式）
1—含 Cd 12.5%的镉汞齐；
2—汞；3—硫酸亚汞的糊状物；4—硫酸镉晶体；
5—$CdSO_4$ 饱和溶液

标准电池的符号为：

$$\text{Cd-Hg}(w_{Cd}=0.125) \mid CdSO_4 \cdot \frac{8}{3}H_2O(s) \mid CdSO_4\text{饱和溶液} \mid Hg_2SO_4(s) \mid Hg$$

电极反应为

负极：$Cd(汞齐)+SO_4^{2-}+\frac{8}{3}H_2O(l) \longrightarrow CdSO_4 \cdot \frac{8}{3}H_2O(s)+2e$

正极：$Hg_2SO_4(s)+2e \longrightarrow 2Hg(l)+SO_4^{2-}$

电池反应为

$$Cd(汞齐)+Hg_2SO_4(s)+\frac{8}{3}H_2O(l) \rightleftharpoons 2Hg(l)+CdSO_4 \cdot \frac{8}{3}H_2O(s)$$

(2) 温度系数　标准电池按其电动势的稳定性分为若干等级，常用的 BC9 型便携式饱和式标准电池为 0.005 级。每一标准电池出厂或计量局定期检定时，均给出 20℃ 时的电动势值（1.0186V）。但在实际应用时不一定处于 20℃ 的环境中，因此必须按下列电动势与温度关系式进行校正。

$$E_t/V = 1.01860 - 4.06 \times 10^{-5}(t/℃ - 20) - 9.50 \times 10^{-7}(t/℃ - 20)^2 \quad (3-22)$$

(3) 使用和维护

① 机械振动会破坏标准电池的平衡，故使用及搬动时应避免振动，且绝对不允许倒置或倾斜放置。

② 因 $CdSO_4 \cdot \frac{8}{3}H_2O$ 晶体在温度波动的环境中会反复不断溶解、再结晶，致使原来微小的晶粒结成大块，增加电池的内阻及降低电位差计中检流计回路的灵敏度。因此，应尽可能将标准电池置于温度波动不大的环境中。使用温度不得超过 40℃ 或低于 0℃，也不能骤然改变温度。

③ 由于温度系数与电池的正、负极都有关系。故放置时应使两极处于同一温度下。

④ 绝对避免两极短路或长期与外电路连通。

⑤ $CdSO_4$ 是一感光性物质，光的照射会使其变质，变质后的 $CdSO_4$ 将使电池的电动势对温度变化的滞后增大，故标准电池放置时应避免光的照射。

⑥ 每隔 1~2 年需检验一次标准电池的电动势。

2. 盐桥

当原电池存在两种电解质界面时，两种组成或活度不同的电解质溶液相接触时，由于正、负离子扩散通过界面的速率不同，在溶液接界处会产生电势差，称为液体接界扩散电势或液接界电势。在电池电动势的测量中，液接界电势会对测量产生干扰和影响。此时常在两种溶液之间插入盐桥，使液接界电势减至最小以致接近消除。加入盐桥也可以防止溶液中的离子扩散到参比电极的内溶液中，避免对其电极电势造成影响。

盐桥一般是个 U 形玻璃管，里面装有饱和 KCl 的琼脂溶液，溶液不致流出来，但离子则可在其中自由移动。当系统中有 Ag^+、Hg^{2+} 等与 Cl^- 作用的离子或含有 ClO_4^- 等与 K^+ 作用的物质的溶液时，则不宜采用 KCl 作盐桥溶液，可改用 NH_4NO_3 溶液，因为 NH_4^+ 和 NO_3^- 的摩尔电导率较为接近，也可有效降低液接界电势。

3. 参比电极

在电化学中，电极电势的绝对值至今无法测定。在实际测量中是以某一电极的电极电势作为零标准，通常将氢电极的氢气压力为 100kPa 且溶液中氢离子活度为 1 时的电极电势规定为 0V，称为标准氢电极。将标准氢电极与被测电极组成电池，标准氢电极为负极，被测电极为正极，这样测得的电动势即为该被测电极的电极电势。由于标准氢电极条件要求苛刻，难以实现，在实际测定时常用一些制备简单、电势稳定的可逆电极作为参比电极来代替。

通常使用参比电极与待测电极组成原电池，测定原电池电动势来计算待测电极的电极电势，此时参比电极是计算的基准，要求其电极电势已知而且恒定。参比电极要求尽量接近理论极化行为，在极化之后电势能够迅速恢复到平衡值，电势稳定，温度系数小，制备简单，使用方便。生产中使用的参比电极还应结实耐用，抗腐蚀与冲击性能好。实验室常用的参比电极有甘汞电极和银-氯化银电极。

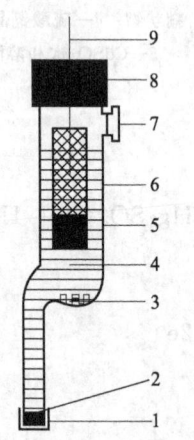

图 3-37 甘汞电极的结构
1—胶帽；2—多孔物质；
3—KCl 晶体；4—KCl 饱和溶液；
5—Hg；6—Hg_2Cl_2；
7—胶塞；8—胶木帽；9—Pt 丝

甘汞电极具有装置简单、可逆性高、制作方便、电极电势稳定等优点。其构造形状很多，饱和甘汞电极的构造参见图 3-37。

甘汞电极表示式为：$Hg(l)|Hg_2Cl_2(s)|KCl(aq)$

电极反应为：$Hg_2Cl_2(s)+2e \longrightarrow 2Hg(l) + 2Cl^-$

电极电势为

$$E = E^\ominus + \frac{RT}{2F}\ln\frac{1}{a_{Cl^-}^2} \tag{3-23}$$

$$= E^\ominus - \frac{RT}{F}\ln a_{Cl^-}$$

可见温度恒定时，甘汞电极的电极电势只与 Cl^- 活度有关。

常用的甘汞电极根据 KCl 溶液浓度不同分为三种，其电极电势与温度的关系见表 3-8。

表 3-8 常见的参比电极的电极电势与温度的关系

电极	溶液	$E_{25℃}/V$	E_t/V
甘汞电极	$0.1mol·dm^{-3}$ KCl 溶液	0.3337	$0.3337-7.6×10^{-5}(t/℃-25)$
	$1.0mol·dm^{-3}$ KCl 溶液	0.2801	$0.2801-2.4×10^{-4}(t/℃-25)$
	饱和 KCl 溶液	0.2412	$0.2412-7.6×10^{-4}(t/℃-25)$
银-氯化银电极	$0.1mol·dm^{-3}$ KCl 溶液	0.290	$0.290-3.0×10^{-4}(t/℃-25)$
	$1.0mol·dm^{-3}$ KCl 溶液	0.236	
	饱和 KCl 溶液	0.198	
	$0.1mol·dm^{-3}$ HCl 溶液	0.289	
氧化汞电极	$0.1mol·dm^{-3}$ NaOH 溶液	0.1690	$0.1690-7.0×10^{-5}(t/℃-25)$
	$1.0mol·dm^{-3}$ NaOH 溶液	0.1135	$0.1135-1.1×10^{-4}(t/℃-25)$
	$1.0mol·dm^{-3}$ KOH 溶液	0.1100	$0.1100-1.1×10^{-4}(t/℃-25)$
硫酸亚汞电极	$0.5mol·dm^{-3}$ H_2SO_4 溶液	0.6758	

含有氯化物的系统，一般选用甘汞电极或银-氯化银电极作为参比电极，含碱性系统选用氧化汞电极，含硫酸系统选用硫酸亚汞电极等。

参比电极使用时应拔去加液口橡胶塞，使盐桥溶液借重力作用维持一定流速，测量中参比电极盐桥液面应高于待测界面 2~3cm，以防止待测液向甘汞电极内扩散，若待测液中含有氯化物、硫化物、络合剂、银盐和过氯酸盐等向内扩散，都将影响参比电极的电极电势。平时保存时，要及时补充参比电极的电解液，其浓度要按照要求配置，如果是饱和氯化钾溶液作盐桥时要维持有过量氯化钾晶体；应将银-氯化银电极储存在高浓度氯化钾溶液中，可防止氯化银在液接界部分沉淀出，并维持液接界部分处于正常工作状态，绝对不可储存于去离子水中。

使用甘汞电极时应注意：

(1) 由于甘汞电极的电极电势有较大的负温度系数和热滞后性，测量时要尽量避免电极温度大幅度波动。此时可以在甘汞电极下部加一个长的盐桥管，使电极处于室温下，而盐桥溶液的温度与待测溶液相同，精确测量时需将其置于恒温槽内。甘汞电极使用温度不宜超过 70℃。

(2) 甘汞电极不宜用在强酸、强碱性溶液中，因为此时的液接界电势较大，而且甘汞可能被氧化。

(3) 如果被测溶液中不允许含有氯离子，应避免直接插入甘汞电极，这时应使用双液接甘汞电极。

(4) 应注意甘汞电极的清洁，不得使灰尘或局外离子进入该电极内部。

(5) 储存时一定要使内充溶液液面高于甘汞芯子，不可使甘汞芯子暴露于空气中，液接部分的保护套内装入氯化钾溶液。

第四章 附 录

附录一 国际单位制(SI)基本单位

量		单位	
名称	符号	名称	符号
长度	l	米	m
质量	m	千克	kg
时间	t	秒	s
电流	I	安[培]	A
热力学温度	T	开[尔文]	K
物质的量	n	摩[尔]	mol
发光强度	IV	坎[德拉]	cd

附录二 具有专门名称的 SI 导出单位

量	SI 导出单位		
	名称	符号	用 SI 基本单位和 SI 导出单位的表示式
频率	赫[兹]	Hz	s^{-1}
力	牛[顿]	N	$kg \cdot m \cdot s^{-2}$
压力,压强,应力	帕[斯卡]	Pa	$N \cdot m^{-2}$
能[量],功,热量	焦[耳]	J	$N \cdot m$
功率,辐[射能]通量	瓦[特]	W	$J \cdot s^{-1}$
电荷[量]	库[仑]	C	$A \cdot s$
电位,电压,电动势,(电势)	伏[特]	V	$W \cdot A^{-1}$
电容	法[拉]	F	$C \cdot V^{-1}$
电阻	欧[姆]	Ω	$V \cdot A^{-1}$
电导	西[门子]	S	$A \cdot V^{-1}$
磁通[量]	韦[伯]	Wb	$V \cdot s$
磁通[量]密度,磁感应强度	特[斯拉]	T	$Wb \cdot m^{-2}$
电感	亨[利]	H	$Wb \cdot A^{-2}$
摄氏温度	摄氏度	℃	
光通量	流[明]	lm	$cd \cdot Sr$
[光]照度	勒[克斯]	lx	lm/m^2
[放射性]活度	贝可[勒尔]	Bq	s^{-1}
吸收剂量	戈[瑞]	Gy	$J \cdot kg^{-1}$
剂量当量	希[沃特]	Sv	$J \cdot kg^{-1}$

附录三　元素的原子量表（以 $^{12}C=12$ 原子量为标准）

序	名称	符号	原子量	序	名称	符号	原子量	序	名称	符号	原子量
1	氢	H	1.008	41	铌	Nb	92.91	81	铊	Tl	204.4
2	氦	He	4.003	42	钼	Mo	95.94	82	铅	Pb	207.2
3	锂	Li	6.941±2	43	锝	^{99}Tc	98.91	83	铋	Bi	209.0
4	铍	Be	9.012	44	钌	Ru	101.1	84	钋	^{210}Po	210.0
5	硼	B	10.81	45	铑	Rh	102.9	85	砹	^{210}At	210.0
6	碳	C	12.01	46	钯	Pd	106.4	86	氡	^{222}Rn	222.0
7	氮	N	14.01	47	银	Ag	107.9	87	钫	^{223}Fr	223.0
8	氧	O	16.00	48	镉	Cd	112.4	88	镭	^{226}Ra	226.0
9	氟	F	19.00	49	铟	In	114.8	89	锕	^{227}Ac	227.0
10	氖	Ne	20.18	50	锡	Sn	118.7	90	钍	Th	232.0
11	钠	Na	22.99	51	锑	Sb	121.8	91	镤	^{231}Pa	231.0
12	镁	Mg	24.31	52	碲	Te	127.6	92	铀	U	238.0
13	铝	Al	26.98	53	碘	I	126.9	93	镎	^{237}Np	237.0
14	硅	Si	28.09	54	氙	Xe	131.3	94	钚	^{239}Pu	239.1
15	磷	P	30.97	55	铯	Cs	132.9	95	镅	^{243}Am	243.1
16	硫	S	32.07	56	钡	Ba	137.3	96	锔	^{247}Cm	247.1
17	氯	Cl	35.45	57	镧	La	138.9	97	锫	^{247}Bk	247.1
18	氩	Ar	39.95	58	铈	Ce	140.1	98	锎	Cf	252.1
19	钾	K	39.10	59	镨	Pr	140.9	99	锿	Es	252.1
20	钙	Ca	40.08	60	钕	Nd	144.2	100	镄	Fm	257.1
21	钪	Sc	44.96	61	钷	^{145}Pm	144.9	101	钔	Md	256.1
22	钛	Ti	47.88±3	62	钐	Sm	150.4	102	锘	No	259.1
23	钒	V	50.94	63	铕	Eu	152.0	103	铹	Lr	260.1
24	铬	Cr	52.00	64	钆	Gd	157.3	104	𬬻	Rf	261.1
25	锰	Mn	54.94	65	铽	Tb	158.9	105	𬭊	Db	262.1
26	铁	Fe	55.85	66	镝	Dy	162.5	106	𬭳	Sg	263.1
27	钴	Co	58.93	67	钬	Ho	164.9	107	𬭛	Bh	262.1
28	镍	Ni	58.69	68	铒	Er	167.3	108	𬭶	Hs	266.1
29	铜	Cu	63.55	69	铥	Tm	168.9	109	鿏	Mt	266.1
30	锌	Zn	65.39±2	70	镱	Yb	173.0	110	𫟼	Ds	(269)
31	镓	Ga	69.72	71	镥	Lu	175.0	111	𬬭	Rg	(272)
32	锗	Ge	72.61±3	72	铪	Hf	178.5	112	鎶	Cn	(277)
33	砷	As	74.92	73	钽	Ta	180.9	113	鿭	Nh	(278)
34	硒	Se	78.96±3	74	钨	W	183.9	114	𫓧	Fl	(289)
35	溴	Br	79.90	75	铼	Re	186.2	115	镆	Mc	(288)
36	氪	Kr	83.80	76	锇	Os	190.2	116	𫟷	Lv	(292)
37	铷	Rb	85.47	77	铱	Ir	192.2	117	石田	Ts	(293)
38	锶	Sr	87.62	78	铂	Pt	195.1	118	𫚕	Og	(294)
39	钇	Y	88.91	79	金	Au	197.0				
40	锆	Zr	91.22	80	汞	Hg	200.6				

附录四　常用的物理化学常数

常数名称	符号	数值	单位（SI）
真空中的光速	c, c_0	2.99792458×10^8	$m \cdot s^{-1}$
元电荷,电子电荷	e	$1.60217733 \times 10^{-19}$	C
阿伏伽德罗常数	L, N_A	6.0221367×10^{23}	mol^{-1}
电子的静止质量	m_e	$9.1093897 \times 10^{-31}$	kg
质子的静止质量	m_p	$1.6726231 \times 10^{-27}$	kg
中子的静止质量	m_n	$1.6749286 \times 10^{-27}$	kg
法拉第常数	F	9.6485309×10^4	$C \cdot mol^{-1}$

续表

常数名称	符号	数值	单位(SI)
普郎克常数	h	6.6260755×10^{-34}	$J\cdot s$
电子荷质比	e/m_e	1.7588196×10^{11}	$C\cdot kg^{-1}$
里德堡常数	R_∞	1.0973731534×10^7	m^{-1}
玻尔磁子	μ_B	9.2740154×10^{-24}	$T\cdot T^{-1}$
摩尔气体常数	R	8.314510	$J\cdot K^{-1}\cdot mol^{-1}$
玻尔兹曼常数	k, k_B	1.380658×10^{-23}	$J\cdot K^{-1}$
重力加速度	g	9.80665	$m\cdot s^{-2}$
真空介电常数(真空电容率)	ε_0	$8.85418782\times 10^{-12}$	$F\cdot m^{-1}$
标准摩尔体积(STP)	V_m	22.41440	$dm^{-3}\cdot mol^{-1}$

数据来源：国际纯粹与应用化学联合会物理化学符号、术语和单位委员会．物理化学中的量、单位和符号．漆德瑶等译．北京：科学技术出版社，1991．

附录五　不同温度下水的饱和蒸气压

单位：Pa

$t/℃$	0.0	0.2	0.4	0.6	0.8	$t/℃$	0.0	0.2	0.4	0.6	0.8
0	610.5	619.4	628.6	638.0	647.3	38	6625.0	6696.9	6769.3	6842.5	6916.6
1	656.7	666.3	675.9	685.8	685.8	39	6991.7	7067.2	7143.4	7220.2	7297.7
2	705.8	716.9	726.2	736.6	747.3	40	7375.9	7454.0	7534.0	7614.0	7695.3
3	757.9	768.7	779.7	790.7	801.9	41	7778.0	7860.7	7943.3	8028.7	8114.0
4	713.4	824.9	836.3	848.3	860.3	42	8199.3	8284.6	8372.6	9460.6	8548.6
5	872.3	884.6	897.0	909.5	922.2	43	8639.3	8729.9	8820.6	8913.9	9007.2
6	935.0	948.1	961.1	974.5	988.1	44	9100.6	9195.2	9291.2	9387.2	9484.5
7	1001.7	1015.5	1029.5	1043.6	1058.0	45	9583.2	9681.8	9780.5	9881.8	9983.2
8	1072.6	1087.2	1102.2	1117.2	1132.4	46	10085.8	10189.8	10293.8	10399.1	10505.8
9	1147.8	1163.5	1179.2	1195.2	1211.4	47	10612.4	10720.4	10829.7	10939.1	11048.4
10	1227.8	1244.3	1261.0	1277.9	1295.1	48	11160.4	11273.7	11388.4	11503.0	11617.7
11	1312.4	1330.0	1347.8	1365.8	1383.9	49	11735.0	11852.3	11971.0	12091.0	12211.0
12	1402.3	1421.0	1439.7	1458.7	1477.9	50	12333.6	12465.6	12585.6	12705.6	12838.9
13	1497.3	1517.1	1536.9	1557.2	1577.6	51	12958.9	13092.2	13212.2	13345.5	13478.9
14	1598.1	1619.1	1640.1	1661.5	1683.1	52	13610.8	13745.5	13878.8	14012.1	14158.8
15	1704.9	1726.9	1749.3	1771.9	1794.7	53	14292.1	14425.4	14572.1	14718.7	14852.1
16	1817.7	1841.8	1864.8	1888.6	1912.8	54	15000.1	15145.4	15292.0	15438.7	15585.3
17	1937.2	1961.8	1986.9	2012.1	2037.7	55	15737.3	15878.7	16038.6	16198.6	16345.3
18	2063.4	2089.6	2116.0	2142.6	2169.4	56	16505.3	16665.3	16825.2	16985.2	17145.2
19	2196.8	2224.5	2252.5	2280.5	2309.0	57	17307.9	17465.9	17638.5	17798.5	17958.5
20	2337.8	2366.9	2396.3	2426.1	2456.1	58	18142.5	18305.2	18465.1	18651.7	18825.1
21	2486.5	2517.1	2548.2	2579.7	2611.4	59	19011.7	19185.0	19358.4	19545.0	19731.7
22	2643.4	2675.8	2708.6	2741.8	2775.1	60	19915.6	20091.6	20278.3	20464.9	20664.9
23	2808.8	2843.0	2877.5	2912.4	2947.8	61	20855.6	21038.2	21238.2	21438.2	21638.2
24	2983.4	3019.5	3056.0	3092.8	3129.4	62	21834.1	22024.8	22238.1	22438.1	22638.1
25	3167.2	3204.9	3243.2	3282.0	3321.3	63	22848.7	23051.4	23264.7	23478.0	23691.3
26	3360.9	3400.9	3441.3	3482.0	3523.3	64	23906.0	24117.9	24311.3	24557.9	24771.2
27	3564.9	3607.0	3629.5	3649.6	3735.8	65	25003.2	25224.5	25451.2	25677.8	25904.5
28	3779.6	3823.7	3868.3	3913.5	3959.3	66	26143.1	26371.1	26597.7	26837.7	27077.7
29	4242.8	4291.8	4341.1	4390.8	4441.2	67	27325.7	27571.0	27811.0	28064.3	28304.3
30	4492.3	4544.3	4595.7	4648.1	4701.1	68	28553.5	28797.6	29064.2	29317.5	29570.8
31	4492.3	4544.3	4595.7	4648.1	4701.1	69	29328.1	30090.1	30357.4	30624.1	30890.7
32	4754.7	4808.7	4863.2	4918.4	4974.0	70	31157.4	31424.0	31690.6	31957.3	32237.3
33	5030.1	5086.9	5144.1	5202.0	5260.5	71	32571.2	32797.2	33090.5	33370.5	33650.5
34	5319.3	5378.7	5439.0	5499.7	5560.9	72	33943.8	34237.1	34580.4	34283.7	35117.0
35	5622.9	5685.5	5748.4	5812.2	5876.9	73	35423.1	35730.5	36023.6	36343.6	36636.9
36	5941.2	6006.7	6072.7	6139.5	6206.9	74	36956.9	37250.2	37570.1	37890.1	38210.1
37	6275.1	6343.7	6413.1	6483.1	6553.7	75	38543.4	38863.4	39196.7	39516.6	39836.6

续表

$t/℃$	0.0	0.2	0.4	0.6	0.8	$t/℃$	0.0	0.2	0.4	0.6	0.8
76	40183.3	40503.2	40849.9	41183.2	41516.5	89	67474.3	67994.2	68514.2	69034.1	69567.4
77	41876.4	42209.7	42556.4	42929.7	43276.3	90	70095.4	70630.0	71167.3	71708.0	72253.9
78	43636.3	43996.3	44369C.0	44742.9	45089.5	91	72800.5	73351.1	73907.1	74464.3	75027.0
79	45462.8	45836.1	46209.4	46582.7	46956.0	92	75592.2	76161.5	76733.5	77309.4	77889.4
80	47342.6	47729.3	48129.2	48502.5	48902.5	93	78473.3	79059.9	79650.6	80245.2	80843.8
81	49289.1	49675.8	50075.7	50502.4	50902.3	94	81446.4	82051.7	82661.0	83274.3	83891.5
82	51315.6	51728.9	52155.6	52582.2	52982.2	95	84512.8	85138.1	85766.0	86399.3	87035.3
83	53408.8	53835.4	54262.1	54688.7	55142.0	96	87675.2	88319.2	88967.1	89619.0	90275.0
84	55568.6	56021.9	56475.2	56901.2	57355.1	97	90934.9	91597.5	92265.5	92938.8	93614.7
85	57808.4	58261.7	58715.0	59195.0	59661.6	98	94294.7	94978.6	95666.5	96358.5	97055.7
86	60114.9	60581.5	61061.5	61541.4	62021.4	99	97757.0	98462.3	99171.6	99884.8	100602.1
87	62488.0	62981.3	63461.3	63967.9	64447.9	100	101324.7	102051.3	102781.9	103516.5	104257.8
88	64941.1	65461.1	65954.4	66461.0	66954.3	101	105000.4	105748.3	106500.3	107257.5	108018.8

数据来源：印永嘉．物理化学简明手册．北京：高等教育出版社，1988，132．

附录六　不同温度下水的密度

$t/℃$	$\rho/(10^3 kg·m^{-3})$	$t/℃$	$\rho/(10^3 kg·m^{-3})$	$t/℃$	$\rho/(10^3 kg·m^{-3})$
0	0.99987	20	0.99823	40	0.99224
1	0.99993	21	0.99802	41	0.99186
2	0.99997	22	0.99780	42	0.99147
3	0.99999	23	0.99756	43	0.99107
4	1.00000	24	0.99732	44	0.99066
5	0.99999	25	0.99707	45	0.99025
6	0.99997	26	0.99681	46	0.98982
7	0.99997	27	0.99654	47	0.98940
8	0.99988	28	0.99626	48	0.98896
9	0.99978	29	0.99597	49	0.98852
10	0.99973	30	0.99567	50	0.98807
11	0.99963	31	0.99537	51	0.98862
12	0.99952	32	0.99505	52	0.98715
13	0.99940	33	0.99473	53	0.98769
14	0.99927	34	0.99440	54	0.98621
15	0.99913	35	0.99406	55	0.98573
16	0.99897	36	0.99371	60	0.98324
17	0.99880	37	0.99336	65	0.98059
18	0.99862	38	0.99299	70	0.97781
19	0.99843	39	0.99262	75	0.97489

数据来源：International Critical Tables of Numerical Data，Physics，Chemistry and Technology．New York：McGraw－Hill Book Company Inc，Ⅲ；25，1982．

附录七　实验室常见物质不同温度下的相对密度

单位：$10^3 kg·m^{-3}$

$t/℃$	乙醇	苯	汞	环己烷	乙酸乙酯	丁醇
6	0.8012	—	13.581	0.7906	—	—
7	0.8003	—	13.578	—	—	—
8	0.7995	—	13.576	—	—	—
9	0.7987	—	13.573	—	—	—

续表

$t/℃$	乙醇	苯	汞	环己烷	乙酸乙酯	丁醇
10	0.7978	0.887	13.571	—	0.9127	—
11	0.7970	—	13.568	—	—	—
12	0.7962	—	13.566	0.785	—	—
13	0.7953	—	13.563	—	—	—
14	0.7945	—	13.561	—	—	0.8135
15	0.7936	0.883	13.559	—	—	—
16	0.7928	0.882	13.556	—	—	—
17	0.7919	0.882	13.554	—	—	—
18	0.7911	0.881	13.551	0.7736	—	—
19	0.7902	0.881	13.549	—	—	—
20	0.7894	0.879	13.546	—	0.9008	—
21	0.7886	0.879	13.544	—	—	—
22	0.7877	0.878	13.541	—	—	0.8072
23	0.7869	0.877	13.539	0.7736	—	—
24	0.7860	0.876	13.536	—	—	—
25	0.7852	0.875	13.534	—	—	—
26	0.7843	—	13.532	—	—	—
27	0.7835	—	13.529	—	—	—
28	0.7826	—	13.527	—	—	—
29	0.7818	—	13.524	—	—	—
30	0.7809	0.869	13.522	0.7678	0.8888	0.8007

数据来源：冯霞等．物理化学实验．北京：高等教育出版社，2015，218-219.

附录八 水在不同温度下的折射率、黏度和介电常数

$t/℃$	折射率 n_D	介电常数 $\varepsilon/(F \cdot m^{-1})$	黏度 $\eta/(10^{-3} Pa \cdot s)$
0	1.33395	87.74	1.7702
5	1.33388	85.76	1.5108
10	1.33369	83.83	1.3039
15	1.33339	81.95	1.1374
17	1.33324		1.0828
19	1.33307		1.0299
20	1.33300	80.10	1.0019
21	1.33290	79.73	0.9764
22	1.33580	79.38	0.9532
23	1.33271	79.02	0.9310
24	1.33261	78.65	0.9100
25	1.33250	78.30	0.8903
26	1.33240	77.94	0.8703
27	1.33229	77.60	0.8512
28	1.33217	77.24	0.8328
29	1.33206	76.90	0.8145
30	1.33194	76.55	0.7973
35	1.33131	74.83	0.7190
40	1.33061	73.15	0.6526
45	1.32985	71.51	0.5972
50	1.32904	69.91	0.5468

数据来源：John A Dean. Lange's Handbook of Chemistry. New York：McGraw-Hill Book Company Inc，1985，10-99.

附录九 不同温度下水的表面张力

$t/℃$	$\sigma/(10^{-3} N \cdot m^{-1})$	$t/℃$	$\sigma/(10^{-3} N \cdot m^{-1})$	$t/℃$	$\sigma/(10^{-3} N \cdot m^{-1})$	$t/℃$	$\sigma/(10^{-3} N \cdot m^{-1})$
0	75.64	17	73.19	26	71.82	60	66.18
5	74.92	18	73.05	27	71.66	70	64.42
10	74.22	19	72.90	28	71.50	80	62.61
11	74.07	20	72.75	29	71.35	90	60.75
12	73.93	21	72.59	30	71.18	100	58.85
13	73.78	22	72.44	35	70.38	110	56.89
14	73.64	23	72.28	40	69.56	120	54.89
15	73.49	24	72.13	45	68.74	130	52.84
16	73.34	25	71.97	50	67.91		

数据来源：John A Dean. Lange's Handbook of Chemistry. New York：McGraw—Hill Book Company Inc，1973，10-265.

附录十 不同温度下 KCl 在水中的溶解焓
（1mol KCl 溶于 200 mol 水中的积分溶解焓）

$t/℃$	$\Delta_{Sol}H_m/kJ$	$t/℃$	$\Delta_{Sol}H_m/kJ$	$t/℃$	$\Delta_{Sol}H_m/kJ$
10	19.979	19	18.443	28	17.138
11	19.794	20	18.297	29	17.004
12	19.623	21	18.146	30	16.874
13	19.447	22	17.995	31	16.740
14	19.276	23	17.849	32	16615
15	19.100	24	17.702	33	16.493
16	18.933	25	17.556	34	16.372
17	18.765	26	17.414	35	16.259
18	18.602	27	17.272		

数据来源：东北师范大学等．物理化学实验第3版．北京：高等教育出版社，2014，224-225.

附录十一 不同温度、不同浓度下 KCl 溶液的电导率 κ [①]

单位：$S \cdot m^{-1}$

$t/℃$	浓度 $c/(mol \cdot dm^{-3})$			
	1.000	0.100	0.020	0.010
0	6.541	0.715	0.1521	0.0776
5	7.414	0.822	0.1752	0.0896
10	8.319	0.933	0.1994	0.1020
15	9.252	1.048	0.2243	0.1147
16	9.441	1.072	0.2294	0.1173
17	9.631	1.095	0.2345	0.1199
18	9.822	1.119	0.2397	0.1225
19	10.014	1.143	0.2449	0.1251
20	10.207	1.167	0.2501	0.1278
21	10.400	1.191	0.2553	0.1305
22	10.594	1.215	0.2606	0.1332
23	10.789	1.239	0.2659	0.1359

续表

$t/℃$	浓度 $c/(\text{mol} \cdot \text{dm}^{-3})$			
	1.000	0.100	0.020	0.010
24	10.984	1.264	0.2712	0.1386
25	11.180	1.288	0.2765	0.1413
26	11.377	1.313	0.2819	0.1441
27	11.574	1.337	0.2873	0.1468
28		1.362	0.2927	0.1496
29		1.387	0.2981	0.1524
30		1.412	0.3036	0.1552
35		1.539	0.3312	
36		1.564	0.3368	

① 在空气中称取 74.56g KCl，溶于 18℃ 水中，稀释到 1L，其浓度为 $1.000 \text{mol} \cdot \text{L}^{-1}$（密度 $1.0449 \text{g} \cdot \text{cm}^{-3}$），再稀释得其他浓度溶液。

数据来源：复旦大学等. 物理化学实验. 第3版. 北京：高等教育出版社，2004，380.

附录十二　水的电导率 κ

$t/℃$	0	5	10	15	18	20
$\kappa/(10^{-6} \text{S} \cdot \text{m}^{-1})$	1.161	1.661	2.315	3.153	3.754	4.205
$t/℃$	25	30	35	40	45	50
$\kappa/(10^{-6} \text{S} \cdot \text{m}^{-1})$	5.508	7.096	9.005	11.27	13.93	17.02

数据来源：东北师范大学等. 物理化学实验. 第3版. 北京：高等教育出版社，2014，226.

附录十三　不同温度下 HCl 溶液中阳离子的迁移数

浓度 $c/(\text{mol} \cdot \text{dm}^{-3})$	$t/℃$						
	10	15	20	25	30	35	40
0.01	0.841	0.835	0.830	0.825	0.821	0.816	0.811
0.02	0.842	0.836	0.832	0.827	0.822	0.818	0.813
0.05	0.844	0.838	0.834	0.830	0.825	0.821	0.816
0.1	0.846	0.840	0.837	0.832	0.828	0.823	0.819
0.2	0.847	0.843	0.839	0.835	0.830	0.827	0.823
0.5	0.850	0.846	0.842	0.838	0.834	0.831	0.827
1.0	0.852	0.848	0.844	0.841	0.837	0.833	0.829

数据来源：Conway B E. Electrochemical Data. New York：Elsevier Pub Co，1952，172.

附录十四　25℃下常见电极的标准电极电势

（标准态压力 $P^{\ominus} = 100$ kPa）

电极	电极的还原反应	$E^{\ominus}/\text{V}$
$Ag^+ \mid Ag$	$Ag^+ + e \longrightarrow Ag$	+0.7991
$Cl^- \mid AgCl(s) \mid Ag$	$AgCl(s) + e \longrightarrow Ag + Cl^-$	+0.2224
$I^- \mid AgI(s) \mid Ag$	$AgI(s) + e \longrightarrow Ag + I^-$	−0.151
$Cd^{2+} \mid Cd$	$Cd^{2+} + 2e \longrightarrow Cd$	−0.403
$Pt \mid Cl_2(g) \mid Cl^-$	$Cl_2 + 2e \longrightarrow 2Cl^-$	+1.3595
$Cu^{2+} \mid Cu$	$Cu^{2+} + 2e \longrightarrow Cu$	+0.337
$Fe^{2+} \mid Fe$	$Fe^{2+} + 2e \longrightarrow Fe$	−0.440

续表

电极	电极的还原反应	$E^{\ominus}/V$
$Pb^{2+}\|Pb$	$Pb^{2+}+2e\longrightarrow Pb$	-0.126
$H_2O,OH^-\|O_2(g)\|Pt$	$O_2(g)+2H_2O+4e\longrightarrow 4OH^-$	$+0.401$
$Zn^{2+}\|Zn$	$Zn^{2+}+2e\longrightarrow Zn$	-0.7628

数据来源：印永嘉. 物理化学简明手册. 北京：高等教育出版社，1988，214.

附录十五　环己烷-乙醇二元系组成（以环己烷摩尔分数表示）-折射率对照表（30.0℃）

折射率	0	1	2	3	4	5	6	7	8	9
1.357	0.000	0.001	0.002	0.003	0.005	0.006	0.007	0.008	0.009	0.010
1.358	0.012	0.013	0.014	0.015	0.016	0.017	0.018	0.020	0.021	0.022
1.359	0.023	0.024	0.025	0.026	0.028	0.029	0.030	0.031	0.032	0.033
1.360	0.035	0.036	0.037	0.038	0.039	0.040	0.041	0.042	0.044	0.045
1.361	0.046	0.047	0.048	0.049	0.051	0.052	0.053	0.054	0.055	0.056
1.362	0.057	0.059	0.060	0.061	0.062	0.063	0.064	0.065	0.067	0.068
1.363	0.069	0.070	0.071	0.072	0.073	0.074	0.076	0.077	0.078	0.079
1.364	0.080	0.081	0.082	0.084	0.085	0.086	0.087	0.088	0.089	0.090
1.365	0.092	0.093	0.094	0.095	0.096	0.097	0.098	0.100	0.101	0.102
1.366	0.103	0.104	0.105	0.106	0.108	0.109	0.110	0.111	0.112	0.113
1.367	0.114	0.116	0.117	0.118	0.119	0.120	0.121	0.122	0.124	0.125
1.368	0.126	0.127	0.128	0.129	0.130	0.132	0.133	0.134	0.135	0.136
1.369	0.137	0.138	0.139	0.141	0.142	0.143	0.144	0.145	0.146	0.147
1.370	0.149	0.150	0.151	0.152	0.153	0.154	0.155	0.157	0.158	0.159
1.371	0.160	0.161	0.162	0.164	0.165	0.166	0.167	0.169	0.170	0.171
1.372	0.172	0.173	0.175	0.176	0.177	0.178	0.180	0.181	0.182	0.183
1.373	0.184	0.186	0.187	0.188	0.189	0.191	0.192	0.193	0.194	0.195
1.374	0.197	0.198	0.199	0.200	0.201	0.203	0.204	0.205	0.206	0.208
1.375	0.209	0.210	0.211	0.212	0.214	0.215	0.216	0.217	0.219	0.220
1.376	0.221	0.222	0.224	0.225	0.226	0.228	0.229	0.230	0.232	0.233
1.377	0.234	0.236	0.237	0.238	0.239	0.241	0.242	0.243	0.245	0.246
1.378	0.247	0.249	0.250	0.251	0.253	0.254	0.255	0.257	0.258	0.259
1.379	0.261	0.262	0.263	0.265	0.266	0.267	0.269	0.270	0.271	0.272
1.380	0.274	0.275	0.276	0.278	0.279	0.280	0.282	0.283	0.284	0.286
1.381	0.287	0.288	0.290	0.291	0.293	0.294	0.295	0.297	0.298	0.299
1.382	0.301	0.302	0.304	0.305	0.306	0.308	0.309	0.310	0.312	0.313
1.383	0.315	0.316	0.317	0.319	0.320	0.322	0.323	0.324	0.326	0.327
1.384	0.328	0.330	0.331	0.333	0.334	0.335	0.337	0.338	0.339	0.314
1.385	0.342	0.344	0.345	0.346	0.348	0.349	0.350	0.352	0.353	0.355
1.386	0.356	0.358	0.359	0.361	0.362	0.364	0.365	0.367	0.368	0.370
1.387	0.371	0.373	0.374	0.376	0.378	0.379	0.381	0.382	0.384	0.385
1.388	0.387	0.388	0.390	0.391	0.393	0.395	0.396	0.398	0.399	0.401
1.389	0.402	0.404	0.405	0.407	0.408	0.410	0.411	0.413	0.415	0.416
1.390	0.418	0.419	0.421	0.422	0.424	0.425	0.427	0.428	0.430	0.431
1.391	0.433	0.435	0.436	0.438	0.440	0.441	0.443	0.444	0.446	0.448
1.392	0.449	0.451	0.453	0.454	0.456	0.458	0.459	0.461	0.463	0.464
1.393	0.466	0.467	0.469	0.471	0.472	0.474	0.476	0.477	0.479	0.481
1.394	0.482	0.484	0.485	0.487	0.489	0.490	0.492	0.494	0.495	0.497
1.395	0.499	0.500	0.502	0.504	0.505	0.507	0.508	0.510	0.512	0.513

续表

折射率	0	1	2	3	4	5	6	7	8	9
1.396	0.515	0.517	0.518	0.520	0.522	0.524	0.525	0.527	0.529	0.531
1.397	0.532	0.534	0.536	0.538	0.539	0.541	0.543	0.545	0.546	0.548
1.398	0.550	0.552	0.553	0.555	0.557	0.559	0.560	0.562	0.564	0.565
1.399	0.567	0.569	0.571	0.572	0.574	0.576	0.578	0.579	0.581	0.583
1.400	0.585	0.586	0.588	0.590	0.592	0.593	0.595	0.597	0.599	0.600
1.401	0.602	0.604	0.606	0.608	0.610	0.611	0.613	0.615	0.617	0.619
1.402	0.621	0.623	0.625	0.626	0.628	0.630	0.632	0.634	0.636	0.638
1.403	0.640	0.641	0.643	0.645	0.647	0.649	0.651	0.653	0.655	0.657
1.404	0.658	0.660	0.662	0.664	0.666	0.668	0.670	0.672	0.673	0.675
1.405	0.677	0.679	0.681	0.683	0.685	0.687	0.688	0.690	0.692	0.694
1.406	0.696	0.698	0.700	0.702	0.704	0.706	0.708	0.710	0.712	0.714
1.407	0.716	0.718	0.720	0.722	0.724	0.726	0.728	0.730	0.732	0.734
1.408	0.736	0.738	0.740	0.742	0.744	0.746	0.749	0.751	0.753	0.755
1.409	0.757	0.759	0.761	0.763	0.765	0.767	0.769	0.771	0.773	0.775
1.410	0.777	0.779	0.781	0.783	0.785	0.787	0.789	0.791	0.793	0.795
1.411	0.797	0.799	0.801	0.803	0.806	0.808	0.810	0.812	0.814	0.816
1.412	0.819	0.821	0.823	0.825	0.827	0.829	0.832	0.834	0.836	0.838
1.413	0.840	0.842	0.845	0.847	0.849	0.851	0.853	0.855	0.857	0.860
1.414	0.862	0.864	0.866	0.868	0.870	0.873	0.875	0.877	0.879	0.881
1.415	0.883	0.886	0.888	0.890	0.892	0.894	0.896	0.899	0.901	0.903
1.416	0.905	0.907	0.910	0.912	0.914	0.916	0.919	0.921	0.923	0.925
1.417	0.928	0.930	0.932	0.934	0.937	0.939	0.941	0.943	0.946	0.948
1.418	0.950	0.952	0.955	0.957	0.959	0.961	0.963	0.966	0.968	0.970
1.419	0.972	0.975	0.977	0.979	0.981	0.984	0.984	0.988	0.990	0.993
1.420	0.995	0.997	1.000							

参 考 文 献

[1] 北京大学化学系物理化学教研室. 物理化学实验. 北京：北京大学出版社，1995.
[2] 印永嘉，奚正楷，李大珍. 物理化学简明教程. 北京：高等教育出版社，1992.
[3] 复旦大学等编，庄继华等修订. 物理化学实验. 北京：高等教育出版社，2004.
[4] 清华大学化学系物理化学实验编写组. 物理化学实验. 北京：清华大学出版社，1992.
[5] 北京大学化学系物理化学教研室. 物理化学实验. 北京：北京大学出版社，1995.
[6] 金丽萍，邹时清，陈大勇. 物理化学实验. 上海：华东理工大学出版社，2005.
[7] 白云山，冯玲，王科旺，等. 液体饱和蒸汽压测定仪. 中国专利：CN202119692U，2012-01-18.
[8] 白云山，杜淼，郭建中，等. 自动控制金属相图实验炉装置. 中国专利：CN101644690，2010-02-10.
[9] 白云山，李世荣，郭建中，等. 凝固点测定仪及其测定方法. 中国专利：CN101339148，2009-01-07.
[10] 白云山，冯曲曲，项晓洁，等. 凝固点测定仪用恒温水浴装置. 中国专利：CN205958491U，2017-02-15.
[11] 陆昌伟，奚同庚. 热分析质谱法. 上海：上海科学技术文献出版社，2002.
[12] 于伯龄，姜胶东. 实用热分析. 北京：纺织工业出版社，1990.
[13] 江冬青，夏天. 分光光度法研究高铁酸钾在碱性介质中的化学反应动力学. 现代仪器. 2003，(3)：27-29.
[14] 黄一石. 仪器分析. 北京：化学工业出版社，2002.
[15] 孙文东，陆嘉星. 物理化学实验. 北京：高等教育出版社，2014.
[16] 普季洛娃著. 胶体化学实验指南. 南开大学化学系物理化学教研组译. 北京：高等教育出版社，1995.
[17] 沈文霞. 物理化学和新教程. 北京：科学出版社，2009.